河西走廊主要药用植物栽培技术

田晓萍　主编

四川大学出版社

责任编辑：杨　果

责任校对：孙　云

封面设计：宋晓璐·贝壳学术

责任印制：王　炜

图书在版编目（CIP）数据

河西走廊主要药用植物栽培技术 / 田晓萍主编 . --
成都：四川大学出版社，2018.5
ISBN 978-7-5690-1830-1

Ⅰ.①河…　Ⅱ.①田…　Ⅲ.①药用植物—栽培技术
Ⅳ.①S567

中国版本图书馆 CIP 数据核字（2018）第 092039 号

书　名	**河西走廊主要药用植物栽培技术**

主　　编	田晓萍
出　　版	四川大学出版社
地　　址	成都市一环路南一段 24 号（610065）
发　　行	四川大学出版社
书　　号	ISBN 978-7-5690-1830-1
印　　刷	北京金康利印刷有限公司
成品尺寸	170 mm×240 mm
印　　张	19
字　　数	355 千字
版　　次	2018 年 8 月第 1 版
印　　次	2018 年 8 月第 1 次印刷
定　　价	76.00 元

◆读者邮购本书，请与本社发行科联系。
电话:(028)85408408/(028)85401670/
(028)85408023　邮政编码:610065

◆本社图书如有印装质量问题，请
寄回出版社调换。

◆网址:http://www.scupress.net

主编简介

    田晓萍（1981 年—），女，硕士研究生，助理研究员，现就职于张掖市林业科学研究院。主要从事森林培育、经济林栽培等相关方面的研究。先后主持、参加国家、省级科研项目 10 项，发表学术论文 10 余篇。

内容简介

　　我国河西走廊一带有着丰富的药用植物资源，充分利用这些资源，发展中药产业，是河西走廊医药经济发展的必然选择。本书本着借鉴与创新的原则，基于药用植物的栽培生产、管理和加工要求，广泛吸纳行业新的科研成果以及先进、成熟的技术和生产实践经验编写而成，内容实用、科学系统，对于广大药农和从事中药材生产、教学和科研的人员有着极其重要的参考价值。

前　言

  河西走廊东起乌鞘岭，西至古玉门关，南北介于南山（祁连山和阿尔金山）和北山（马鬃山、合黎山和龙首山）间，东西长约 1000 千米，南北宽百余千米，海拔 1500 米左右，大部分为山前倾斜平原，形如走廊，因位于黄河以西，称河西走廊，又因在甘肃境内，也称甘肃走廊。地域上包括甘肃省的河西五市武威（古称凉州）、张掖（甘州）、金昌、酒泉（肃州）和嘉峪关。走廊自古就是沟通西域的要道，著名的丝绸之路就从这里经过。

  河西走廊有着极其淳朴的民族风情和丰富的物产资源，其中中药材产量十分巨大。常见的中药材有板蓝根、黄芪、当归、党参、羌活、独活、甘草、大青叶、大黄、防风、薄荷、蒲公英、甜叶菊、锁阳、肉苁蓉等。充分利用河西走廊中药材资源优势，大力发展中药产业，是发展走廊医药经济的必然选择。

  为适应中医药发展和社会需要，编者本着理论结合实际、介绍实用技术为主的原则编写了本书。书中详细介绍了各种药材的资源与分布、生物学鉴别、化学成分、药理作用与发展前景；描述了植物学特征与生物学特性；系统地从选地、育苗、施肥、管理、病虫害防治、采收、加工、储藏各个环节阐述了各种药材的高效栽培技术。本书力求技术准确实用，简明扼要，通俗易懂，科学系统，便于实际操作，以实用技术为主，可供广大药农和从事中药材生产、教学和科研人员参考使用。

  对于书中可能存在的错误和疏漏，恳请广大读者批评指正。

编　者

2017 年 11 月

目　录

第一章 甘草栽培技术

甘草（*Glycyrrhiza uralensis* Fisch），又名国老、甜草、乌拉尔甘草、甜根子。豆科，甘草属多年生草本，根与根状茎粗壮，是一种补益中草药。甘草性平味甘，富含甘草酸、甘草素、甘草苷等多种成分，具有清热解毒、润肺止咳、调和诸药的功效，主治脾胃虚弱、中气不足、咳嗽气喘、痈疽疮毒、腹中挛急作痛等症。甘草按产地不同，可分为东甘草和西甘草。东甘草又名东草，产于东北、河北、山西等地。西甘草又名西草，产于甘肃、内蒙古、青海、陕西、新疆等地。其中西草根据具体产地又可细分为梁外草、王爷地草、西镇草、上河川草、新疆草等。习惯认为产于内蒙古杭锦旗的梁外草品质最优，为地道药材。除乌拉

尔甘草外，甘草属的胀果甘草和光果甘草同被 2005 年版《中华人民共和国药典》作为药材甘草原植物收录。甘草多生长在干旱、半干旱的荒漠草原、沙漠边缘和黄土丘陵地带。我国以乌拉尔甘草的分布范围最广，药材品质最优，目前河西走廊人工栽培宜选择形态特征比较典型的内蒙古乌拉尔红皮甘草。

第一节 甘草的主要特征特性

一、植物学特征

1. 形态特征

甘草为多年生草本，茎直立，高 50～100cm，全株可见白色短柔毛和腺毛。根与根状茎粗状，直径 1～3cm，外皮褐色，里面淡黄色，较老的根部外皮呈红

褐色，木质部为黄色，味甜；叶长 5～20cm，托叶三角状披针形，长约 5mm，宽约 2mm，两面密被白色短柔毛；叶柄密被褐色腺点和短柔毛；小叶 5～17 枚，呈卵形、长卵形或近圆形，长 1.5～5cm，宽 0.8～3cm，上面暗绿色，下面绿色，两面均密被黄褐色腺点及短柔毛，顶端钝，具短尖，基部圆，边缘全缘或微呈波状，多少反卷。总状花序腋生，具多数花，总花梗短于叶，密生褐色的鳞片状腺点和短柔毛；苞片长圆状披针形，长 3～4mm，褐色，膜质，外面被黄色腺点和短柔毛；花萼钟状，长 7～14mm，密被黄色腺点及短柔毛，基部偏斜并膨大呈囊状，萼齿 5mm，与萼筒近等长，上部 2 齿大部分连合；花冠紫色、白色或黄色，长 10～24mm，旗瓣长圆形，顶端微凹，基部具短瓣柄，翼瓣短于旗瓣，龙骨瓣短于翼瓣。子房无柄，密被刺毛状腺体。荚果扁平、弯曲呈镰刀状或呈环状，密集成球，密生瘤状突起和刺毛状腺体，荚壳坚硬，内有种子 3～11 粒，种子呈肾卵圆形或肾形，褐绿色，长约 3mm。花期 6～7 月，果期 7～10 月。

2. 生长特点

甘草在物质积累和生长速度上，地上部分的增长远小于地下部分的增长。甘草一般在每年五、六、七三个月中，地上茎和地下茎都生长较快，但根系生长特别是主根增粗很慢。八、九月茎甘草地上茎停止生长，而主根生长增粗很快。甘草根茎萌发力强，在地下呈水平方向伸延，一株甘草数年可生长出新植株数十株。甘草是深根性植物，根系非常发达，主根粗壮，在地下可深达 3.5m 以下。甘草根茎有顶芽和侧芽，顶芽可连续生长，并能向周围空地水平延伸生长成新的植株。垂直根茎和水平根茎均可长根，一般深 1～2m，最长可达 10m 以下。

3. 开花和结实

甘草每年地上部分秋末枯萎，而根和根茎在土壤中越冬，第二年早春 3～4 月地温 10℃以上时从根茎上长出新芽，地温 15～20℃时生长很快，5～6 月间茎叶繁茂，6～7 月开花结果，8～9 月荚果成熟，甘草根茎萌发力强，在地表下呈水平方向向老株四周延伸。

二、生物学特性

甘草的原产地属大陆性干旱、半干旱的荒漠、半荒漠地带。甘草喜光照充足、降雨量较少、夏季酷热、冬季严寒、昼夜温差大的生态环境，具有喜光、耐旱、耐热、耐寒的特性，能耐 pH 小于 8.50 的碱性土壤，喜在中性或微碱性的沙质土壤中生长，具有很强的抗盐性，适宜在土层深厚、土质疏松、排水良好的砂质土壤中生长。甘草是钙质土壤的指示植物，对一般土壤的适应性很强，条件较差的二潮地、盐碱地、光板地也可种植。在以上层覆盖沙较厚，下层土壤较为黏重的地块生长较好。甘草很耐旱，对土壤和干旱的气候抗性强。但是幼苗由于尚未发育出强大的根系，从土壤中吸取水分能力较弱，还应保持土壤湿润的生长环境。两三年后，如果土壤下层湿润，上层干燥，反而使根系上部的毛根逐渐消失，促进了主根的均匀生长，毛根少，药用价值高。甘草喜阳光，如果光照不足，使茎高而细弱，叶片薄，长期遮阴甚至导致甘草死亡。

甘草多生长在干旱、半干旱的沙土、沙漠边缘和黄土丘陵地带，在引黄灌区的田野和河滩地里也易于繁殖。它适应性强，抗逆性强。

第二节　如何培育甘草

一、产地环境选择

1. 环境条件

生产基地应选择在海拔 2300m 以下、无污染和生产条件良好的地区。

2. 茬口要求

甘草适应性强，对茬口的要求不严，凡耕种的耕地及未耕种的荒坡、荒滩都可种植。人工栽培前茬以禾本科、豆科作物较好。

3. 土壤条件

土地是种植甘草的载体，选"好地"是种植甘草成功的关键。甘草具有抗旱、抗寒、耐盐碱、喜光的特点，从生态习性上说，它适生于钙质土，宜选择土层深厚、土壤肥沃、土质疏松、排水良好、地下水位低、盐碱度低的微碱性沙土或沙壤土种植，不宜在土壤黏重、地下水位高的地方种植。新开发的土地要选择地势平坦，风沙危害较小，有一定灌溉条件，土壤 pH 值 7.0～8.5 范围内，地下水位低于 1.5m，土壤有机质含量 7g/kg 以上，碱解氮 30mg/kg、速效磷 4mg/kg、速效钾 80mg/kg 以上，土层≥120cm 的沙土或沙壤土。

二、整地、施肥

1. 整地

育苗地最好选日照充足、土质疏松、地势较平坦和有水源的地方，移栽地除选用条件较好的耕地外，还可在荒坡、荒滩地定植。播前深翻 30cm，整细耙平。育苗地要做成平畦。

（1）秋冬深翻。

土地深翻作业一般在 10 月底前完成，否则形成冻土层后深翻难于作业。深翻 30cm 无冬灌春灌条件的土地，在深翻前可将已腐熟好的有机肥均匀施于地中。

（2）冬灌。

冬灌的作用：一是蓄水保墒。冬灌后的冻消作用使表土形成 1～2cm 厚的假团粒，可以减少地面蒸发，有利于储存水分。二是苗期不旱。因冬灌水量大，春天即使干旱，也能保证幼苗对水分的需要，可以到拿大垄时再进行生育期灌水。三是疏松土壤。没有经过秋翻的土地，冬灌可使土壤中水分结冻而串胀，消冻后地表就疏松了。经过秋翻的土地冬灌后土壤中水分的温度适宜，加之细菌的作用，加速了残枝败叶的腐烂，这样有利于提高土壤肥力。四是能减轻病虫危害。冬灌后，能把土壤表层的虫卵冲进冰水里冻死。据有关部门的调查表明：经过冬灌的地块，小麦秆黑粉病的发病率较未灌地块少 4％ 左右。五是保护表土。因土壤水分大，可防止风剥地，减少风蚀的危害。

冬灌的时间与水量：冬灌的时间和灌水数量要因地制宜。土壤渗漏量小的地块可在封冻时进行，达到随灌随渗随结冻。若是沙壤土，每亩可灌 70～100m³，其他土质根据实际情况每亩灌 60～70m³。

（3）春灌治碱。

河西地区的土地普遍盐碱较为严重，春灌对于治理盐碱有显著的作用。春灌后可施适量腐熟有机肥，进行深翻、整地、平地作业。

（4）春季深松或旋耕作业。

无论深松或旋耕对深层土壤的疏松都有很好的效果，考虑到作业效率和作业成本，大面积种植宜选用深松犁，但二者各有优点，选用何种农业机械需依据实际情况来定，二者作业深度应大于 80cm 较为合适。

（5）除草封闭处理。

土壤除草依据实际情况而定，对于前茬已种植过农作物的熟地，杂草较少又实施过冬灌，则可以考虑不使用除草封闭处理；对于长期撂荒地、新开发土地且杂草数量、种类较多，土地机械浅翻 10～20cm，每亩用 80～120g 氟乐灵进行表面喷施处理，然后机械覆土 2～3cm，待一周后进行深松和旋耕作业。对于芦苇较多的土地，应提前对芦苇实施草甘膦涂抹或注射，但草甘膦对甘草种子的出苗有一定影响，不可在播种前实施大面积喷施。

2. 施肥

（1）施肥的原则。

①以农家肥为主，农、化肥配合。

在施用农家肥的基础上使用化肥，能够取两者之长补两者之短，缓急相济，不断提高土壤供肥的能力，提高化肥利用率，克服单纯施用化肥的副作用。

②以基肥为主，配合施用种肥和追肥。

施用基肥，能长期为甘草根部提供主要养分，改善土壤结构，提高土壤肥力。因此，甘草种植基肥用量要大，一般应占总施肥量的一半以上；要以长效的有机肥料为主，配合施用化肥。在施足基肥的基础上，为满足甘草幼苗期或某一时期对养分的大量需要，还应施用追肥和种肥。种肥要用腐熟的优质农家肥和中性、微酸性或微碱性的速效化肥，追肥也多用速效肥料。

③以氮肥为主，磷、钾肥配合施用。

在甘草体内，氮的总量约为干物质的 0.3%～0.5%，磷的总量次之，钾则更少。甘草对氮的吸收量一般较多，而土壤中，氮素含量不足。因此，在甘草整个生育期中都要注意施用氮肥，尤其是在生育前期增加氮肥尤为重要。甘草为豆科植物，豆科植物比禾本科植物需氮多，甘草有根瘤菌可以帮助其固定空气的氮素，但应注意施用氮肥的同时，应视不同的生长期，配合施入磷、钾肥。例如，为促进根系发育以及分蘖，可用少量速效磷肥拌种；为使种子积累多量激素，提高种子产量，对留种田开花前应追施磷肥；在密植田配合施用钾肥，能促使茎秆粗壮，防止倒伏。

④根据土壤肥力特点施肥。

在肥力高、有机质含量多、熟化程度好的土壤，如高产田、村庄附近的肥沃地上，增施氮肥作用较大，磷肥效果小，钾肥往往显不出效果。在肥力低、有机质含量少、熟化程度差的土壤，如一般低产田、低洼盐碱地，施用磷肥效果显著，在施磷肥的基础上，施用氮肥，才能发挥氮肥的效果。在中等肥力的土壤上，应氮、磷肥配合施用。在保肥力强而供肥迟的黏质土壤上，应多施有机肥料，结合加沙子、施炉灰渣类的方式以疏松土壤，创造透水通气条件，并将速效性肥料作种肥和早期追肥，以利提苗发棵。在保肥力弱的砂质地上，也应多施有机肥料，并配合施用塘泥或黏土，以增强其保水保肥能力。追肥应少量多次施用，避免一次施用过多而淋失。

⑤根据甘草的营养特性施肥。

甘草在其生长、发育不同阶段所需养分的种类、数量以及对养分吸收的强度都不相同。因此，必须了解甘草的营养特性，因地制宜地进行施肥。一般最好施用肥效期长的，有利于地下部生长的肥料，如重施农家肥，增施磷、钾肥，配合使用化肥，以满足甘草一个或两个生产周期对肥料的需要。

在甘草的不同生长、发育阶段施肥也应有所不同。一般是生长前期，多施氮肥，能促使茎叶生长；生长后期，多用磷、钾肥。种子田在开花前后施用磷肥，能促进子粒饱满，提早成熟。

（2）施肥量及方法。

使用有机肥应在 1000～2000kg/亩，长期撂荒地、新开发土地使用有机肥应在 3000～4000kg/亩。

整地前先施以农家肥等有机肥为主的底肥，对于前茬已种植作物的熟地，每亩地可施腐熟的有机肥 1500～2000kg，氮肥 5kg，磷酸二铵或过磷酸钙10～

15kg；长期撂荒地、新开发土地使用有机肥每亩应在 2500～3000kg，氮肥 10kg，磷酸二铵或过磷酸钙 20～25kg，最后深耕约 30cm，最后跟据地形整细整平。

三、种子选择与处理

1. 品种选择

甘草为豆科甘草属植物，主要种类有胀果甘草、光果甘草，其干燥根及根状茎入药，生药称甘草，引种时应加以注意。河西地区人工栽培宜选择形态特征比较典型的内蒙古乌拉尔红皮甘草。种子要求纯度 95％，发芽率 85％以上，净度 98％，水分 12％。

2. 种子处理

种子处理主要是把种皮触伤，使种子能吸透水，处理方法包括以下几种。

（1）增温复浸法：将种子放入 60℃ 的温水中浸泡 6～8h，此时大部分种子吸水饱满，与未吸水种子分离成两层，未浸开的种子在下面，浸开的种子在上面，但不浮于水面，可随倒水将浸开的种子漂出，反复几次直到把浸开的种子全部漂出待用；再将未浸开的种子放入 100℃ 开水中浸 2～3min，捞出，立即放入凉水中一激，然后再放入 60℃ 的温水中浸泡 2～4h，用清水冲洗黏液，即可供播种用。

（2）硫酸处理法：按甘草种子与 98.5％ 浓硫酸以 10∶1 的比例，边搅拌边加浓硫酸，至种子与浓硫酸完全拌匀，经 4～7h，当硫酸搅拌的种子颜色变成深褐色时（或深铁锈色），取少许甘草种子用水洗净，仔细观察，有 50％ 以上的甘草种子表面有深色小点（是经硫酸腐蚀过后的一种表象），部分甘草种子种脐边缘泛白，表明已经处理好。随后用清水反复将甘草种子清洗干净，晾干即可播种。

（3）碾破种皮法：用立式砂轮碾米机的高速滚动，使种子相互高速摩擦，以划破种皮，当碾到种子呈黄白色即可，一般磨 2～4 遍。用这种方法处理大量种子效果最好，一般发芽率可达 95％ 左右。

检验处理是否合格的方法是把碾过的种子抓一点放在盘里，用少量水浸泡 2～4h，若多数种子已泡胀，说明处理合格，若不合格可再碾第二遍。如果磨后种皮已破，说明已碾过度，也不能发芽。此法省工、省时、效果好，发芽率可达 97％，适合大量种子的处理。

3. 种子的保存方法

甘草种子的保存不宜过久，据研究保存 3 年后的种子对发芽率有一定影响。另外，甘草种子要注意储存在阴凉干燥处，防虫蛀是储存过程中最重要的一项工作。储存前喷施适量 90％敌百虫晶体 1000 倍液或 20％溴氰菊酯乳油 2000 倍液或其他杀虫剂，密闭保存即可。种子贮藏需定期检查，虫情严重时，用磷化铝等药剂熏蒸或用甲敌粉、165 粉等药剂拌种贮藏。

四、育苗定植

1. 育苗时间及方法

4 月至 8 月均可播种，以 5 月为佳。按行距 20～25cm 开沟均匀撒籽播种，播深 2～3cm，用种量 8～10kg/亩。

2. 苗期管理

播后及时浇水，出苗前保持表土湿润。出苗后随着幼苗的生长，逐渐增加浇水次数。苗期要常中耕除草。当幼苗长到 10～15cm 时每亩追施 1 次氮肥 6～8kg。第二年春即可出圃移栽，秋后播种的第三年春移栽。

3. 定植时间

移栽期一般在早春土壤解冻后即可进行。

4. 定植方法

先将育好的根苗挖起，把种根按 40～50cm 长切去根梢，粗细分开，分别栽植。按行距 40～50cm，开 10～15cm 深的沟，按株距 15～20cm 错开摆放于沟内，种根摆放的斜度和深度依土质、气候和种根粗细而定。在砂性强的干旱地区，可斜栽 10°～20°，盖土 5～6cm（根茎芽苞离地面距离）；砂性不太强或有灌溉条件的地方可平栽或斜栽 5°～10°，盖土 4～5cm。根粗的栽深点，根细的栽浅点。

五、直播

1. 直播方式

可条播或穴播，条播按行距 50cm，开 3cm 深的沟，种子均匀播入沟内后覆土。穴播按行株距 50cm×15cm 挖穴，每穴播种 4～5 粒后盖土。有条件的地方可掺异作物种子进行机播。播后浇水，保持土壤湿润，播后 7～10d（d 表示天，全书下同）出苗，出苗后常松土除草，苗高 5～6cm 时间苗，高 10～15cm 时按 15～20cm 株距定苗，穴播的每穴留壮苗 2～3 株。

2. 播种量

用种量 2～2.5kg/亩。

3. 播种后的初次滴灌

播种后应立刻滴水，首次滴水应滴透，两个边行必须要滴到，保证土壤湿度在 20cm 左右。甘草种子从发芽到第一片绿叶长成时，只需要水；两片真叶长成后，就会从土壤中吸取养分，如果缺少养分就会影响甘草的生长发育或造成一定的减产。可以施适量的硫酸锌和尿素，这种肥料可供给甘草种子发芽后长成幼苗的直接需要。每亩地 2kg 的用量，可确保甘草根系生长，同时改善局部的酸碱平衡。

播种后的初次滴灌对于种子的发芽非常重要，滴水后要时时观察滴灌区域的实际情况，做出适当调整。种植甘草的关键就是播种、保苗，如此项作业成功，就完成了甘草种植 80％的工作了。

六、田间管理

1. 查苗、补苗及间定苗

出苗后及时查苗、补苗。直播田在苗高 5～6cm 时间苗，苗高 10～15cm 时按 15～20cm 株距定苗。穴播的每穴留壮苗 2～3 株。

2. 灌水

苗期多浇水，拔除杂草；成株后，旱时浇水。

3. 追肥

根据植株生长情况，每年追肥 1～2 次，第一次在出苗后，第二次在生长旺盛期，每次追施尿素 3kg，磷酸二氢钾 7kg，在根旁开沟深施，施后盖土并浇水。

七、主要病虫害及其防治方法

1. 主要病害及其防治

（1）锈病。

此病为害叶、茎，染病的叶背面产生黄褐色疱状病斑，表皮破裂后散发出褐色粉末，这是病原菌的夏孢子堆，后期形成黑褐色冬孢子堆，从而导致叶发黄，严重时脱落，影响产量。

防治方法：清除病残株，集中销毁。发病初期用 25％的粉锈宁 1000 倍液或 97％的敌锈钠 400 倍液喷雾防治，7～10d 一次，共喷 2～3 次。

（2）白粉病。

叶部正面如覆白粉，后期叶变黄，影响生长和产量。

防治方法：用 50％甲基托布津可湿性粉剂 1000 倍液喷雾防治，视病情喷 1～3 次。

（3）褐斑病。

叶片上病斑呈圆形或不规则形，直径 1～2mm，中心部位黑褐色，边缘褐色，两面均有灰黑色霉状病原菌子实体。此病多发生在 7～8 月。

防治方法：喷无毒高脂膜 200 倍液保护。发病期喷施 65％代森锌 100 倍液 1～2 次。秋季清园，集中处理病株残体。

2．主要虫害及其防治方法

（1）蚜虫。

该虫为害嫩枝、叶、花、果，严重时叶片发黄脱落。该虫分布普遍，一年发生 8～12 代，以卵在树木枝条、缝隙越冬，亦可在多年生植物根际越冬。不同年份、不同生境发生危害程度差异甚大，通常，危害期短，多在 6 月下旬至 7 月上旬危害个别植株，其他时期不易见到。

防治方法：一般可利用瓢虫、草蛉等食蚜天敌控制危害，无须防治，同时应注意田边、渠林旁杂草的清除。为害严重时应注意及早防治，注意食蚜天敌控制能力的发挥，可以用 40％蚜虱净 1000～2000 倍液喷雾防治，10～15d 一次，连喷 2～3 次。

（2）跗粗角萤叶甲。

该虫是叶甲科萤叶甲亚科的食叶害虫，对甘草有十分严重的危害，是发展甘草生产的主要障碍之一。该虫在河西地区、新疆以及辽宁省的甘草产区均有分布，主要危害甜甘草，而不危害其他乔、灌、草植物。在整个生长季节里以成虫危害为主，且取食量大，成虫和幼虫往往重叠出现危害甘草。

防治方法：有试验表明，敌敌畏乳剂、敌百虫、辛硫磷乳剂、氧化乐果乳剂都有很好的杀虫效果，而尤以敌敌畏、敌百虫 1000 倍的混合液于上午 11 点前喷雾杀虫效果最好。除此之外，敌敌畏乳剂 1000 倍液喷雾同样有极好的防治效果。

（3）红蜘蛛。

该虫是甘草根部一种刺吸式害虫，除严重为害野生甘草外，河西走廊及甘肃、新疆、内蒙、宁夏等地的人工栽培甘草均遇到此虫毁灭性危害。该虫一年一代，以初孵若虫在寄主根际越冬，仅有成虫阶段短暂活动于地面，其他阶段均生活于地下。主要危害期在每年 5 月上旬至 8 月上旬，寄主根茎上可见被有蜡壳的球形红色珠体。由于为害期早，且在地下，因此不易被发现，防治难度大，常因被害后根茎腐烂，大片植株死亡。

防治方法：3 月下旬到 5 月上旬的越冬若虫寻找寄主期以及 8 月上旬至下旬前的成虫交配产卵期是药剂防治的最佳期。前期可用内吸性杀虫剂开沟灌施，后期可喷粉、喷雾触杀，均可取得较好的防治效果。人工栽培中应注意生境类型的选择，以避免毁灭性危害。对甘草的及时合理采挖，亦是防止虫害损失的重要方法之一。

第三节　甘草的采收与加工

一、采收

1. 采挖年限

人工种植的甘草，其主根长、株高、主根粗、基茎粗和生物量均随生长年限的增加而增加，其中根和茎的长度、粗度以三年生植株增长最快，生物量以三年、四年生增长量最大，以后2~3年处于下降和迅速下降趋势。就主要化学成分来说，甘草酸含量四年生明显高于三年生，总灰分和酸不溶性灰分四年生和五年生最低，所以将人工种植自然生长四年生甘草定为采挖年限较为适宜。但近年来，随着种植科学技术的发展，在人工种植的过程中辅以合理的有机肥、化肥及叶面肥等，尤其是近年来刺激素的使用，对甘草的甘草酸含量和其他有效成分有快速增长作用，采挖年限可以定在2~3年。这大大缩短了种植年限，从而有效地增大了甘草在河西地区的种植面积，并且改变了河西部分地区以农作物为主的产业种植结构。

2. 采挖季节

甘草是典型的以根及根茎类入药的中药材品种，适宜的采收时间为秋冬季节落叶后至翌年早春萌芽前。最新研究证明，甘草的有效成分甘草酸的含量随季节的变化而变化，春季发芽期、春夏花期、夏季果期都不适合甘草采挖，这期间甘草生长需要大量养分，甘草酸含量和其他有效成分含量较低。有冬草大于秋草，秋草大于夏草，夏草大于春草的说法，故甘草的最佳采收期应在秋季地上部分枯萎之后和春季发芽之前进行。

初春时，甘草根茎部所储存的大量营养物质还没有分解，所以有效的药用成分含量很高，营养物质丰富。春季采挖甘草，因气温逐渐回升，甘草根通过暖风晾晒，黏土脱离利索，水分能得以及时蒸发，所以皮色品相很美观。春季甘草一旦发芽，甘草有效成分急剧降低，因此采收时间很短，几乎不到一个月的时间，很难做到大规模采收。

秋冬季节茎叶枯萎后采收的甘草，甘草的根皮组织充实，储藏的营养物质和有效成分的含量也很高。甘草表现为质坚体重，粉性大、甜味浓。秋冬季节采收时间长，适合大规模采收。但冬季采挖甘草，气温较低时容易导致甘草冻伤，解冻后出现黑芯现象，需注意挖出甘草及时妥善保存，防止冻伤出现黑芯现象。总之，种植户在采收甘草时，只要注意在这两个季节里按实际情况作出合理的采收安排，保证甘草质量，就能提高经济效益。

3. 采收方法

育苗移栽的甘草于栽后第二年收获，种子直播的第三年收获，一般根长达40～60cm 采收为好，春秋两季均可采挖。在甘草药材田的一边，挖深 50～60cm、宽 50cm 的沟，用挖药分叉锄刨下甘草，抖净泥土，逐行进行采收。对于产量超过 3000kg 的甘草田，可以考虑使用小型或中型挖掘机作业，可以保证挖掘的产量和条形；也可使用深松犁和大型翻转犁配套采挖，可大大提高采挖效率。

二、加工

甘草根挖出后切去茎叶根尖、侧根和毛根，晾晒至七八成干时，按长短粗细分级扎捆储存。有条件的根据市场需求，可进行切片包装出售。

第四节　甘草的主要化学成分及药用价值

一、主要化学成分

甘草的根和根茎主要含三萜皂苷类化合物：甘草酸（glycyrrhizic acid），甘草次酸（glycyrrhetic acid），甘草甜素（glycyrrhizin），乌拉尔甘草皂苷（uralsaponin）A、B 和甘草皂苷（licoricesaponin）A3、B2、C2、D3、E2、F3、G2、H2、J2、K2 等。

黄酮类化合物：甘草苷元（liquiritigenin）、甘草苷（liquiritin）、异甘草苷元（isoliquiritigenin）、异甘草苷（isoliquiritin）、新甘草苷（neoliquiritin）、亲异甘草苷（neoisoliquiritin）、甘草西定（licoricidin）、甘草利酮（licoricone）、刺芒柄花素（formononetin）、5-O-甲基甘草本定（5-O-methyllicoricidin）等。

另外，光果甘草根和根茎除分离得到甘草酸和甘草次酸外，还得到多种三萜类化合物：甘草萜醇（glycyrrhetol）、去氧甘草内酯（deoxoglabrolide）、异甘草内酯（isoglabrolide）、11-去氧甘草次酸（11-deoxoglycyrrhetic acid）、光甘草酸（glybric acid）、欧甘草酸（liquoric acid）等。以及黄酮类化合物：光甘草定（glabridin）、光甘草酚（glabrol）、光甘草酮（glabrone）、光甘草素（glabrene）、欧甘草素（hispaglabridin）、云甘宁（glyyunnanin）等。

除以上主要化合物以外，甘草中还含有糖类、生物碱类、有机酸、香豆素类、挥发油、氨基酸和蛋白质等。随着对甘草有效化学成分的不断深入研究，一些新的成分及其作用也在被不断地发现。

二、药用价值

甘草具有抗炎、抗溃疡、抗氧化、抗病毒、抗肿瘤等诸多方面的生理活性，已应用到医药、化工、农业、食品等领域中。

1. 抗氧化作用

许多研究发现甘草具有抗氧化活性，其中黄酮在甘草的各类成分中抗氧化作用最为突出。甘草的甲醇提取物（黄酮类物质）具有保护正常细胞免受氧化损害的作用，甘草黄酮还能通过抗氧化作用对抗细胞以及脂蛋白的脂质过氧化反应，减缓动脉硬化的发展。

另外，Yuji Tominaga 等研究发现甘草黄酮类成分甘草黄酮油（LFO）能对人体全身脂肪和内脏脂肪具有显著的减少作用，有望应用于减肥治疗。

2. 肾上腺皮质激素样作用

甘草浸膏、甘草甜素、甘草次酸对多种动物均具有去氧皮质酮样作用，能促进钠、水潴留、排钾增加，显示盐皮质激素样作用；甘草浸膏、甘草甜素能使大鼠胸腺萎缩、肾上腺重量增加、血中嗜酸性白细胞和淋巴细胞减少、尿中游离型17-羟皮质酮增加，显示糖皮质激素样作用。

3. 调节机体免疫功能

甘草含有增强和抑制机体免疫功能的不同成分。甘草酸类主要表现为增强巨噬细胞吞噬功能和增强细胞免疫功能的作用，但对体液免疫功能有抑制作用。甘草酸可显著减少妇女血液中睾酮的含量，口服甘草酸后，血清中的睾酮浓度会降低。

4. 抗菌、抗病毒、抗炎、抗变态反应

甘草黄酮类化合物对金黄色葡萄球菌、枯草杆菌、酵母菌、真菌、链球菌等有抑制作用。甘草甜素对人体免疫性缺陷病毒（艾滋病病毒，HIV）、肝炎病毒、水疱性口腔病毒、腺病毒Ⅲ型、单纯疱疹病毒I型、牛痘病毒等均有明显的抑制作用。

另外，甘草还有镇咳、祛痰、解毒和抗肿瘤等诸多方面的生理活性。目前与保肝、抗原虫和皮肤病治疗相关的甘草制剂已经应用于临床，但其用药过程中的一些副作用近年来也受到了高度的重视。

第五节　甘草的综合利用

一、甘草在环境保护方面的作用

甘草是一种重要的沙漠植被。在浩瀚的沙漠上，甘草防风固沙、绿化荒漠的作用是其他植物所不能相比的。每当春夏之交，在阳光照耀下，一望无际的甘

草，墨绿色的枝叶，紫红色的花絮，随风飘舞，郁郁葱葱，为荒漠增添了无限生机。甘草的地下部分为根茎和根，根茎又分为垂直根茎和水平根茎两种。甘草的垂直根茎和水平根茎均可长根，根系的深浅依土壤条件及地下水深浅而异，一般在 1.5m 以下，深达 8～9m，甚至 10m 以下也有。

甘草的首要价值应归属它对保护生态环境的重要贡献。对甘草生态价值的认识，是人们在乱采滥挖甘草带来一系列恶果之后，才逐渐意识到的。甘草是一种典型的耐干旱、耐盐碱的旱生植物，其根系可深入地下数米，可以避开地表的高浓度盐碱层，从地下深处吸取水分，不仅能生长在地下水位较浅的河谷两岸的湿润草原上，也可以生长在降水很少的半干旱草原和半荒漠草原。它与芦苇、红柳、盐梭梭、白刺、骆驼刺、胡杨、罗布麻等多种沙生植物共同构成了一道天然的防风固沙屏障。在荒漠和半荒漠地区，一棵生长几十年，根部直径达 10cm，根深近 10m 的沙丘上的甘草，虽然地上部分不过一米多高，但它却与一棵胡杨树的防风固沙作用不相上下。

二、甘草在医药、化妆品、食品等方面的应用

目前甘草在医药、化妆品、食品等方面的应用广泛。一是原草，经筛选、清洗、凉晒、切片、干燥后作为中药饮片，应用于中药及食品；二是甘草经加工成甘草制品，应用于医药、食品、化妆品、烟草工业等。随着人们对甘草的深入研究，甘草用途日益拓宽，除广泛应用于医药外，还有食品、饮料、烟草、化工、酿造、化妆品等行业，特别是用甘草制品开发的化妆品、保健品更令世人看好。

美国以麦夫甘草公司为主，每年从中国进口甘草约 5000 吨，进口甘草膏 3000 多吨，主要用于生产烟草工业的添加剂、医药原料药、食品添加剂、化妆品的添加剂等；日本以丸善、宏辉株式会社为主，每年从中国进口中高档甘草制品 1000 多吨，用于生产食品添加剂、医药品、化妆品、洗涤用品等。甘草及甘草甜素具有消炎、止敏、清热解毒、清火润肺、健胃保肝、调合诸药的功能，一些新用途也在不断被发现，尤其是对光甘草啶、甘草多糖、甘草次酸衍生物、甘草总黄酮、甘草抗氧化剂、甘草皂甙等的开发应用。因此进一步优化生产工艺条件，不断开发新产品不仅具有良好的经济效益，还有着重大的社会效益。

在医学上，甘草具有镇静、利尿、缓和、化痰、松弛和植物雌激素作用。传统上主要用甘草治疗哮喘、支气管、上火和肿瘤。现在它已被广泛用于治疗咳嗽、伤风以及消化系统等疾病。甘草中的甘草酸（甘草甜素）干扰乙肝的表面抗原并且与干扰素协同作用抵制甲型肝炎病毒，甘草也可以用来治疗丙型肝炎。甘草甜素比蔗糖甜 50 倍，可作食品的甜味剂。甘草可用于化妆品，它具有美白、抗炎、抗菌和抗氧化作用，是一个极具应用价值的化妆品原料。光甘草定（美白黄金）能深入皮肤内部并保持高活性，美白并高效抗氧化，有效抑制黑色素生成

过程中多种酶的活性，特别是抑制酪胺酸酵素活性，同时还具有防止皮肤粗糙和抗炎、抗菌的功效。光甘草定是目前疗效好、起效快速、作用全面的美白成分。

三、甘草地上部分作为饲料的应用

甘草茎叶含有动物所需的多种维生素、常量元素、微量元素，其粗蛋白含量较高。甘草秧蛋白质含量高，甚至比苜蓿草还含有更多的有机物。甘草是干旱、半干旱地区家畜的辅助性草料。甘草作为一种较好的豆科牧草，其应用前景十分可观。家畜喜食晒干了的甘草茎叶，尤其是甘草茎叶和其他禾本科、豆科牧草混合后使用育肥牛羊的增重效果很显著。喂羊试验表明，育肥 15d，平均增重 5.3kg；育肥 30d，平均增重 10.3kg，肉质细腻，无膻味。如果能大规模种植甘草发展配方中药颗粒饲料，一定能进一步促进畜牧业的高品质发展。

四、甘草叶制造甘草茶及保健饮料的应用

甘草茶是以新鲜的甘草叶和甘草嫩芽为原料，经过清洗、凉青、杀青、揉捻、缛青（回潮）、双并锅、四并锅、园辉炒干、分选等工艺加工后制成的，其风味独特，质感温和。

甘草茶保健饮料是以新鲜的甘草叶、甘草嫩芽及地上嫩枝叶为原料，经过清洗、凉青、杀青、揉捻、缛青（回潮）、双并锅、四并锅、园辉炒干等工艺加工，提取其有效风味组分，添加部分口感改善添加剂，低温灭菌灌装制成的保健饮料，其风味独特，质感温和。

五、甘草渣作为有机肥的应用

甘草渣是甘草在提取甘草浸膏、甘草酸等产品后的残渣，其营养成分非常丰富。据分析，每公斤干甘草渣含粗蛋白 75g，粗纤维 43g，粗脂肪 8g，灰分 177g，除此之外还含有许多甘草产生的生物活性成分如甘草黄酮、生物碱等。这些成分是微生物生长的良好基质，添加少量辅助物质，通过有益微生物的生长代谢和转化，就能将甘草渣转变成能满足植物生长的生物有机肥料。

六、甘草制品酸废水制造风味甘草膏的应用

目前国内生产甘草制品的厂家有 40 多个，分布在新疆、甘肃、内蒙古、青海、宁夏、陕西、江苏、北京、上海等地，其中有 30 多个厂家生产低档产品，有 10 多个厂家生产高档产品；美国以生产低档产品为主，主要是以烟草添加剂为主，而日本以生产高档产品为主。从消费情况来看，日本、法国主要以高档产品为主，而韩国、中国台湾、北欧主要以低档产品为主。就甘草资源总量来看，有约 30% 制造低档产品，有约 70% 制造高档产品。在制造高档产品的过程中，无论现以何种先

进工艺，每吨甘草将产生 10～20 吨酸废水，就国内现有甘草生产厂家而言，无一例外酸废水全部直接排放，对生态环境造成了极大危害。

在国际市场上，美国麦福公司最先回收利用甘草酸粉酸废水，制造出了特殊风味的低含量甘草膏。此甘草膏口感甜味适中，去除了甘草中的特殊苦味。此产品在糖果业、饮料、调味品市场使用相当广泛，是目前甘草膏发展的一个主要方向。

第二章　板蓝根栽培技术

板蓝根（*Isatis tinctoria* L.）是我国古老的常用中药材之一。我国板蓝根有北板蓝根和南板蓝根之分，北板蓝根为十字花科植物菘蓝的根，其根叫板蓝根，叶叫大青叶，其根呈圆柱形，性苦寒，气微，味微甜后苦涩，具有清热解毒、凉血消肿、预防感冒、利咽喉之功效，主产河北安国、江苏南通及安徽、陕西等地，我国东北、华北、西北地区广泛栽培。南板蓝根即南方爵床科马蓝根，其根近圆柱形，常弯曲不直，气微，味淡，主产四川、福建，南方各省有栽培，主要用于治疗热病、斑疹、丹毒、咽喉肿痛、舌绛紫暗、痈肿、肝炎、流行性腮腺炎等疾病。适宜河西走廊种植的板蓝根为北板蓝根。

第一节　板蓝根的主要特征特性

一、植物学特征

板蓝根为两年生草本，株高 30～90cm，个别高 100cm 以上，无毛或稍有柔毛。根肥厚，近圆锥形，直径 1～2.5cm，表面土黄色，具短横纹及少数须根，外皮浅黄棕色。茎直立略有棱，上部多分枝，捎带粉霜，基部稍木质，光滑无毛；基生叶矩圆状椭圆形，有柄，茎生叶莲座状，叶片长圆形至宽倒披针形，长 5～30cm，宽 1.5～10cm，蓝绿色，肥厚，先端钝尖，边缘全缘，或稍具浅波齿，有圆形叶耳或不明显；茎顶部叶宽条形，全缘，无柄。总状花序顶生或腋生，在枝顶组成圆锥状；萼片 4 个，呈宽卵形或宽披针形，长 2～3mm；花瓣 4，黄色，宽楔形，长 3～4mm，先端近平截，边缘全缘，基部具不明显短爪；雄蕊

6 枚，4 长 2 短，长雄蕊长 3～3.2mm，短雄蕊长 2～2.2mm；雌蕊 1 枚，子房近圆柱形，花柱界限不明显，柱头平截。短角果近长圆形，扁平，无毛，边缘具膜质翅，尤以两端的翅较宽，果瓣具中脉。种子 1 颗，长圆形，淡褐色。花期 4～5 月，果期 5～6 月。

二、生物学特性

1. 对土壤条件的要求

菘蓝对土壤的物理性状和酸碱度要求并不严，pH 值 6.5～8 的土壤都能适应。其根深长，喜土层深厚、疏松肥沃、排水良好、腐殖质丰富的沙质土壤。土壤黏重及地势低洼易积水之地不宜种植，生于山地林缘较潮湿的地方。

2. 对气候条件的要求

对温度的要求：种子在 4～6℃低温条件下开始萌动，发芽最适温度为 20～25℃，生长适宜温度白天 18～23℃，夜间 15～18℃。板蓝根需要在 2～6℃下约经过 60～100d 完成春花过程。

对水分和湿度的要求：种子不易吸水，若土壤干旱会推迟出苗，并易造成缺苗断垄，从播种至出苗应连续浇水 2～3 次；板蓝根又较怕涝，在苗期与叶片生长旺盛期又恰逢雨季，需控制水分和注意排涝，结合中耕松土保持植株地上部与地下部生长平衡。当板蓝根进入肉质根膨大时期（手指粗大小）应及时浇水，保持土壤湿润，防止肉质根中心柱木质化。适时适量浇水防止因水分忽多忽少导致形成裂根与歧根。土壤水分保持在 60%～80%，空气湿度在 80%～90%，若空气湿度过低，则肉质根木质部增加，从而影响品质。

菘蓝为越年生、长日照植物，按自然生长规律，秋季种子萌发出苗后是营养生长阶段。露地越冬经过春化阶段，于翌年早春抽茎、开花、结实而枯死。生产上为利用植株的根和叶片，要延长营养生长时间，因而多于春季或麦茬播种，秋季或冬初收根，其间还可收获 1～3 次叶片。

第二节　如何培育板蓝根

一、选地、整地

板蓝根喜温凉环境，耐寒、怕涝。宜选地势平坦、排水良好、土层深厚、疏松肥沃的沙质土壤种植，一般选择禾本科、豆科等作物茬口种植。板蓝根种植地块前茬作物收获后，应及时深翻地 30～35cm，整平灌冬水。播种前深翻土地 35cm 以上，每亩施入有机肥 3000～3500kg、氮肥 5～8kg、过磷酸钙 15～18kg 或草木灰 100kg，翻入土中作基肥，然后打碎土块，耙平，作高畦以利排水，畦宽 1.5～2cm、高约 20cm，畦间开 30cm 的作业道。

二、良种选育

收挖时选择根直长大、健壮的株苗作种苗，移栽于种子田行距 30cm、株距 20cm。移栽前施肥，翌年出苗后松土除草，施一次复合肥，促进生长。抽薹开花时追施一次人工磷钾肥，天旱时浇一次水，保证果实饱满，母大子肥。

购买种子时，要选粒当年饱满、不瘪不霉、无病虫害的种子，要求种子纯度 95％以上，净度 97％以上，发芽率 85％以上。

三、种子处理与播种

种子处理：播种前应浸种催芽，将种子在太阳下晒 5～6h 后，用 30～40℃ 温水浸泡 4～5h，捞取瘪粒，然后用湿布包好，置于 25～30℃ 下催芽 3～4d，并经常翻动种子。大部分种子露芽后即可播种。

播种时间：在河西走廊川区，最佳播种时间为 4 月中下旬，山区为 5 月上中旬。播种过早易导致抽薹开花早，不仅造成减产而且板蓝根的品质也会下降。

播种量：北板蓝根播种量按种子千粒重、发芽率、混杂度而定，在河西地区大田用种量一般为 2～2.5kg/亩。

播种方法：一般采用条播，在整好的土地上，按行距 20～25cm，开沟 2～3cm 深的浅沟，然后将种子均匀撒于沟内，覆土 1～1.5cm，略微镇压，适当浇水保湿，也可采用 5 行或 6 行播种机条播。温度适宜，7～10d 即可出苗。为提高地温，可进行地膜覆盖栽培。

四、田间管理

1. 间苗、定苗和补苗

苗期管理要"三早"，早间苗、早补苗、早定苗。出苗后，幼苗 1～2 片真叶时进行第一次间苗，疏去弱苗和过密的苗，留壮苗，苗距 4～5cm，若发生缺苗、断条严重，要及早移栽补苗；幼苗 3～4 片真叶时进行第二次间苗，苗距 5～6cm；幼苗 5～6 片真叶时，按株距 6～8cm、行距 8～10cm 定苗，去弱留壮，缺苗补齐。苗距过小时，根小，叶片不肥厚；苗距过大时，主根易分叉，须根多，条不直，产量降低。

2. 中耕除草

板蓝根幼苗生长缓慢，杂草争肥、争水、争光严重，影响其正常生长，苗期管理的重点是中耕除草。中耕除草，土壤疏松，板蓝根才能根深、叉少、叶茂。幼苗出土后浅耕，定苗后中耕。齐苗后进行第一次中耕除草，中耕宜浅，搂松表土即可除净杂草。

3. 灌水追肥

苗期及时灌水，保持土壤湿润。全生育期灌水 2～3 次，灌水时应注意早晚浇灌，切忌在阳光暴晒下进行。天气干旱，应在早晚灌水保苗；雨季及每次灌大水后，要及时疏沟排除积水，以免根部腐烂。

追肥主要以速效性氮收大青叶为主，每年要追肥 3 次，第 1 次是在定植后，在行间开浅沟，每亩施入 5～8kg 氮肥，及时浇水保湿；第 2、3 次是在收完大青叶以后追肥，为使植株生长健壮旺盛可以用农家肥适当配施磷钾肥。若是以收板蓝根为主，在生长旺盛的时期不割大青叶，并且少施氮肥，适当配施磷钾肥和草木灰，以促进根部生长粗大，提高产量。

五、主要病虫害及其防治方法

1. 主要病害及其防治方法

（1）霜霉病。

主要危害叶柄和叶片。发病初期，叶片产生黄色病斑，叶背出现似浓霜样的霉斑。随着病情的加重，叶色变黄，最后呈褐色干枯，使植株死亡。霜霉病在早春侵入寄主，随着气温的升高而迅速蔓延，特别是夏季多雨季节，发病最为严重。

防治方法：清洁田园，处理病株，减少病原，轮作。选择排水良好的土地种植，雨季及时开沟排水，控制氮肥用量。发病初期用 25% 甲霜灵可湿性粉剂 800 倍液或 70% 乙锰可湿性粉剂 600 倍液喷雾，严重时用 72.2% 普力克水剂 800 倍液或 58% 金雷多米尔可湿性粉剂 800 倍液喷雾。每隔七天喷一次，连续 2～3 次。

（2）菌核病。

危害全株，从土壤中传染，基部叶片首先发病，然后向上依次危害茎、茎生叶、果实。发病初期病灶呈水渍状，后为青褐色，最后腐烂。茎秆受害后，布满白色菌丝，皮层软腐，茎中空，内有黑色不规则形的鼠粪状菌核，变白倒伏而枯死。严重时种子干瘪，颗粒无收。多雨高温期间发病最为严重。

防治方法：与禾本科作物轮作，增施磷钾肥。开沟排水，降低田间湿度。施用石硫合剂于植株基部。

19

（3）根腐病。

危害根部，5月中下旬开始发生，6～7月为发病盛期。常在高温多雨季节发生，先在侧根、须根或根的尖端发病，后逐渐向主根扩展，使根部腐烂，呈黑褐色，并向上蔓延，使茎叶萎蔫枯死。根部湿腐后，髓部呈黑褐色而发臭，最后全株死亡。

防治方法：与谷类作物实行三年以上的轮作期。增施磷钾肥，增强植株抗病力。选择排水良好的沙壤土和地势稍高的地方种栽；雨季注意排水降低田间湿度。发病初期用50%多菌灵1000倍液或50%托布津1000倍液浇灌病株及周围植株，并拔除残株，以防蔓延。

（4）叶枯病。

主要危害叶片，从叶尖或叶缘向内延伸，呈不规则黑褐色病斑迅速蔓延，至叶片枯死。在高温多雨季节发病严重。

防治方法：发病前期可用50%多菌灵1000倍液喷雾防治，每隔7～10d喷一次，连续2～3次。该时期应多施磷钾肥。

（5）灰斑病。

病叶上出现小病斑，直径2～6mm，中间灰白色，边缘褐色，病斑薄，易穿孔。发病后期，病斑不断扩大至整个叶片枯黄死亡。潮湿时叶正面出现霉层。

防治方法：与霜霉病相同。植株下部靠近地面的叶片先发病，逐渐向上部叶片蔓延。发病初期仅叶背出现灰白色霜霉状物，叶面无明显病斑。被害部分凹凸不平，进一步发展则成退绿小圆斑，以后为褐色枯斑，严重时褐色枯斑连成大斑，病叶边缘亦变褐干枯，直至整个叶片干枯死亡。

2. 主要虫害及防治方法

（1）菜青虫。

成虫名菜粉蝶，俗称小菜蛾，翅为白色；幼虫叫菜青虫，身体背面青绿色。主要危害叶片，造成孔洞或缺刻，严重时仅残留叶脉和叶柄。每年能发生6～7代，以5～6月第一、第二代发生最多，危害最严重。

防治方法：根收后，集中烧毁地上部。发生时用苏云金杆细菌性农药防治效果较好，对人畜无毒害，可用苏云金杆菌菌粉500～800倍液喷雾。化学农药有90%敌百虫800～1000倍液或10%杀灭菊脂乳油2000～3000倍液，或50%杀螟松乳油1500～2000倍液喷雾灭杀。

（2）蚜虫、红蜘蛛。

主要为害嫩茎、叶片。

防治方法：收获时清除残枝落叶及地边杂草，用40%乐果乳剂2000倍液和0.2～0.3波美度石硫合剂喷杀。

第三节　板蓝根的采收与加工及性状鉴别

一、采收加工

春播板蓝根，以收大青叶为主的，在收根前，每年可以割大青叶 2 次（第一次质量最好），第一次在 6 月中下旬，第二次在 9 月上旬，伏天高温季节不能收割大青叶，以免引起成片死亡。收割大青叶的方法：一是自植株茎部离地面 2cm 处割取，以利发新叶。二是贴地面割去芦头的一部分，此法新叶重新生长迟慢，易烂根，但发棵大。另外也有用手掰去植株周围叶片的方法，此法易影响植株生长且较费工。收割后的叶子晒干，即成药用大青叶，以叶大、颜色墨绿、干净、少破碎，无霉味者为佳。

以收板蓝根为主的，生长期不割叶子或只割一次叶子，应在入冬前选择晴天采挖，挖时一定要深刨，避免刨断根部。起土后，去除泥土和茎叶，摊开晒至七八成干以后，分级扎成小捆再晒至全干。以根条长直、粗壮均匀、坚实粉足为佳。

二、性状鉴别

药材呈圆柱形，稍扭曲，长 10～20cm，直径 0.5～1cm，表面淡灰黄色或淡黄色，有纵皱纹及横生皮孔，并有支根或支根痕，可见暗红绿色或棕色轮状排列的叶柄残基和密集的疣状突起，体实，质略软，断面皮部黄白色，气微，味微甜后苦涩。

三、等级标准

一等标准，干货，根呈圆柱形，头部略大，中间凹陷，边有柄痕，偶有分支，质坚而脆，表面灰黄或淡棕色，有纵皱纹，断面外部黄白色，中心黄色。气微，味微甘甜而后苦涩。长 17cm 以上，芦下 2cm 处直径在 1cm 以上。无苗径、须根、杂质、虫蛀、霉变。二等标准，芦下直径 0.5cm 以上，其余标准与一等相同。

第四节　板蓝根的留种技术

春播种的板蓝根于冬前采挖时，选择无病、健壮的根条移栽到留种地里，灌水保墒。留种地株行距 30cm×40cm，宜选在避风、排水良好、阳光充足的地方。次年发棵时加强肥水管理，于 6～7 月种子由黄转黑时，整株收割，晒干脱粒。秋播板蓝根自然越冬留籽。收完种子的板蓝根已经木质化，故不能做药用。当年抽薹的板蓝根籽粒不能做种子用。

第五节　板蓝根的主要化学成分及药用价值

一、主要化学成分

菘蓝以根和叶入药，其根叫板蓝根，叶叫大青叶。根含靛蓝（indigotin, indigo）、靛玉红（indirubin）、蒽醌类、β-谷甾醇（β-sitosterol）、γ-谷甾醇（γ-sitosterol）以及多种氨基酸［精氨酸（arginine）、谷氨酸（glutamic acid）、酪氨酸（tyrosine）、脯氨酸（proline）、缬氨酸（valine）、γ-氨基丁酸（γ-aminobutyric acid）］，以及黑芥子甙（sinigrin）、靛甙（indoxyl-β-hlucoside）、色胺酮（trptanthrin）、1-硫氰酸-2-羟基丁-3-烯（l-thiocyano-2-hydroxy-3-butene）、表告伊春（epigoitrin）、腺甙（adenosine）、棕榈酸（palmitic acid）、蔗糖（sucrose）、含有12％氨基酸的蛋白多糖。还含有抗革兰氏阳性和阴性细菌的抑菌物质及动力精。叶含大青素 B、靛甙和靛红甙。

二、药用价值

板蓝根性味苦寒，具有清热解毒、凉血利喉的功效。现代药理研究发现，板蓝根具有抗病原微生物的作用，它能抑制病毒和各种细菌生长，如枯草杆菌、金黄色葡萄球菌、溶血性链球菌、八联球菌、大肠杆菌、伤寒杆菌、副伤寒甲杆菌、痢疾（志贺氏、弗氏）杆菌、肠炎杆菌、志贺氏痢疾杆菌等。除了抗细菌病毒作用，板蓝根还具有抗内毒素和抗癌作用，能促进抗体形成细胞，调节免疫能力，因此板蓝根被制成多种剂型，如板蓝根冲剂、片剂、复方口服液等，被广泛应用于临床。它常用于治疗流行性感冒、流行性腮腺炎、流行性乙型脑炎、肝炎、肋软骨炎、痛风、眼疾以及小儿病毒性上呼吸道感染等。另外，板蓝根还具有解毒作用，据报道，犬用板蓝根、黄连粉与藜芦同服（各2.0g/kg），能解藜芦毒，降低死亡率；若藜芦中毒后再用之，则无效。分别单用板蓝根粉或黄连粉，效果亦不好。

大青叶主治热毒发斑、丹毒、咽喉肿痛、口舌生疮、疮痈肿毒等症。近年来此药在临床上广泛应用，除可用治上述诸症外，还可用于痰热郁肺、咯痰黄稠；尤常用于流行性乙性脑炎，既可单味应用于预防，又可配合柴胡、银花、连翘、板蓝根、玄参、地黄等，能清解气分、营分的热毒，可用治各种乙脑，以偏热型较为合适。

第三章 孜然栽培技术

孜然（*Cuminum cyminum* L.）又名枯茗、孜然芹，俗称小茴香，属伞形花科，孜然芹属，一年生或两年生草本植物，具有很高的经济价值和药用价值。其果实可入药，用于治疗消化不良和胃寒腹痛等症，也是维吾尔族饮用药茶中的重要配料。孜然果实粉末香味浓厚独特，是西北地区维吾尔族、回族、柯尔克孜族、哈萨克族等民族群众重要的调料，尤其常用于烧烤肉食中，风味独特，是肉制食品的最佳佐料。原产埃及、埃塞俄比亚，我国新疆维吾尔自治区、甘肃河西走廊为主要产地。孜然适应性强，喜温暖干燥的气候，耐寒、喜温，忌涝、盐碱和重茬。

第一节 孜然的生物学特性

孜然（*Cuminum cyminum* L.）又名枯茗、孜然芹，属伞形花科，孜然芹属，一年生或两年生草本植物，高 20～40cm，全株（除果实外）光滑无毛。叶柄 1～2cm，有狭披针形的鞘；叶片三出式二回羽状全裂，末回裂片狭线形，长 1.5～5cm，宽 0.3～0.5mm。复伞形花序多数，顶生或腋生，多呈二歧式分枝，伞形花序直径 2～3cm；总苞片 3～6，线形或线状披针形，边缘膜质，白色，顶端有长芒状的刺，有时 3 深裂，反折；伞辐 3～5，不等长，小伞形花序通常有 7 花；小总苞片 3～5，与总苞片相似，先端针芒状，反折；花瓣分为红色或白色，长圆形，先端微缺，有内折小舌片；萼齿钻形，长超过花柱；花柱基圆锥状，花柱短，叉开，柱头头状。分生果长圆形，两端狭窄，长约 0.6mm，宽约 1.5mm，密被白色刚毛；每棱槽内有油管 1，合生面油管 2，胚乳腹面微凹。花期为 4 月，果期为 5 月。

第二节 如何培育孜然

一、选地、整地

1. 选茬整地

孜然适应性强，耐旱怕涝，对土壤要求不严，一般选择盐碱含量低、通透性强、排水良好的沙壤土种植为宜，前茬以麦类、玉米、棉花、豆类、蔬菜为宜，忌重茬种植，轮作期3～5a。

前茬作物收获后，深翻土地，秋季结合秋耕耙耱保墒，灌足冬水。翌年春土壤解冻后镇压保墒，播种前浅耕整地，要求地面平整、土壤细绵、无土块。若水口和地块落差大，要沿水口开毛渠，让水在浇灌时沿毛渠多水口进地，以减缓水流速度，从而保证灌水均匀。在地角处备足粒小、无盐碱、无草籽的干净沙子（8～10m³/亩）。

2. 土壤处理

孜然耐瘠薄，忌高肥水，播前结合整地，每亩施优质有机肥2500kg，磷酸二铵10kg，均匀混施于土壤中；并用土壤杀菌剂绿享2号800倍液喷施于浅耕后的地表，立即耙耱，一周后开始播种。

二、选种与播种

1. 品种选择

选购新疆产或自产的大粒、高产优质、抗病性强的品种。要求种子颜色暗绿、籽粒饱满、成熟度好，发芽率85％以上，无杂质、无病虫害。农户自留种，要求选留色泽鲜艳、抗病性好（从重病田选留健康种）、生长势强、植株健壮、果穗多、粒大粒饱、自然成熟的优良种子。

2. 种子处理

为杀灭部分种传病菌并促进早出苗，播种前用50～55℃的温水浸泡种子15min，并不停搅拌，除去浮出水面的秕粒和杂质，然后在常温下浸泡8～12h，将沉底的种子捞出，晾干表面水分后用沙子拌匀后播种。

3. 播种

孜然在河西走廊川区一般于3月下旬播种，沿山地区一般在4月上中旬播种。播种量为1.5～2.5kg/亩。

孜然有以下三种播种方法，根据条件任选一种即可。

（1）撒播：在无风天，将种子人工均匀撒于浅耕已耙平的地表，然后再轻耱一遍，盖1.0～1.5cm细沙保墒，等待出苗。种前墒情差的地块，撒播后盖细沙灌水1次，待地表发白时疏松土表，以利全苗。

（2）条播：整好的地均匀盖沙，种子和沙子充分混匀后用播种机播种，为保证播种质量，播种深度2.0～2.5cm，行距10～15cm，播后耱平地表。

（3）覆膜穴播。播种前5～7d，用1.45m的地膜，纵向铺于地面，人工在膜面上打穴播种，穴深1.5～2.5cm，穴距10cm。

4. 种植方式

种植方式有单种和套种两种。

（1）单种：撒播或条播后不再种其他作物。

（2）套种：为提高土地和光能利用率，增加效益，一般与秋禾作物套种较好。

①覆膜套种甜菜：铺 1.45m 的地膜，中间种 1 行甜菜，两边各种 4 行孜然，共 8 行，行距 15cm。播种后，穴孔盖沙保墒，有效膜面控制在 1.3m 左右。

②玉米套种：孜然出苗显行后，按株距 20～25cm，行距 80～100cm 点种玉米；

③茴香套种：孜然快出苗时，按行距 80cm，株距 20cm 种茴香，用种量为 0.5kg/亩。

三、田间管理

1. 适时适量灌水

播种后，如果是秋沙地，及时灌上安种水；如果是冬水地，墒情充足，可以不灌水。出苗后 2 叶期灌头水，水要足量，以灌后 2～3h 田间无积水为宜。开花盛期灌二水，水量较头水少，以灌后 1～2h 田间无积水为宜。生育期一般灌 2～3次，避免久旱猛灌大水和雨前灌水，夏季高温严禁大水漫灌和灌后长时间积水。以多水口、小地块、小水浅灌、早晚低温灌水为原则，切忌田间低洼积水和灌跑马水。

2. 追肥

5 月下旬结合灌水每亩追施氮肥 2～3kg，开花后叶面喷施磷酸二氢钾 2 次，间隔 7～10d。

3. 除草间苗

孜然出苗显绿后，如果田间杂草多，要及时人工除草，一般全生育期要除 2 次草。结合除草，拔除全部黄苗、病苗、弱苗和生长稠密处的部分幼苗，使健株均匀分布，田间通风透光，促使个体发育良好，提高群体产量，以亩保苗 30 万～40 万株较好。

4. 病虫害防治

（1）立枯病、根腐病：在多雨和排水不良时应及时开沟排水，以防根系腐烂。苗期喷施 50％多菌灵 800 倍液或 70％甲基托布津 500 倍液。成株期严格控制灌水，发病初期喷 50％代森锰锌 600 倍液或 70％甲基托布津 800 倍液 1～2次，间隔一周喷一次。

（2）蚜虫：用 50％抗蚜威 3000 倍液喷雾防治 2～3 次。

第三节　孜然的采收

6月下旬到7月初，待孜然植株针叶发黄，茎秆转白，60％～70％的果实变为浅黄色，籽粒饱满，成熟良好时即可收获。收获时人工连根拔起整个植株，抖净泥土，扎成小捆，然后集中拉运到打碾处，充分晒干后进行打碾，包装分装后即可销售。

第四章　黄芪栽培技术

黄芪（*Astragalus havianus*）又叫绵芪、绵黄芪、北芪、内蒙古黄芪、黑龙江黄芪等，属豆科多年生深根系草本植物，是我国重要的常用中药材之一。黄芪分为东北黄芪（模荚黄芪）和蒙古黄芪（绵黄芪），其根干燥后供药用，有补气固表、利尿、托毒排脓、生肌等疗效；治气短、虚脱、心悸、自汗、体虚浮肿、慢性肾炎、脱水、久泻、子宫脱垂、疮口久不愈合。历史上黄芪的产区，由四川向甘肃、陕西、宁夏回族自治区、山西、内蒙古自治区，直至东北黑龙江逐渐迁移变化。以上各省至今仍为膜荚黄芪野生资源分布地。蒙古黄芪是膜荚黄芪的变种。目前，黄芪市场行情看好，需求量逐年加大，种植效益显著增加。

第一节　黄芪的主要特征特性

一、植物学特征

黄芪为多年生草本，高 50～100cm；主根肥厚，粗长，木质，顶部膨大并具有白色鳞片包裹的芽；常分枝，灰白色；茎直立或半直立，上部多分枝，表面有黄棕色纵列，有细棱。奇数羽状复叶，有小叶 13～27 片，长 5～10cm，叶柄长 0.5～1cm；托叶离生，卵形，披针形或线状披针形，长 4～10mm，下面被白色柔毛或近无毛；小叶椭圆形或长圆状卵形，长 7～30mm，宽 3～12mm，先端钝圆或微凹，具小尖头或不明显，基部圆形，上面绿色，近无毛，下面被伏贴白色柔毛。总状花序稍密腋生，有 10～20 朵花；总花梗与叶近等长或较长，至果期显著伸长，小花梗基部有一片苞生；苞片线状披针形，长 2～5mm，背面被白色柔毛；花梗长 3～4mm，连同花序轴稍密被棕色或黑色柔毛；小苞片 2；花萼钟状，长 5～7mm，外面被白色或黑色柔毛，有时萼筒近于无毛，仅萼齿有毛，萼齿短，呈三角形至钻形，长仅为萼筒的 1/4～1/5；花冠蝶形，黄色或淡黄色，旗瓣倒卵形，长 12～20mm，顶端微凹，基部具短瓣柄，翼瓣较旗瓣稍短，瓣片长圆形，基部具短耳，瓣柄较瓣片约 1.5 倍，龙骨瓣与翼瓣近等长，瓣片半卵形，瓣柄较瓣片稍长；雄蕊 10 枚，雌蕊 1 枚，子房上位有柄，光滑无毛；荚果薄膜质，稍膨胀，半椭圆形，长 20～30mm，宽 8～12mm，顶端具刺尖，两面被白色或黑色细短柔毛，果颈超出萼外；种子 3～8 颗，扁肾形，表面光滑并有光泽，绿色或黑褐色；种脐圆形，白色；种脊色略暗，种子薄，其下在子叶与胚根之间有一层薄层胚乳相隔，胚根略弯曲，其长度与子叶近相等。花期 6～8 月，果期 7～9 月。

二、生物学特性

1. 对气候的要求

黄芪性喜凉爽气候，耐旱忌涝，耐寒怕高温，气温过高会抑制其生长。种子发芽适宜温度为 15～20℃。生产基地选择在海拔 2000m 以下，无污染和生产条件良好的地区，年平均气温 5～10℃，年降水量 450～600mm，全生育期日照时数 1800～2200h，有效积温 2500～3000℃。

2. 对土壤条件的要求

黄芪耐旱能力较强，但土壤水分过多过少都不利于其生长。幼苗期植株怕高温、干旱，忌水涝，最怕强光直射，要求土壤湿润，成药期对水分要求不严。黄芪为深根性植物，根系发达，适宜土层深厚、肥沃、疏松，结构良好，排灌便利，富含腐殖质的砂质土壤。适宜的土壤酸碱度 pH7～8，重盐碱地、涝洼地、黏土地不宜栽培。

3. 对养分的要求

黄芪在生育期内吸收磷钾养分较多，在氮素养分供给满足的前提下，合理配施磷钾养分有利于增产，且对黄芪的高产优质栽培具有重要作用。

第二节　如何培育黄芪

一、选地、整地、施肥

1. 选地、整地
黄芪育苗应选择土层深厚疏松、土壤肥沃、团粒结构均匀、排灌便利、富含腐殖质且无遮阴、光照充足的砂壤土地块。黄芪适应性较强，对茬口要求不严格，一般前茬以油菜、麦类、玉米、马铃薯和其他非豆科类药材等作物为宜，不易或忌豆、菜类茬口，轮作周期要求 3 年以上，前茬无恶性杂草、病残体和虫株体等。前茬作物收获后及时秋耕 30cm，灭茬，熟化土壤，灌足冬水，翌年春播前平整土地，浅耕施基肥。

2. 施肥

秋耕前或播前结合整地每亩施入优质有机肥 3000～4000kg，氮肥（N）5～10kg，磷酸二氢钾 15～18kg，油渣（粉细腐熟）50～100kg，生物钾肥 1～2kg，硫酸亚铁 2～3kg。

3. 土壤处理

在整地前，每亩用辛硫磷 1～2kg、代森锰锌 400～500g 配制毒土 50～100kg 撒施或用敌百虫原粉 2～3kg 或 5％神农丹 3kg 撒施，然后深翻。

二、种子选择及处理

1. 品种选择

选择适宜河西走廊环境条件下种植的高产优质、抗病虫能力强、抗逆性好、适应性广的蒙古黄芪和膜荚黄芪品种。

2. 精选种子

播种前必须精选种子，以籽粒饱满、大、无霉变、无虫蛀、有光泽的优良新种子为宜。种子纯度不低于 98％，净度不低于 97％，发芽率不低于 85％，种子含水量 12％以下。切忌在太阳下尤其在水泥地上暴晒。

3. 种子处理

用清水挑选种子，播种前将黄芪种子置于盛满清水的容器里，若色正（黑褐色）、无味、上浮可证明种子完好；若颜色褐红、黑红证明种子不合格，不可作种用。播种前应进行发芽试验，以便确定播种量。

黄芪种子的种皮较硬，透水性较差，吸水力弱，因此发芽较困难，播前需进行种子处理。

（1）机械处理：用碾米机在大开孔的条件下快速打一遍，一般以起刺毛即划破种皮不伤胚为度，以利于吸水膨胀。或者将种子与粗沙按 1∶1 比例混匀，用碾子压至划破种皮为好。

（2）沸水催芽：将选好的种子放入开水中，快速搅拌 1～2min，然后立即加入冷水冷却，待水温降至 40℃后再浸种 2～4h，将膨胀的种子捞出后将水沥出，用 40～50℃的水浸泡剩余种子到膨胀时捞出，加覆盖物闷种 12h，待种子膨胀后，抢墒播种，亦可将种子捞出拌入细沙或稍晾后马上播种。

（3）沙藏处理：在 10 月上旬，将翌年播种用的种子与细河沙以 1∶5 比例混匀，要求沙子含水量 13％～15％ 为宜，将处理的种子堆积在冷凉处越冬，翌年春季进行播种。

（4）药剂处理：用硫酸溶液处理，按每千克种子加 80％ 的硫酸 20～30ml，经 4～7h 后用清水冲洗干净晾干待播。

（5）生根剂处理：生根剂 10g，加水 5～10kg，可处理 10～15kg 种子。将生根剂与水充分溶解后，把黄芪种子倒入浸泡 24h 捞出后晾干待播。

（6）拌种：播种前将种子用辛硫磷或甲基异柳磷、杀菌剂处理后，方可播种。

（7）种子处理新方法：采用在种子抛光机抛光滚轮上缠绕金属清洁球擦破种皮的方法。该方法较传统方法速度快，效果好。经试验，芽率率可提高 15％ 以上。

三、播种育苗

1. 苗床制作

苗床要便于浇水、施肥、锄草，苗床宽度以 2m 为宜。

2. 育苗时间

春季育苗以地温稳定在 5～8℃ 以上时便可进行，一般为 3 月下旬至 4 月下旬，夏季和秋季也可育苗。

3. 育苗方法

在适播期，边铲土边撒土盖种。具体方法：用 20cm 宽的平头铁锨沿着地面铲起 2cm 厚的土放置旁边，将种子撒在铲过土的苗床上，播种量 15～20kg/亩。然后紧挨着该行又用铁铲铲土，再次铲起 2cm 左右的土，将后一次铲起的土均匀地覆盖在前一次撒播的黄芪种子上。依次按该法操作和播种，直至全田播种结束为止。也可用播种机播种。

四、苗圃地管理

1. 防虫保全苗

苗出齐后，每亩用杀灭菊酯 8～10ml，或一遍净 10ml、敌百虫原粉 100g，或敌敌畏乳油 100g 防治黑绒金龟甲、跳甲、象甲、地老虎等地表、地下害虫。

2. 中耕锄草

黄芪的幼苗生长缓慢，若不及时除草，容易草荒。当苗高长到 3cm 左右，即出现 5 片以上真叶时，应及时进行中耕锄草。如果缺苗，应催芽补种。苗高 7～8cm 时，进行第二次中耕除草。苗后期进行第三次浅中耕结合除草，以拔除为主，以防伤苗。

3. 水分管理

为保证苗齐苗全，播前应一次性灌足底墒，苗期应少灌水，自然降雨合适年份可不再灌水，节水栽培可减轻病虫为害。

4. 追肥

结合灌水每亩追施氮肥 3～5kg，叶面喷施磷酸二氢钾，每次间隔 7d，连续喷 2～3 次。

五、移栽定植

1. 移栽

黄芪苗在秋末和翌年春均可移栽。移栽前选取根形健壮、生长均匀、根长大于 40cm、无根病、健康、表皮浅白色、苗条饱满失水少的优质种苗。春季移栽的应随挖随栽。准备越冬的黄芪苗，应选择避光保暖处分层摆放，每层加湿土 6～10cm，摆放好后堆顶加 10cm 湿土一层，压实即可，堆高 1m 左右为宜。

春季栽植适期为 3 月中旬～4 月中旬，在适宜栽植期内应适当早栽。

2. 定植

（1）整地：前茬收获后深耕 30cm 以上，整平灌冬水，翌年播前镇压保墒。

（2）施肥：定植前，结合定植每亩施有机肥 4000～6000kg，氮肥（N）20kg，磷肥 15kg，油渣 100～200kg，生物钾肥 2.5kg，氮磷比控制在 1∶0.75～1∶0.5。

（3）土壤处理：结合施底肥，每亩拌 0.25～0.5kg40% 辛硫磷，加入 0.5～1kg 敌敌畏原粉，50% 的代森锰锌 500g，一次性施入。

（4）种苗处理：将采挖好的黄芪苗，捡去烂苗、病苗、弱苗、断苗，清除杂质，进行栽前种苗处理。

蘸苗：用 50% 的多菌灵或 15% 粉锈宁 800～1000 倍液将捡净的苗木分池浸种 30～40min，堆闷 2h 移栽。

药剂浸苗：用益舒宝（法国农化公司产）可湿性粉剂浸苗移栽。

（5）定植时间：春季 3 月上中旬～4 月上中旬，秋季 10 月上旬～11 月上旬。

（6）定植密度：行距 30～35cm，株距 20～25cm，一般应适当增加双苗。

（7）定植方法：在整好的地上，按行距画线，开 10～15cm 深的定植沟，人工按株距将种苗斜放沟内，摆好后覆土，亩保苗 20000～22000 株为宜。芽眼离地面 2～3cm 覆土，稍压实即可。

六、苗木定植后的管理

移栽当年即可开花结实，但产量较低。第二年为盛花期，是生产种子的关键时期。因此移栽第一年要注意提纯，保证品种纯度。栽培管理的重点在于培育健壮的繁种植株。

1. 水分管理

黄芪定植后，头水在 5 月下旬至 6 月上旬进行，以后视长势情况旱时灌水。灌水应浅灌或灌后立即排水，切忌田间积水而引起烂根死亡。根据土壤墒情第一年结合追肥灌水 2～3 次，第二年灌水 3～4 次，特别是在鼓粒期，要结合追肥次数小水勤灌，以降低种子的硬实率。此外，在雨季应及时排水，以免形成烂根。

2. 科学施肥

黄芪属喜肥作物，结合灌水施氮肥（N）10kg，在花期叶面喷施花蕾宝（10ml/亩）、硼肥（100～150g/亩）、赤霉素（10～12ml/亩）或磷酸二氢钾，每 7～10d 叶面喷 1 次，连喷 2～3 次。在第一年冬季枯苗后，每亩施入厩肥 2000kg、三元素复合肥（N、P、K 各 15％）15kg、饼肥 180kg，混合拌匀后于行间开沟施入，施后培土防冻。于翌年植株返青前，每亩追施磷酸二铵 10kg，在鼓粒期叶面喷施 0.2％磷酸二氢钾，间隔一周一次，共需 2～3 次，以预防早衰，促进植株健壮生长。

3. 松土除草

移栽当年要求中耕除草 3 次以上。第一次在 5 月中旬进行，要浅锄；第二次在 6 月中旬进行，要求锄深锄透，为封垄打好基础；第三次在 7 月中旬进行，要求浅锄、细除。后期出现杂草应及时拔出，加强田间管理。如果缺苗，应补栽，保证全苗。

4. 打顶疏花

移栽的黄芪在当年即开花结籽，花后应及时打顶控制其株高，疏花，减少养分消耗，保证培育健壮的植株，为来年种子高产奠定良好的基础。

七、主要病虫害及其防治方法

防治病虫害要以农业措施为主，积极采用轮作倒茬灭虫防病技术，推广施用高效低毒低残留且无公害的农药。

1. 主要病害及其防治方法

（1）白粉病。

受害植株病叶早黄脱落，在气温 16～18℃，空气相对湿度 40％～50％时，一般在每年的 6 月下旬至 7 月中旬，病害蔓延最为迅速，主要危害叶片和荚果。发病后，叶片两面和荚果表面产生白色绒毛状霉斑，随后蔓延至叶片的大部分。

防治方法：未发生前一般施用 50％硫磺悬浮剂 100g 或 45％石硫合剂 200g/亩，连喷 2～3 次进行预防。初发病时及时施用 50％的多菌灵或 50％的甲基托布津 1000～1500 倍液，或 20～25％的粉锈宁 250～300 倍液 2～3 次。

（2）根腐病。

在多雨季节，排水不畅或不及时易发此病。

防治方法：一是浸苗蘸根。用 50％多菌灵或 50％甲基托布津可湿性粉剂 250g 与 50％辛硫磷 300g，兑水 10kg，浸蘸种苗 10～20min，晾干后栽种，可有效防治根腐病。二是土壤消毒。栽种时用 50％多菌灵或 50％甲基托布津 500g 配成 1000 倍液进行喷雾，消毒土壤。三是田间防治。发病初期用 50％多菌灵或 50％甲基托布津 1000 倍液防治，每 10d 喷一次，连喷 2～3 次，每次用量 2250g。

（3）紫纹羽病。

俗称"红根病"，病原是一种担子菌。感病后先由须根发病，而后逐渐由主根蔓延。根部自皮层向内部腐烂，流出褐色无臭味的汁液，后期在皮层上生成突起的深紫色不规则的菌核，故称"紫纹羽病"。发病严重时整个根系腐烂，叶片枯萎，早期死亡。

防治方法：一是合理选地和轮作，避免重茬，与禾本科作物实行 3～4a（a 表示年，全书下同）轮作。二是土壤处理，移栽前用 70％敌克松 150g/亩或 50％多菌灵 150g/亩拌 2～5 倍细土，撒施地表深翻，进行土壤处理。三是拔除病株，进行病穴消毒。四是灌根防治，发病初期用 70％甲基托布津或 50％多菌灵 1000 倍液防治。

（4）麻口病。

除做好轮作倒茬，土壤处理外，有灌溉条件的结合灌水用 50％多菌灵或 50～70％的甲基托布津 1000～1500 倍液滴灌，无灌水条件的结合中耕锄草每亩用神农丹 3kg 配 20～30kg 土沙壅苗。

（5）病毒病。

以防治传毒媒体蚜虫及条纱叶蝉为主，兼防病毒病。即用蚜虱净配合病毒 A、病毒快克、黄叶宁等防治。

2. 主要虫害及其防治方法

（1）甲虫类。

危害黄芪的甲虫类主要有蒙古象灰甲、金龟子、网目拟地甲等。

防治方法：用杀灭菊酯、功夫乳油、敌杀死、一遍净等，每 7～10d 喷雾防治一次。

（2）地老虎。

防治方法：每亩用 10～25kg 磨细炒香的油渣，加少许水湿润，兑 80％的敌敌畏搅拌均匀后，于傍晚行间撒施。

（3）蚜虫、黄芪籽蜂、叶蝉、豆荚螟和芫菁等害虫。

防治方法：用菊酯类农药配成 1000～1500 倍液 7～10d 喷一次，视虫情定防治次数。

第三节　黄芪采收与加工

黄芪播种后 2～3a 即可采收，生长 3 年的质量为最好，春、秋季皆可采收。春季收获从土壤化冻到返青为止，秋季收获从落叶到结冻为止，一般在 10 月下旬采收为佳，采挖前 3d，割去地上茎叶，留下 3cm 左右短茬，便于采挖时识别，秋季收获比春季收获质量好。栽培黄芪，可从地端挖沟倒土挖取。采收时应避免碰伤外皮和断根。收获后趁鲜切下芦头，抖净泥土，堆积 1～2d 再晒，晒至七八成干时，剪下支根，将其捆把，然后堆成井字形，直到全干为止。合理进行初加工，能提高产值。药用者以独根无杈、坚实饱满、色正纹细、绵软味甜、断面黄白、粉性充足、略带豆腥味者为上等，正常年份每亩可产干品 300kg 左右。

第四节　黄芪的主要化学成分及药用价值

一、主要的化学成分

1. 多糖成分

黄芪的多糖成分主要有葡聚糖和杂多糖。其中葡聚糖又有水溶性葡聚糖和水不溶性葡聚糖，分别是 a－（1→4）（1→6）葡聚糖和 a－（1→4）葡聚糖。黄芪中所含的杂多糖多为水溶性酸性杂多糖，主要由葡萄糖、鼠李糖、阿拉伯糖和半乳糖组成，少量含有糖醛酸，其由半乳糖醛酸和葡萄糖醛酸组成，而有些杂多糖仅由葡萄糖和阿拉伯糖组成。

2. 皂甙类

皂甙是黄芪中重要的有效成分，目前从黄芪及其同属近缘植物中已分离出 40 多种皂甙，主要有黄芪甙Ⅰ、Ⅱ、Ⅲ、Ⅳ、Ⅴ、Ⅵ、Ⅶ，异黄芪甙Ⅰ、Ⅱ、Ⅳ及大豆皂甙Ⅰ等。除大豆皂甙Ⅰ、黄芪皂甙Ⅷ，其余均以 9-19-环羊毛脂烷型的四环三萜皂甙类为甙元，总称为黄芪皂甙或黄芪总皂甙。

3. 黄酮或黄酮类物质

黄芪属植物中可分得黄酮或黄酮类物质 30 多种，主要有槲皮素、山奈黄素、异鼠李素、鼠李异柠檬素、羟基异黄酮、异黄烷、芦丁、芒柄花素、毛蕊异黄酮等。

4. 氨基酸类

黄芪中所含的氨基酸类物质共 25 种，如 γ-氨基丁酸、天冬酰胺、天门冬氨酸、苏氨酸、丝氨酸、谷氨酸、脯氨酸、甘氨酸、丙氨酸、胱氨酸、蛋氨酸、异亮氨酸、亮氨酸等。此外，黄芪中还含有微量元素、甾醇类物质、叶酸、亚麻酸、亚油酸、甜菜碱、胆碱、咖啡酸、克洛酸、香豆素、尼克酸、核黄素、维生素 P、淀粉 E 等。

二、药用价值

1. 增强免疫系统

黄芪多糖不仅能作用于多种免疫活性细胞，促进细胞因子的分泌和正常机体的抗体生成，还可以从不同角度发挥免疫调节作用。它能明显调节烧伤后细胞的免疫功能，在体内改善动物因烧伤所致的细胞免疫功能降低情况，对淋巴细胞的变性与坏死也具有一定改善作用，可降低烧伤后血清、巨噬细胞、TS 细胞的抑制活性，恢复烧伤后受损细胞的免疫功能，以及对免疫抑制剂造成的免疫低下有明显的保护作用。黄芪多糖是具有双向调节作用的免疫调节剂。

2. 对干扰素的作用

干扰素具有抗病毒、抗肿瘤及免疫调节等多种生物学活性，黄芪多糖和皂甙均可诱生干扰素，具有非常重要的临床实用意义。

3. 对心血管系统的作用

黄芪皂甙通过扩张血管达到降压目的；对心脏的作用则是通过改善心肌收缩舒张功能，增加冠脉流量，对心功能起到保护作用。此外，黄芪皂甙对脑血管系统和血液流变性均有影响。黄芪多糖对心血管系统的作用表现在可以改善微循环，收缩心肌功能，缩小梗塞面积，减轻心肌损伤。

4. 对机体代谢的影响

黄芪可使细胞的生理代谢增强。黄芪多糖可明显增加小鼠脾脏 DNA、RNA 和蛋白质的含量。多糖具有增强 RI 的作用，黄芪多糖还能使小鼠肝脾细胞 RNA 含量增加，使肝脾细胞中碱性 RNase 活力呈显著性下降，导致组织中 RNA 含量累积，从而 RNA 的合成代谢降低。

5. 抗衰老作用

现代科学发现，人体内自由基的增加是造成衰老的主要原因。自由基在体内增加时，可作用于肌体细胞的蛋白质、脂类、核酸等生物大分子，使大分子受损，从而引起疾病和衰老。研究表明，黄芪中的总黄酮和总皂甙等成分具有显著的抗氧化活性，能抑制自由基的产生并清除体内过剩的自由基，保护细胞免受自由基产生的过度氧化作用的影响，进而延长细胞寿命。其清除能力与浓度有明显的依赖关系，机理是含有的糖甙与自由基发生反应，阻止了新自由基的形成。因此，黄芪具有延长细胞的体外生长寿命，抑制病毒繁殖，降低病毒对细胞的致病作用；提高人体抗氧化酶和抗氧化剂的含量和活力，降低血清脂褐质的含量；补气生血而安神及提高应激能力等。故黄芪能有效延缓衰老。

第五章　当归栽培技术

当归（*Angelica sinensis*）为伞形科当归属植物，别名干归、秦归、西当归、岷当归、金当归等。中国 1957 年从欧洲引种欧当归，尤以甘肃岷县当归品质最佳，该地有"中国当归城"之称。当归主产于甘肃岷县、宕昌、漳县、渭源等县，陕西、云南、四川等省也有种植。甘肃省年产量占国内产量 80％以上，其产品粗壮、多肉、少枝、气香，享誉国内外。其根可入药，是最常用的中药之一，具有补血和血、调经止痛、润燥滑肠、抗老防老、免疫之功效。

第一节　当归的主要特征特性

一、植物学特征

当归属多年生草本，高 40～150cm，茎直立，带紫色，有纵直槽纹，根圆锥状，有分杈。野生当归根表皮呈深紫褐色，香味浓；人工栽培当归根表皮呈浅紫褐色，香味稍淡，且根肥大。叶互生，基部抱茎，基生叶及茎下部叶为 2～3 回奇数羽状复叶，裂片边缘有缺刻，叶柄长 3～10cm，基部膨大成鞘，叶片卵形或卵状披针形，近顶端一对无柄，叶脉及边缘有白色细毛；叶柄有大叶鞘。复伞形花序顶生，无总苞或有 2 片；伞幅9～13，不等长；小总苞片 2～4，每一小

伞形花序有花 12～36 朵，小伞梗密生细柔毛；花白色，双悬果椭圆形，分果有 5 棱，侧有宽而薄的翅，翅缘淡紫色，每棱槽有 1 个油管，接合面 2 个油管。花期 6～7 月，果期 7～9 月。芦头（归头）直径 1.5～4cm，具环纹，上端圆钝，

有紫色或黄绿色的茎及叶鞘的残基；主根（归身）表面凹凸不平；支根（归尾）直径 0.3～1cm，上粗下细，多扭曲，有少数须根痕。质柔韧，断面黄白色或淡黄棕色，皮部厚，有裂隙及多数棕色点状分泌腔，木质部色较淡，形成层环黄棕色。有浓郁的香气，味甘、辛、微苦。

当归干品横切面显微鉴别：木栓层为数列细胞；栓内层窄，有少数油室；韧皮部宽广，多裂隙，油室及油管类圆形，直径 25～160nm，外侧较大，向内渐小，周围分泌细胞 6～9 个，形成层成环；木质部射线宽 3～5 列细胞；导管单个散在或 2～3 个相聚，成放射状排列；薄壁细胞含淀粉粒。

二、生物学特性

1. 气候条件

当归为高山植物，适宜凉爽、湿润的气候条件，具有喜肥、怕涝、怕高温的特性，海拔低的地区栽培，不易越夏，气温过高易死亡。河西走廊在海拔 2000 米以上地区栽培，宜选择年平均气温 4.0～6.0℃，1 月平均气温 ≥−8℃，≥0℃ 积温 1800～2800℃，年降雨量 450～500mm，土层深厚肥沃，排水良好的砂质壤土、黑垆土、麻土和黄麻土，有机质含量 ≥1.0%，速效磷含量 ≥6ppm，土层 0.5～1.0m，地下水位 ≤3.5m，土壤 pH5.5～7，总盐量 ≤0.3%，耕地坡度 ≤15°，平地南北、坡地等高线行向种植。前茬以豆类、油菜、马铃薯、玉米及小麦种植最佳，忌种植根类药材。

当归对光照、温度、水分、土壤要求较严。在生长的第一年要求温度较低，一般在 12～16℃；生长的第二年，能耐较高的温度，气温达 10℃ 左右返青出苗，14～17℃ 生长旺盛，9 月平均气温降至 8～13℃ 时地上部生长停滞，但根部增长迅速。当归耐寒性较强，冬眠期可耐受 −23℃ 的低温。

当归是一种低温长日照类型的植物，必须通过 0～5℃ 的春化阶段和长于 12h 日照的光照阶段，才能开花结果。而开花结果后植株的根木质化，有效成分很低，不能药用。因此生产中为了避免抽薹，第一年控制幼苗仅生长两个半月左右，作为种苗；第二年定植，生长期不抽薹，秋季收获肉质根药用。留种田第三年开花结果。

2. 种子特性

当归的种子薄片状，千粒重 1.8～2.0g。当归种子寿命短，在室温下，放置 1 年即丧失生命力；若在低温干燥条件下贮藏，寿命可达 3 年以上。当归种子内胚乳的体积最大，占种子的 98%，它能为种子的萌发提供营养基础。当温度达到 6℃ 时，当归种子开始萌发，随着温度的升高，出苗速度加快。温度达到 20～24℃ 时，种子萌发最快，一般 4d 就可发芽，15d 内即可出苗。当归种子萌发时需要吸收大量的水分。当吸水量达到种子重量的 25% 时，种子开始萌动，但萌发速度较慢；当吸水量达到种子自身重量的 40% 时就接近其饱和点，种子的萌发速度最快。

3. 土壤条件

当归适宜在海拔 2000～2500m 的高寒阴湿生态区生长，喜凉爽湿润、空气相对湿度大的自然环境，属喜阴湿、不耐干旱的植物类型。当归叶片角质层不发达，叶肉内栅栏组织只有 1 层，海绵组织中有大的细胞间隙。当归种植应选择土层深厚、疏松肥沃、富含腐殖质的黑土，最好是黑油砂土，土壤酸碱度要求中性或微酸性。

4. 养分要求

水分对播种后出苗及幼苗的生长影响较大，是丰产的主要条件。雨量充足而均匀时，产量显著增多；雨量过大，土壤含水量超过 20%，容易罹病烂根。当归苗期喜阴，怕强光照射，需盖草遮阳，产区都应选东山坡或西山坡育苗；当归生长期相对湿度以 60% 为宜。两年生植株能耐强光，阳光充足，植株生长健壮。

三、当归的生长发育特点

当归全生育期可分为幼苗期、第一次返青、叶根生长期、第二次返青、抽薹开花期及种子成熟期五个阶段，历时 700d 左右。当归药材栽培一般为 3a，第 1a 是苗期；第 2a 是成药期，形成肉质根后休眠；第 3a 是结籽期，抽薹开花，当归根严重木质化，不能入药。由于一年生当归根瘦小，性状差，因此生产上采用夏育苗（最好在 6 月上中旬），用次年移栽的方法来延长当归的营养生长期，但一定要控制好栽培条件，防止当归第二年的"早期抽薹"现象。采用夏育苗后，当归的个体发育在三年中完成，头两年为营养生长阶段，第三年为生殖生长阶段。

当归第一年从出苗到植株枯萎前可长出 3～5 片真叶，平均株高 7～10cm，根粗约 0.2cm，单根平均鲜重 0.3g 左右。

第二年 4 月上旬，气温达到 5～8℃时，移栽后的当归开始发芽，9～10℃时出苗，称返青，需要 15d 左右。返青后，当归在温度达到 14℃后生长最快，8 月上、中旬叶片伸展达到最大值，当温度低于 8℃时，叶片停止生长并逐渐衰老直至枯萎。当归的根在第二年 7 月以前生长与膨大缓慢，但 7 月以后，气温为 16～18℃时肉质根生长最快，8～13℃时有利于根膨大和物质积累。到第二次枯萎时，根长可达 30～35cm，直径可达 3～4cm。第三年当归从叶芽生长开始到抽薹前为第二次返青。此时当归利用根内储存的

营养物质迅速生根发芽。开始返青后半个月，生长点开始分化，约需 30d，但外观上见不到茎，此时根不再伸长膨大，但贮藏物质被大量消耗。从茎的出现到果实膨大前这一时期为抽薹开花期，根逐渐木质化并空心。随着茎的生长，茎叶由下而上渐次展开，5月下旬抽薹现蕾，6月上旬开花，花期一个月左右。花落7～10d 出现果实，果实逐渐灌浆膨大，复伞花序弯曲时，种子成熟。

第二节　如何培育当归

一、育苗

1. 选地、整地

幼苗喜凉爽湿润气候，怕高温干旱，忌水涝。种子吸水膨胀后，一般在地温10～12℃即可发芽，以 20℃发芽最快，7～10d 出苗。幼苗要求土壤湿润，最怕强光直射，采用秸秆覆盖遮光；育苗地宜选择海拔 2400～2600m，年降水量600mm 以上，阴凉湿润的阴坡或半阴坡，土质疏松肥沃、富含腐殖质、土层深厚、肥力状况好、酸碱度 pH8 左右、通气、透水性能佳的砂壤土进行育苗。轮作周期要求三年以上，前茬种植油菜或禾谷类作物为佳。

播种前，将育苗地的杂物、杂草全部清除，然后深耕 30cm 左右，结合深翻每亩施入腐熟农家肥和适量磷酸二铵（40～50kg/亩）及硫酸钾（4～6kg/亩），栽种前再浅耕 10～15cm，随后耙细整平，做成宽 1～1.3m 的高畦，畦沟宽 30～40cm。对于非农田，应提前清场烧山、深翻晒地、熟化土壤，然后施足基肥、深翻埋肥、浅耕整地、及时做畦。要求采用高畦育苗，畦高 20cm，宽 1～1.2m，畦间距 25cm，畦向与坡向一致，畦面略呈"弓"形，畦长可依地形而定。

2. 种子选择及处理

选用高产、优质、抗病、农艺综合性状好的当归新品种。选择三年生正常成熟的、无检疫性病虫害、无霉变、无病虫、具有当归特异香气、外观橘黄至黄褐色、具本品种色泽，纯度≥80%、净度≥80%、含水量≤15%、发芽率 70%以上的种子。

播前除去杂质、秕籽、霉变、虫伤等种子。将种子置入 30～40℃温水中，边撒子边搅拌，捞去浮在水面上的秕籽，将沉底的饱满种子浸 24h 之后，取出催芽，待种子露白时，即可播种。播前 1 天每公斤种子用 50%多菌灵或根腐灵粉剂 5g 拌种。

3. 播种

夏播时期为 5 月中旬～6 月上旬，撒播时，在整好的畦面上将种子沿畦面均匀，顺风向撒入，撒种密度 3500～4000 粒/m²，盖上细肥土，稍加镇压，覆土 0.2～0.3cm，然后畦面覆盖作物秸秆 1～3cm，覆盖量 400～500kg/亩，厚约 3cm，遮阴保湿，防止土壤板结，以利出苗。覆盖后间隔 1.5m 用土带压住覆盖物，以免风吹。

4. 苗床管理

主要任务是挑草、揭草和及时除草。播种后 20d 左右出苗，幼苗出土 4～5d 后，苗长出 1～2 片真叶时，挑松苗床覆盖物并拔除杂草；当苗高长到 3～4cm 时将盖草再次挑虚，8 月份第 4 片真叶长出时，拔第二次草，选择阴天揭去覆盖物；要及时拔出苗床杂草，当苗过密时结合除草进行合理间苗、定苗，苗间距约 2cm。为防止病虫危害，每亩用 40%辛硫磷 40ml 兑水 45kg 喷雾进行跳甲防治，每隔 7d 防治一次，喷 2 次促进幼苗健壮生长发育。

5. 起苗和贮藏

（1）起苗。

起苗时间 9 月下旬～10 月上旬。起苗时要将不合格的过小苗、过大苗或侧根过多苗、病苗、虫伤及机械损伤苗拣去。苗子挖出拣选后，揪掉幼苗上的叶片，留下约 1cm 长的叶柄，50 株扎一把，扎把时必须在苗间加入适量细土。在通风阴凉干燥处，将幼苗一把靠一把，苗头朝外斜摆在铺有细干生土的地上，使之失去部分水分，晾苗 7d 左右，当种苗含水量稳定在 60～65％时即可贮苗。

（2）贮苗。

贮苗时要求彻底拣除烂苗、病苗，在 11 月上旬，选一地势高、通风好、阴凉的房间，先在地面上铺一层厚度 10cm 的消毒土（土壤含水量要求 10％左右，每 100kg 生土中均匀拌入 25％多菌灵粉剂 100g），然后把将晾好的当归苗头朝外摆放一层，摆好后覆盖一层 5cm 厚的消毒土，填满孔隙并稍压实，如此摆苗 5～7 层，最后在顶部和周围覆土 30cm，形成一个高约 80cm 的贮苗堆。贮苗期间要加强管理，防止热苗和鼠害，确保种苗质量。

二、移栽定植

1. 选地、整地

当归根系发达，入土较深，喜肥沃土壤，怕田间积水受涝。以选择土层深厚、结构良好、排灌便利、富含腐殖质的土壤为宜。前茬以麦类作物为好，轮作周期要求三年以上。前作收获后及时深耕 30cm 左右，灭茬晒垡，秋后浅耕，打糖保墒。移栽前结合施基肥再深耕一次，翻耕后立即耙糖，并除去杂草、秸秆、石块增加活土层，并达到地面平整、土壤疏松。

2. 科学施肥

以有机肥为主，化学肥料为辅，每亩施腐熟农家肥 3000kg 以上，配施磷酸二铵 30kg。农家肥及磷酸二铵在播种前均匀撒于地表，全部用作基肥，采用深施，集中一次性施入。

3. 适期移栽

（1）移栽时间。

当归移栽以春栽为主，栽植时间为 3 月中旬～4 月上旬，在适宜栽植期内应适当早栽。一般春分开始，清明大栽，谷雨扫尾。

（2）苗木选择。

移栽前选取地上部生长健壮、叶色浓绿、根形健壮、无病害感染、无机械损伤、侧根少、表皮光滑、均匀（苗茎 3～5mm、苗长 8～10mm）的优质种苗。

（3）合理密植。

移栽方法分两种：①平栽：在整好的地块上，挖坑打穴，穴距 25cm，穴深 18～22cm，直径 12～15cm，每穴 2 苗，分开垂直放入穴内，用土压实；再覆土 2cm，盖住苗头，但不可过厚。②垄栽：一般在热量不足，有灌水条件时采用，栽培方法与平栽相同。

栽植密度：无论平栽或垄栽，保苗数均应保持在 6000～7000 株/亩。

4. 田间管理

（1）中耕除草。

当归成药期要求中耕除草，及时拔薹，中耕除草三次：第一次在 5 月中旬进行浅锄，要求细锄多次，土不埋苗；第二次在 6 月中旬深锄、锄净，培土育根；第三次在 7 月中下旬进行，要求细除，后期出现杂草应及时拔出。6 月中下旬进入早薹盛期，要及时拔除早薹，以免浪费水肥，影响正常生长。

（2）适期追肥。

当归生长期较长，后期需追肥补充养分，视田间生长状况应合理追肥。一般追肥分两次进行：第一次于地上部茎叶生长盛期（7 月上旬），每公顷施尿素 75kg；第二次于根迅速增重期（8 月上旬），每公顷施尿素 75kg，磷酸二氢钾 30kg。追肥时要求肥料距植株 8cm 左右，撒施肥料，勿损伤叶片和根系，然后覆土即可。

（3）灌水抗旱。

地墒过差时，封冬前可灌冬水，栽种前亦可春灌；生长期遇旱时，应及时沟灌或窝灌，但控制水量不宜过大、过多，以田间无积水为宜。进入 7 月下旬后，当遇连阴雨且田间有积水时要及时排出，防止造成烂根。

（4）间苗定苗。

出苗不全时及时补苗；苗高 5cm 以上时，结合第一次中耕间苗；苗高 8cm 时按株距 10～15cm 定苗。

（5）控制抽薹。

一般生产地抽薹植株占总数的 10～30%，严重时达 40～70%，给生产常带来一定的损失。提早抽薹常与种子、育苗及第二年栽培条件有一定的关系，因此应必须注意下列问题：

①选择良好的种子。生产上应采用三年生当归所结的种子作种用，以种子成为粉白色时采收为宜。

②培育良好的栽子。选择阴湿肥沃的环境育苗，育苗时注意多施烧熏土，精细整地，适时播种，适当密植，精细播种，保证全苗，使出苗整齐，生长苗壮；选阴雨天揭草，避免幼苗晒死，适当追施氮肥，延迟收挖，不要挖断栽子，贮藏栽子之前避免把栽子晾得过干。上述措施都能降低抽薹率。

③选好育苗地。育苗时应选择土壤湿润，海拔在 2000m 以上的山坡地。

三、主要病虫害及其防治方法

当归病虫害主要为当归麻口病、根腐病和地下害虫。

1. 农业防治方法

采用"以防为主，防治结合"的农业综合防治方法预防当归麻口病、根腐病和地下害虫。主要采取以下六个方面的措施。

（1）合理轮作倒茬：当归生产田必须轮作 3a 以上。前茬以油菜、马铃薯及麦类作物最佳，切忌连作，也不宜在上年种植过其他根类药材的地块种植当归。前作收获后，需伏耕晒垡 30d 以上，以消灭部分病原菌、虫卵和蛹，从而抑制病害的发生。

（2）人工消灭病源：前茬作物进行中耕除草，翻耕茬地时尽可能人工清除杂草、残枝，同时结合翻耕，人工拣拾害虫体大幼虫，减少单位面积上的害虫数量及虫卵。

（3）使用的有机肥料必须腐熟。有机肥不得含病原体微生物、虫、卵及草籽。有机肥在堆制过程中，必须腐熟，并翻堆 2 次以上，以便充分腐熟，以消灭病原体微生物、虫、卵及草籽，且应符合农家肥无害化标准，严禁生粪上地。

（4）把好种苗选择关。选用无病害感染、无机械损伤、侧根少、表皮光滑、直径 2～5mm（百苗重 80～110g）的优质种苗，禁用带病苗。

（5）拔除中心病株。当归在生长过程中，发现带病或根部腐烂枯萎植株，要及时挖出枯死苗，将根、茎、叶全部收集到一起，在远离栽植田的地方烧掉，并将灰烬深埋于土中，每穴撒入草木灰 100g 或生石灰 200～300g，进行局部消毒。

（6）及时清除带病当归残体。在收获、耕地时发现麻口病、根腐病等病株残体时要及时清除，集中销毁，以消灭土壤中的病源菌。

2. 化学防治方法

（1）根腐病。

根腐病又名烂根病，其病原是真菌中的一种半知菌，主要为害根部，地下害虫多及低洼积水的地块易发病。发病后叶片枯黄，植物基部根尖及幼根开始变褐色水渍状，随后变黑脱落，受害根呈锈黄色，腐烂后剩下纤维状物，植株死亡。

防治方法：栽植前土壤消毒，每亩用70％五氯硝基苯1kg进行土壤消毒；选无病种苗，用1：1：150波尔多液浸泡，晾干栽植；拔除病株，在病穴中施入1把石灰粉，用2％石灰水或50％多菌灵1000倍液全面浇灌病区，以防止此病蔓延。

（2）麻口病。

一般黏土地种植较壤土地发病轻，山坡地较川水地发病轻，壤土和川水地应选黑土地或地下害虫少的地块。此病主要发生在根部，发病后根表皮出现黄褐色纵裂，形成伤斑，内部组织呈海绵状、木质化，是以镰刀菌为主的真菌，通过伤口或附随于动物口体入侵造成危害。

当归麻口病要在栽种时进行一次性预防，才能取得良好效果。经试验，采用以下方法，可有效防治当归麻口病。

①芦头预防：在当归栽植期每亩施5％毒死蜱颗粒剂2kg，40％多菌灵胶悬剂1kg，加细干土50kg进行搅拌，然后均匀施于种苗芦头，对麻口病具有较好防治效果。

②蘸根预防：种苗栽种前2h每20kg种苗用40％辛硫磷乳油15ml和50％多菌灵粉剂15g或48％乐斯本乳油10ml兑水10kg浸蘸种苗15～20min，边浸边晾，移栽时再用硫磺悬浮剂500倍液浸根定植。

③毒土预防：每亩用40％辛硫磷乳油600ml和50％多菌灵粉剂150g或辛害首4～5kg与100kg细砂土拌匀，结合移栽将兑配成的毒沙在归苗头部投放一汤匙（每穴用量约16g），然后覆土。

④成株期灌根：成株期麻口病防治以灌根为主，每亩可用40％辛硫磷乳油、50％多菌灵或48％乐斯本乳油1000倍液（分别用上述农药300g、150g、300g兑水300kg配制，每穴用量约50ml），24.5％爱福丁3号乳油800倍液（750ml乳油兑水600kg），5％石灰乳在不同生长期分别交替灌根（每穴用量约100ml）。

（3）褐斑病。

褐斑病的病原是真菌中的一种半知菌，为害叶片，从5月发生一直延续到收获，高温多湿条件下易发病。发病初期在叶面上产生褐色斑点，病斑扩大后外周有一褪绿晕圈，边缘呈红褐色，中心呈灰白色。后期在病株中心出现小黑点，病情发展，叶片大部分呈红褐色，最后全株枯死。

防治方法：冬季清扫田园，彻底烧毁病残组织，减少菌源。发病初期摘除病叶，喷1：1：150波尔多液；5月中旬后喷1：1：150波尔多液，每隔7～10d喷一次或喷65％代森锌500倍液2～3次。

（4）锈病。

锈病病菌在病残枝叶和根茎上潜伏越冬，来年浸染新抽生的叶，夏孢子由风雨和种苗传播，可多次重复浸染。

防治方法：收获后将残株病叶收拾烧毁，减少越冬菌源。发病初期每亩喷施20％三唑酮乳油 80ml 或 15％三唑酮可湿性粉剂 100g 兑水 50kg 喷雾防治。

（5）桃大尾蚜。

桃大尾蚜又名"腻虫"，属同翅目蚜科。主要为害当归的新梢嫩叶。春季由桃、李树上迁入田内为害，使其心内嫩叶变厚呈拳状卷缩。

防治方法：当归地要远离桃、李等植物，以减少虫源；发现蚜虫时可用20％杀灭菊酯 3000～4000 倍液喷雾。

（6）黄凤蝶。

黄凤蝶又名"茴香凤蝶"，属鳞翅目凤蝶科。幼虫为害当归叶片，咬成缺列或仅剩叶柄。

防治方法：幼虫发生初期可抓紧人工捕杀；发生数量较多时喷洒 80％敌敌畏 1000～1500 倍液或青虫菌 300 倍液。每周一次，连续 2～3 次。

（7）种绳。

种绳又名"地蛆"，属又翅目花蝇科。幼虫为害根茎。在当归出苗期，从地面咬孔进入根部为害，把根蛀空或引起腐烂，从而导致植株死亡。

防治方法：种蝇有趋向未腐熟堆肥产卵的习惯，因此施肥要用腐熟堆肥，施后用土覆盖，减少种蝇产卵。发现种蝇为害时，可用 40％乐果 2000 倍液或 90％敌百虫 800 倍液浇根，每隔 5～7d 浇一次，连续 2～3 次。

第三节　当归的采收与加工

一、采收

一般于 10 月中下旬植株叶片变黄采挖为宜，过迟气温下降，营养物质分解消耗，产量降低，质量下降。采挖时小心挖起全根，抖去泥土。从地的一端尽量挖全，要细挖，防伤防断，挖后结合犁地再捡一次漏挖的当归。贮藏前避免将种栽晾得过久、过干，以稍晾干水汽后进行贮藏为宜。

二、加工

初加工是当归药材生产的重要工序，按照传统，鲜当归经过精心晾晒、挑选分级、扎把、修整或切割，便成为质量优良、形状美观、商品价值高的初加工产品。良好的加工可使鲜当归质量提高，商品形状更好，品级和价格提高，经济产值增加。

1. 挑拣晾晒

当归收挖后，要立即抖净泥土，挑除病株，及时分别运回，不可堆置。摊放在干燥、通风、透光处的竹箔上或干燥平坦的地面、石板、水泥地上晾晒数日，使水分蒸发，侧根变柔，残留叶柄干缩。晾晒期间，每天要翻动1～2次，并注意检查，若有霉烂的，应立即拣出，以防浸染健株。夜间要覆盖透气的保暖材料防冻害。

2. 扎把

经过晾晒和堆放约7d，当归根条已由硬变柔，便可进行扎把。提倡使用细麻绳或塑料绳索，可重复多次利用，以减轻对产区植被的破坏。先用手将当归理顺，除去残留叶柄，抹去归头处毛根，每把鲜重约500g，较小的当归每3～6支扎成一把，特大的当归单株或两株扎成一把。扎把不可太大，以免在干制时通风透光不良，上色不好，或发生霉烂。把要扎紧，以免在干制时散把，然后放置在熏棚上，用文火徐徐烤干，熏制时要注意通风，并定期翻动，直至加工为初级产品。

第四节　当归的贮藏技术

一、成品药材贮藏技术

当归含有挥发油和丰富的糖分，极易走油与吸潮，若贮藏时温度过高、时间过长或长期与空气接触，其油分容易外渗，使药材表面出现油斑污迹，引起变质腐败和走油；若湿度过大或药材本身含水量较高，容易发生虫害和霉变。

贮藏的当归应洁净干燥，含水量在12%以下，无霉变、虫蛀。贮藏的地方应选择高爽、干燥、洁净、空气流通的房间或仓库，并使其内保持缺氧、低温、干燥、通风避光。温度在28℃以下，相对湿度60%～65%，商品安全水分为12%～15%。入库前，贮仓要进行认真地清扫，必要时用福尔马林消毒。当归不宜贮藏太久，应及时加工应用。贮藏室内应定期检查，发现吸潮或轻度霉变、虫蛀，要及时晾晒或用60℃的温度烘干，有条件的地方可用密闭抽氧充氮技术养护。

二、种子贮藏技术

种子成熟前呈淡绿色，成熟后颜色加深。当归种子由淡紫色转为粉白色时分批采收，如种子成熟过度则变为枯黄色，播种后易出现提早抽薹，长期采用提早抽薹植株所结种子育苗，早薹率将会越来越高。将适度成熟的果穗从基部剪下，每8～10枝扎成一小把。及时挂上标签，防止混杂。采收的果穗要及时挂在通风条件好，且无雨淋、无阳光直射的屋檐或晾种棚条件下晾干。

将扎好的种穗悬挂于无烟、无污染且通风透气的室内充分干燥，当种子含水量降到12%左右时，进行脱粒，脱粒时要防止机械损伤种子，影响出苗。脱粒的种子要除净杂质，妥善存贮，确保种子质量。

种子充分干燥后，选晴好天气进行脱粒，也可挂置于播种前脱粒。脱粒方法是将果穗置于帆布上晾晒，晾晒过程中要摊开成15～25cm薄层，并勤翻动，采用木棍轻轻敲抖果穗，防止损伤种子。脱粒后用分样筛清选或进行风选，除去混杂物、瘪粒及尘土。当归种子经脱粒净种后要进一步干燥，应干燥到种子标准含水量。种子标准含水量仅能维持其生命活动必须的最低限度，如果高于此含水量，种子的新陈代谢作用旺盛，不利于保存当归种子的生命力，低于此含水量即引起对种子的伤害。因当归种子内含油和芳香油较高，适宜阴干的干燥方法。干燥温度过高或加热太快，或种子在高温下滞留时间过长，都会影响种子活力。当归种子不耐贮藏，在室温下贮存1年后，发芽率降至20～30%，故隔年种子不宜用作育苗。在冰箱（0～5℃）保存可延长种子寿命，2年后发芽率仍有60～70%。故当归种子贮藏期间，尽可能控制温度在0～5℃低温条件下。贮藏期间，应注意防虫防潮，避免烟熏，不可强光照射，确保种子质量。

三、种苗保贮技术

当归起苗时间以10月中下旬为宜，起出的苗子用草扎成直径5cm一小把，就地摊开并用土覆盖，以防日晒发热，种苗贮藏方法有以下几种：

（1）窖藏（湿藏）。

选择干燥阴凉无鼠洞、不渗水的场所，按苗子数量挖出方形或圆形土坑，将苗单层摆在坑底，覆生土3～5cm，逐层贮藏6～7层，上面堆土高出地面，防止积水腐烂，这种贮藏方法贮藏的苗子抗旱能力较差。

（2）干藏（坑栽子）。

在无烟通风的室内，用土坯砌成一米见方的土池，池内铺生土5cm，将苗子由里向外摆一层，苗根向内，苗头向外，苗壁之间6～8cm空隙，将池储满后加厚土一层，顶部培成鱼脊形，这种干藏的苗子抗旱性较强。

四、干燥技术

传统的熏制采用农户分散进行，其优点为可以利用农户生活用火，亦可利用农闲的劳力。但缺点是因分散手工操作，熏制规格质量不一致，易发生霉烂、烤焦等不良后果；农户熏制时间长，烘干数量有限，不能从事大量生产；消耗薪柴较多；药材烟味不易除去。当归生产上已逐渐采用烤房和烘干机器干制。

（1）分散熏制。

分散熏制主要在熏制少量当归时采用。在墙角处搭建高约80cm棚架，上面铺竹条或木棒，将扎成的当归把头向下直立一层，再平放2～3层，厚度40～50cm，上面再盖一层约2cm的秸秆草或麻袋片，以更好地给上层当归着色。然后用蚕豆草、湿树叶或湿草作燃料，生火发烟，不得有明火，当归上色后，再慢火低温烘干，或从架上取下，放阳光下晒干。

（2）烤房熏制。

烘干室大小可根据现有建筑改建，可以在种子风干室或一般房屋中加建棚、架设炉灶。棚、架高1.3～1.7m，架上铺竹条或细木条。可将扎好的当归把子装入长方形竹筐中，筐高36～50cm，筐内先平放药把一层，中部立放头部向下的把子1层，上部再平放3～4层。然后将竹筐整齐并摆在棚架上，这样便于上棚、翻棚和下棚操作。若无竹筐，也可按上述码放要求直接摆在棚架上，炉灶设在烤房外的一侧，便于在室外加火，通过斜走的火道弯曲通入烤房中。按烤房大小均匀设置若干个换气口，可装上电动换气扇。整个熏制分为上色和烘干两个阶段，上色阶段需经烟熏5～8d，用蚕豆草、湿树叶或湿草作燃料，用水喷湿，生火发烟，不得有明火，使当归上色，当归表面呈金黄色或淡褐色即可；烘干阶段约经8～15d，可用煤火或柴火烘干，要用文火徐徐加热，起初2～5d室内温度控制在50～60℃，之后在45℃以下，每1h观察一次。此后，当停火降温，使其回潮，随时掌握室温变动情况，调整火力。需要注意防止冷棚导致当归的大量腐烂；要定期上下翻堆，使其均匀干燥；要打开通风口，使湿气及时排出。中午及晚间用急火烘烤，中午趁天热火烤易升温干燥，晚间容易观察火力大小，棚上发现火星也易发觉。早上用小火，以保持温度，不使当归受冻。烘到七八成干时即可出烘房阴干，外皮金黄色或淡褐色，用手折断当归枝条时清脆有且断面为乳白色即为优质品。上色烘干阶段要防止火力不够而发生冻伤或霉烂，也要防止火力过旺而发生焦枯甚至着火现象。

第五节　当归的药品分级

一、全当归

一等：干货，上部主根圆柱形，下部有多条支根，根梢不细于0.2cm，表面棕黄色或黄褐色，断面黄白色或淡黄色，具油性，气芳香，味甘微苦，每公斤40支以内，无薹根、杂质、虫柱、霉变。

二等：干货，上部主根圆柱形，下部有多条支根，根梢不细于0.2cm，表面棕黄色或黄褐色，断面黄白色或淡黄色，具油性，气芳香，味甘微苦，每公斤70支以内，无抽薹根、杂质、虫蛀、霉变。

三等：干货，上部主根圆柱形，下部有多条支根，根梢不细于0.2cm，表面棕黄色或黄褐色，断面黄白色或淡黄色，具油性。气芳香，味甘微苦，每公斤100支以内，无抽薹根、杂质、虫蛀、霉变。

四等：干货，上部主根圆柱形，下部有多条支根，根梢不细于0.2cm，表面棕黄色或黄褐色，断面黄白色或淡黄色，具油性，气芳香，味甘微苦。每公斤110支以上。无抽薹根、杂质、虫蛀、霉变。

五等：（带头归）干货，除以上分等外的小货，全归占70%，渣占30%，有油性，无薹根、杂质、虫蛀、霉变。

二、归头

一等：干货，纯主根，呈长圆形或拳状，表面棕黄色或黄褐色，断面黄白色或淡黄色，具油性，气芳香，味甘微苦，每公斤40支以内，无油性、枯干、杂质、虫蛀、霉变。

二等：干货，纯主根，呈长圆形或拳状，表面棕黄色或黄褐色，断面黄白色或淡黄色，具油性，气苦香，味甘微苦，每公斤80支以内，无油性、枯干、杂质、虫蛀、霉变。

三等：干货，纯主根，呈圆柱形或拳状，表面棕黄色或黄褐色，断面黄白色或淡黄色，具油性，气芳香，味甘微苦，每公斤120支以内，无油性、枯干、杂质、虫蛀、霉变。

四等：干货，纯主根，呈圆柱形或拳状，表面棕黄色或黄褐色，断面黄白色或淡黄色，具油性，气芳香，味甘微苦，每公斤160支以内，无油性、枯干、杂质、虫蛀、霉变。

第六节　当归的主要化学成分及药用价值

当归根含挥发油和非挥发性成分，挥发油中的中性油成分有亚丁基苯酞、β-蒎烯、α-蒎烯、莰烯、对聚伞花素、β-水芹烯等，以及其他成分，如脂肪油、棕榈酸，γ-谷甾醇、棕榈酸脂、豆甾醇、谷甾醇、豆甾醇-D-葡萄糖甙、十四醇-1、钩吻萤光素等。此外，还含有蔗糖、果糖、葡萄糖；维生素 A、维生素 B_{12}、维生素 E；17 种氨基酸以及钠、钾、钙、镁等 20 余种无机元素。

　　近代医学表明：当归水溶性非挥发物质能兴奋子宫肌，使其收缩加强；挥发性成分则能抑制子宫，减少其节律性收缩，使子宫松弛。当归有抗维生素 E 缺乏症，降低心肌的兴奋性，降低血压、血脂的作用，同时具有补血、活血、止痛、润肠之功效；能用于血虚萎黄、眩晕心悸、月经不调、经闭痛经、虚寒腹痛、肠燥便秘、风湿痹痛、跌仆损伤、痈疽疮疡，有"妇科要药"之称。当前韩国制药企业已从当归中成功萃取并大量生产出"紫花前胡素"，它对治疗白血病、糖尿性高血压及降低肾毒素具有显著效果，同时实验亦证明它能抑制幽门螺杆菌，而幽门螺杆菌与胃和十二指肠溃疡、胃炎、胃癌等疾病密切相关。

第六章　黄芩栽培技术

黄芩（*Scutelleria baicalensis* Georgi）为唇形科植物，黄芩的干燥根，又名空心草、黄金茶、山茶根。黄芩是常用的大宗药材，也是制药工业的重要原材。现代药理实验证明，黄芩具有清热解毒、燥湿、止血、抗炎、抗病毒、抗过敏等作用，并对免疫、心脑血管、消化、神经等系统均有保护作用，尤其是研究表明黄芩具有抗氧化、清除自由基、抗 HIV 和抗癌的作用，黄芪的应用和开发越来越受到国内外医学界的关注，需求量也随之急剧增加。因此，野生黄芩被大量采挖，绝大部分地区资源遭到严重破坏，濒临灭绝。由于野生黄芩的高额利润，人们还在不断地采挖，野生资源在继续萎缩，产品质量也在不断下降，为此，黄芩被我国列为三级保护濒危植物。人工栽培的黄芩逐渐成为主要商品来源，是一种长期发展的高效品种，具有很高的经济价值。

第一节　黄芩的主要特征特性

一、植物学特征

黄芩为多年生草本，根茎肥厚，肉质，径达 2cm，伸长而分枝。茎基部伏地，上升，高 30～120cm，基部径 2.5～3mm，钝四棱形，具细条纹，近无毛或被上曲至开展的微柔毛，绿色或带紫色，自基部多分枝。叶坚纸质，披针形至线状披针形，长 1.5～4.5cm，宽 0.5～1.2cm，顶端钝，基部圆形，全缘，上面暗绿色，无毛或疏被贴生至开展的微柔毛，下面色较淡，无毛或沿中脉疏被微柔毛，密被下陷的腺点，侧脉 4 对，与中脉上面下陷下面凸出；叶柄短，长 2mm，腹凹背凸，被微柔毛。

花序在茎及枝上顶生，总状，长 7～15cm，常在茎顶聚成圆锥花序；花梗长 3mm，与序轴均被微柔毛；苞片下部者似叶，上部者远较小，卵圆状披针形至披针形，长 4～11mm，近于无毛。花萼开花时长 4mm，盾片高 1.5mm，外面密被微柔毛，萼缘被疏柔毛，内面无毛，果时花萼长 5mm，有高 4mm 的盾片。花冠紫、紫红至蓝色，长 2.3～3cm，外面密被具腺短柔毛，内面在囊状膨大处被短柔毛；冠筒近基部明显膝曲，中部径 1.5mm，至喉部宽达 6mm；冠檐 2，唇形，上唇盔状，先端微缺，下唇中裂片三角状卵圆形，宽 7.5mm，两侧裂片向上唇靠合。雄蕊 4 枚，稍露出，前对较长，具半药，退化半药不明显，后对较短，具全药，药室裂口具白色髯毛，背部具泡状毛；花丝扁平，中部以下前对在内侧，后对在两侧被小疏柔毛。花柱细长，先端锐尖，微裂。花盘环状，高 0.75mm，前方稍增大，后方延伸成极短子房柄。子房褐色，无毛。小坚果卵球形，高 1.5mm，径 1mm，黑褐色，具瘤，腹面近基部具果脐。花期 7～8 月，果期 8～9 月。

二、生物学特性

野生黄芩多见于干旱的向阳山坡、林缘和稀疏的草丛中，喜阳光充足的温和气候，耐旱、耐寒，忌积水。产于黑龙江、辽宁、内蒙古自治区、河北、河南、甘肃、陕西、山西、山东、四川等地，中国北方多数省区都可种植。俄罗斯、蒙古、朝鲜、日本均有分布。

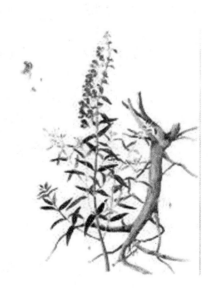

1. 根的生长

黄芩为直根系，主根在前三年生长正常，其主根长度、粗度、鲜重和干重均逐年增加，主根中黄芩苷含量较高。第四年以后，生长速度开始变慢，部分主根开始出现枯心，以后逐年加重，8a 生的家种黄芩几乎所有主根及较粗的侧根全部枯心，而且黄芩苷的含量也大幅度降低。

2. 茎、叶生长

出苗后，主茎逐渐长高，叶数逐渐增加，随后形成分枝并现蕾、开花、结实。5～6 月为茎叶生长期，一年生黄芩主茎可长出约 30 对叶，其中前五对叶每 4～6d 长出 1 对，其后叶片每 2～3d 长出 1 对。

3. 开花结果

一年生植株一般出苗后 2 个月开始现蕾，两年生及其以后的黄芩，多于返青出苗后 70～80d 开始现蕾，现蕾后 10d 左右开始开花，40d 左右果实开始成熟，如环境条件适宜黄芩开花结实可持续到霜枯期。种子容易发芽，发芽率一般在 80% 左右，发芽适温为 20℃ 左右，种子寿命为 2～3 年。

第二节　如何培育黄芩

一、产地环境条件

1. 环境条件

野生黄芩常生长于向阳草坡或荒地上。黄芩喜温暖，耐干旱，怕水涝，耐寒性强，在低洼积水或雨水过多的地方，生长不良，易造成烂根死亡。人工栽培生产基地，应选择地势高、干燥、向阳、排水良好、无污染和生产条件良好的地区。

2. 茬口要求

一般前茬以禾本科、豆科作物为宜。

3. 土壤条件

黄芩栽培应选择土层深厚的中性或微碱性的沙质土，土壤有机质含量 10g/kg 以上，碱解氮 40mg/kg、速效磷 4mg/kg、速效钾 80mg/kg 以上，pH 值低于 8.5。

二、选地、整地、施肥

1. 选地

黄芩对土壤要求不严，宜选土层深厚、排水良好、肥沃、疏松的砂质壤土。冬前旋耕，以备播种。

2. 整地

前茬作物收获后，深耕土地，深度 20～30cm，整平灌冬水。

3. 施肥

翌年春播前浅耕施基肥，每亩施腐熟的厩肥 2500kg，氮肥（N）15kg，磷肥（P_2O_5）15kg，耙糖平整作床。

三、播种育苗

1. 种子选择及处理

品种选择：黄芩为唇形科植物，系多年生草本植物，以根入药，但由于长期栽培的结果，形成了很多地方品种，引种时应加以注意。

种子质量：纯度 96% 以上，净度 98% 以上，发芽率 85% 以上，水分低于 12%。

种子处理：播前将种子用 40~50℃ 的温水浸种，并不断搅拌，浸泡 5~6h，然后捞出放在 20~30℃ 的条件下保温保湿催芽，待多数种子裂口时播种。

2. 种子直播

（1）种植时间：春播于 3~5 月，秋播于土壤冻结前进行。

（2）种植方式：在整好的地块上，按行距 25~30cm 横向开浅沟条播，沟深 2~3cm，然后将种子拌炕土灰均匀撒入沟内，覆土 1~1.5cm，轻轻镇压，耱平，以不见种子为度。播后保持土壤墒情，若墒情太差，需浇水，并用草覆盖；墒情好的地块，播后稍加镇压保墒不灌水。气温在 15℃ 左右时播后 10~15d 出苗。直播的优点是节约劳力，根部分权少，药材质量好。

（3）播种量：每亩用种量 0.75~1kg。

3. 育苗定植

（1）育苗时间：在 4 月至 5 月期间进行育苗。

（2）育苗方式：在整平的苗床上，按行距 20~25cm 开横沟，深 2cm 左右。把已处理好的种子均匀地播入沟内，覆盖厚 1cm 细肥土或细沙，以不见种子为度。播后灌水、盖草保持土壤湿润，当日平均气温稳定在 10~15℃ 时，7~10d 出苗。

（3）播种量：播种量为 2~5kg/亩。

（4）定植时间：黄芩应于秋冬土壤封冻前或第二年春季萌芽前移栽。

（5）定植方法：在整好的地块上，按行距 25~30cm 横向开沟，将挖出的种苗，按大小分成两级，分别按株距 8~10cm 垂直栽入沟内，以根头在土面下 3cm 为度，定植时根部竖直，足量浇水，压实土壤。

移栽时隔行起苗（预留行匀苗也可移栽），起苗时尽可能保持根系完整。苗长≥1cm，且根系完整者定为一级苗，苗长<10cm 或主根损伤者定为二级苗。一级苗和二级苗分类定植，便于以后分类管理。

四、田间管理

1. 查苗补苗

出苗后及时查苗补苗。

2. 间苗定苗

直播田苗高 5~6cm 时，按株距 12~15cm 定苗，缺苗的地方应及时补苗，补苗应带土移栽，栽后灌水。

3. 中耕除草

移栽返青后进行中耕除草一次，以后每隔15～20d中耕除草一次，直至田间封行，做到地表松软无杂草。

4. 灌水

黄芩耐旱怕涝，轻微干旱，有利于根的生长，旱象较重时灌水，忌高温时灌水，6、7月气温高，多干旱，又是黄芩需水关键时期，这时要注意灌溉。连阴雨天气要及时排涝，否则易烂根。

5. 追肥

每年追肥三次，分别于5、7、9月进行，前两次每亩施腐熟有机肥1000～1500kg，第三次重施一次冬肥，每亩施入腐熟有机肥加炕土灰、过磷酸钙或饼肥混合堆沤的复合肥1500kg，行间开沟施入，施后培土，以利于越冬。

6. 除花蕾

除留种外，于7～8月出现花蕾时，选晴天上午分期分批摘除，使养分集中供应根部生长。采种田第二年留蕾保花。

五、主要病虫害及其防治方法

1. 主要病害及防治方法

（1）根腐病。

根腐病多发生在8～9月，发病初期，黄芩的个别侧根和须根变褐、腐烂，后蔓延至主根，以至全株枯死。发病初期用50%托布津可湿性粉剂1000倍液浇灌病株防治；雨季及时排水，以降低田间湿度。

（2）叶枯病。

叶枯病多发生在9～10月，为害叶片，发病初期，先从叶尖或叶缘出现不规则的黑褐病斑，后自下而上蔓延，严重时使叶片枯死。冬季收获后，清理病残枝叶，消灭越冬病源；发病初期用50%多菌灵可湿性粉剂1000倍液喷雾防治或1:1:120波尔多液喷雾，每隔7～10d喷一次，连喷2～3次。

（3）菟丝子病。

6～10月菟丝子缠绕黄芩茎杆，吸取养分，造成茎叶早期枯萎。播前精选种子，发现菟丝子随时拔除，喷洒生物农药"鲁保1号"进行灭杀。

2. 主要虫害及防治方法

蛴螬和蝼蛄是危害黄芩的主要害虫，每年5～10月为害较重，主要采食黄芩根部。避免施用未腐熟的农家肥，减少成虫产卵；合理灌溉，促使蛴螬向深土层转移。施用碳酸氢铵，也有很好的驱虫效果。用50%锌硫磷乳油3000～3750g/hm³，加水10倍，喷于375～450kg细土上拌成毒土，顺行条施、浅锄，即可取得较好的防治效果。

第三节 黄芩的采种

翌年选择长势良好、无病害的地块做采种圃。黄芩花果期长达 90d，且成熟不一致，极易脱落。8～9 月当大部分蒴果由绿变黄时，连果序剪下，晒干，拍打得种子。经净选后，再风选淘汰秕种子，最后将所选得的种子置于阴凉干燥通风处备用。当年新种子芽率在 80％以上，千粒重约 1.6g，寿命可达 3a。黄芩种子质量标准：芽率≥70.0％、净度≥98.0％、水分≤11.0％、杂草种子比率≤0.1％。

第四节 黄芩的采收与加工及贮存

一、采收

直播的于播种后第二年至第三年冬季采挖，育苗的于移栽后第二年早春萌发前或 10 月上中旬茎叶枯萎后采挖。以生长三年采收药材质量最佳，产量最高。因黄芩主根深长，收获时先去除地上茎杆，再逐行采挖，要深挖，挖取全根，避免伤根和断根，抖净泥沙，分级存放。鲜黄芩中部直径≥1.0cm 者为一等品，0.5～1.0cm 者为二等品，≤0.5cm 者为三等品。剔除根部残茎，用竹片刮掉老皮，使根呈棕黄色，晒干，即为中药黄芩。其外观要求身干、易折断，杂质少，无异色、异味。鲜黄芩折干率 35～40％，一般干产量为 3000～4500kg/hm³。

二、加工

将鲜黄芩置阳光下晒至五六成干，除去外皮，然后再晒至全干。在晒干时，要避免阳光太强，日晒过度根部发红，影响质量，同时还要注意防止雨淋。成品以坚实无孔洞、内部呈鲜黄色为佳品。

三、包装运输及贮存

包装运输、储藏均应符合国家规定标准，在外包装上注明品名、产地、规格、等级、净重、毛重、生产日期或批号、生产单位、执行标准、包装日期，并附质量检验合格证。患有传染病的人员不能参与加工、包装作业。成品应储存在干燥库房内，越夏要防蛀虫，保质期暂定为 2a。超出 2a 经检验合格方可入药，不合格者只能用于中药提取。

第五节　黄芩的主要化学成分及药用价值

一、主要化学成分

化学成分是药材发挥多种作用的基础，开展化学成分的分离纯化鉴定及其药理作用的研究，是探索黄芩深度开发与综合利用的前提。

1. 黄酮及其苷类

黄酮及其苷类是黄芩的主要药效物质基础，目前从黄芩属药材中已发现了40余种黄酮类化合物，其中黄酮及黄酮醇类有黄芩苷、黄芩素、汉黄芩苷、汉黄芩素等；二氢黄酮及二氢黄酮醇类多在C5和C7有羟基取代，常见的有二氢黄芩苷、7，2′，6′-三羟基-5-甲氧基二氢黄酮、5，7，2′，6′-四羟基二氢黄酮醇等以及查尔酮类成分等。炮制是中药临床应用的特点，中药材炮制前后其所含成分可能发生改变而产生减毒增效的作用，黄芩的炮制品主要有酒黄芩、炒黄芩、黄芩炭等。研究发现，黄芩的不同炮制品中，其黄酮苷类成分含有量有所降低而黄酮类苷元成分含有量增高，物质基础的改变对黄芩及其炮制品的各类药理作用产生了一定影响。

2. 萜类化合物

黄芩属植物中含有多种倍半萜木脂素苷类及二萜类化合物。已从尼泊尔匍匐黄芩中分离得到三种新的倍半木脂素苷类，从黄芩属植物中分离得到的二萜类多为新克罗烷型双环二萜类化合物。由文献报道可知，除黄酮类成分以外，黄芩及其同属植物中尚含有多种萜类成分，但对于黄芩中萜类成分药理作用的文献报道较少，尚值得进一步深入研究。

3. 挥发油

近年来黄芩中的挥发油成分得到了关注，多个研究通过不同的提取、分析方法对黄芩中所含的挥发油类成分进行了分析。通过水蒸气蒸馏法提取得到黄芩地上部分的挥发油成分，并采用气质分析方法鉴定了其中37种化学成分，主要包括烯丙醇、石竹烯等；利用超临界提取技术提取得到的黄芩挥发油成分，经GC－MS分析，鉴定了其中64种成分，如棕榈酸、薄荷酮、亚油酸甲酯等。黄芩的花、茎叶、根和种子中均含有大量挥发油活性成分，具有较高的开发价值及应用前景。

4. 微量元素等

药材中微量元素的种类与含有量已逐渐成为衡量药材质量、判别药材道地性的重要指标。黄芩中含有多种微量元素，这些微量元素不仅自身具有生理活性，还能与药材中所含的有机分子形成配合物以发挥药效。此外，黄芩中还含有多糖、β-谷甾醇、苯甲酸及黄芩酶等成分。

二、药用价值

黄芩的根入药，味苦、性寒，有清热燥湿、泻火解毒、止血、安胎等功效。主治温热病、上呼吸道感染、肺热咳嗽、湿热黄胆、肺炎、痢疾、咳血、目赤、胎动不安、高血压、痈肿疖疮等症。黄芩的临床抗菌性比黄连好，而且不产生抗药性。

1. 抗炎作用

黄芩贰、黄芩贰元均能抑制过敏性之浮肿及炎症，二者能降低耳毛细血管的通透性。

2. 抗微生物作用

黄芩有较广的抗菌谱，在试管内对痢疾杆菌、白喉杆菌、绿脓杆菌、葡萄球菌、链球菌、肺炎双球菌以及脑膜炎球菌等均有抑制作用。

3. 降压、利尿作用

黄芩酊剂、浸剂、煎剂、黄芩贰均可有降压作用。浸剂口服能降低正常及慢性肾性高血压，酊剂可使神经性高血压回至正常。

4. 对血脂及血糖的作用

黄芩能使血糖轻度上升。

5. 和胆、解痉作用

黄芩酊剂、煎剂对在位肠管有明显的抑制作用，酊剂可拮抗毛果芸香碱引起的肠管运动增强现象。

6. 镇静作用

黄芩贰能加强大脑皮层抑制过程，可用于神经兴奋性增高及失眠的高血压患者。

7. 抗癌作用

黄芩能够一定程度上抑制癌细胞的产生和扩散。

黄芩蕴含传统的中药之美，是中医存留下来的精髓部分。人生于自然，食五谷生百病，从大地上取草木虫石以克之，其实就是阴阳调和的理论。中医历时数千年，融汇无数医家仁心与智慧。药材与山川大地气息相连。淡淡的药草香味，若苦若香，弥漫不散。亦如黄芩，平民草药出身，但功效却妙不可言。

第七章　地黄栽培技术

地黄（*Rehmannia glutinosa* Libosch）为玄参科、地黄属植物，又名生地、野地黄、怀庆地黄等以根茎作为药用，具有强心、利尿、镇痛、降血糖及保护肝脏等功效。地黄因加工方式不同分为生地黄和熟地黄。地黄的适应性强，全国大部分地区都能种植，多生长于排水良好的沙地、荒坡、地埂边。它喜阳光，适宜在疏松肥沃的土壤中种植。

第一节　地黄的主要特征特性

一、植物学特征

地黄为多年生草本植物，高 25～40cm，全植株密被灰白色长柔毛和腺毛。根壮、茎肥、厚肉嫩，呈块状、圆柱形或组锤形，肉质鲜时表面橘黄色，在栽培条件下，直径可达 5.5cm；茎紫红色，有半月形节及芽痕。叶通常在茎基部集成莲座状，向上则强烈缩小成苞片，或逐渐缩小而在茎上互生，叶脉在上面凹陷，下面隆起；叶片倒卵状披针形至长椭圆形，边缘具齿，茎生叶无或甚小，叶上面多皱绿色，下面略带紫色或呈紫红色，茎生叶丛生倒卵形或长椭圆形，下面带紫色。

4～5 月花望从叶丛中抽出，花具长 0.5～3cm 之梗，梗细弱，弯曲而后上升，在茎顶部略排列成总状花序，或几乎全部单生叶腋而分散在茎上；萼长 1～1.5cm，

地黄植株

密被多细胞长柔毛和白色长毛,具 10 条隆起的脉;萼齿 5 枚,矩圆状披针形或卵状披针形,长 0.5~0.6cm,宽 0.2~0.3cm,前方 2 枚各又开裂而使萼齿总数达 7 枚之多;花等种状,5 浅裂;花冠紫红色,里面常有黄色带紫的条纹,花冠长 3~4.5cm,花冠管稍弯曲,外面紫红色(另有变种,花为黄色,叶面背面为绿色),被多细胞长柔毛;花冠裂片 5 枚,先端钝或微凹,内面黄紫色,外面紫红色,两面均被多细胞长柔毛,长 5~7mm,宽 4~10mm。雄蕊 4 枚,二强,着生于花冠管的近基部处,药室矩圆形,长 2.5mm,宽 1.5mm,基部叉开,而使两药室常排成一直线,子房上位,幼时 2 室,老时因隔膜撕裂而成一室,无毛;花柱顶部扩大成 2 枚片状柱头。蒴果卵形至长卵形或顶端有宿存花柱,基都有宿萼,长 1~1.5cm。花期 4~6 月,果期 7~8 月。

二、生物学特性

1. 生长发育

地黄种子小,千粒重约 0.15g。地黄是光萌发种子,田间 25~28℃ 条件下,播后 7~15d 即可出苗,8℃ 以下种子不萌发。地黄根茎播于田间,25~28℃ 条件下 10d 出苗,8℃ 以下根茎不萌发。地黄根茎繁殖能力强,生产上一般常常用根茎繁殖,但根茎上部粗度为 1.5~3cm 的部位芽眼较多,营养丰富,幼苗生长苗壮,产量较高,是良好的繁殖材料。夏季高温,地黄老叶枯死较快,新叶生长缓慢。地黄花果期较长,7~8 月为根茎迅速生长期,10~11 月底上枯萎,全生育期 140~180d。

2. 开花习性

地黄在早春出苗后即出现花蕾。每朵花冠从出现到开放需 6~7d,每朵花期 3~4d。开花一个月后果实成熟,每株收 3~7 个果实。每个果实中含种子 22~450 粒。

3. 生态习性

耐寒、耐旱、喜光、喜肥、怕积水、忌连作。对土壤要求不严,肥沃的黏土也可栽种。地黄喜温和稍微有点湿润的气候,块根在气温 25~28℃ 时增长迅速。载培时易选择土层深厚、肥沃、排水良好的沙质壤土、黏土地。根茎瘦细、质量差,不宜重茬,连作要在三年以上,前茬作物忌萝卜、油料等。

(1)温度:年平均温度 15℃,极端最高温度 38℃,极端最低温度 -7℃,无霜期 150d 左右的地区均可栽培。

(2)光照:喜光植物。

(3)水分:空气湿度过大,土壤积水都不利于地黄的生长发育。幼苗期叶片蒸腾作用强,土壤不能过分干燥,生长后期土壤含水量要低,不要积水以防根茎腐烂。

(4)土壤:地黄喜肥,喜生于疏松、肥沃、排水良好的田块,砂质壤土、冲击土、油砂土最适宜。

第二节　如何培育地黄

一、品种选择

地黄主产地为河南省，但由于长期栽培的结果，形成了很多地方品种，引种时应加以注意。应选择适合河西走廊气候特点、优质高产、药性强的品种，生产中可选用以下品种：

1. "温 85-5"

"温 85-5"为温县农业科学研究所选育的优良品种。其产量高，块根粗大，种栽种苗率高、株型大、叶片数多且宽广，加工成货等级高，抗斑枯病一般，有花叶病，耐干旱。

2. "北京 1 号""北京 3 号"

"北京 1 号"为 20 世纪 70 年代的选育品种，"北京 3 号"为近几年从"北京 1 号"中提纯的品种。其产量稳定，种栽种苗率高，块根数多、地下块根膨大较早，生长集中，便于收获，抗斑枯病差，有花叶病，但对土壤肥力要求不严，适应性强，管理容易，产量高。"北京 3 号"较"北京 1 号"块根数少、块根大、株型大、叶片数多。

二、选地、整地、施肥

1. 选地

地黄是喜光作物，适宜在疏松肥沃的沙壤土和轻壤土生长，块根膨大期涝洼积水可使块根大量腐烂，严重减产，故选地时要选光照充足、土层深厚、土质疏松、地势高、干燥、能灌能排的沙质壤土，且不宜与高秆作物为邻。地黄忌重茬，需间隔 8～10a，重茬导致严重减产，以致绝收；易感染病害，对前茬作物要求很严，忌豆科、茄科、葫芦科、十字花科植物，如花生、豆类、芝麻、棉花、油菜、白菜、萝卜瓜类等作物连作，前茬作物以禾本科和蔬菜、白薯等作物为好。前作收获后，上冻前，深翻土地 30cm 左右。第二年春天种植前，施基肥（农家肥）4000kg/亩，翻耕一次，耙平整细作畦，宽 150cm 左右，长根据种子数量和地形而定，地势低，多雨地区，打高畦，20cm 左右高，或起垄，垄面宽 45～60cm，沟宽 30cm，高 20cm 左右，以利排水。

2. 整地、施肥

整地：前茬收获后深耕 30cm，整平灌冬水，播前中耕 20～25cm，耙细起垄，垄高 25cm、垄宽 50～60cm，旱地可起成宽 1.3m 的平畦。

施肥：结合整地每亩施有机肥 5000kg，次年 3 月下旬通过越冬风化，提高肥力，减少害虫和杂草。早春 3 月土壤解冻后，施饼肥 150kg，硫酸钾复合肥 40kg，过磷酸钙 100kg，尿素 50kg，深耕细耙将肥料翻入土中，禁止施用硝态氮肥。

3. 耙平作畦（垄）

灌水后浅耕，耙平作畦。垄宽 60cm，间距 30cm，多垄作，以利灌水和排水。

开沟起埂可使地表熟土，肥土集中，土壤结构疏松，昼夜温差较大，有利于地黄健壮生长和小水灌溉及雨后排水，一般可增产 8%。据试验，一沟一埂宽 75～80cm，埂高 15～20cm，栽 2 行，沟长视地理状况而定，一般 30m 左右。地黄地四周必须挖排水沟，避免雨季积水。

三、种植

1. 种植时间

因各地的气候条件和品种的不同，相应的栽种时间不同，但一般可分为早地黄和晚地黄，一般于日平均气温高于 10℃ 时开始栽种。早地黄于 4 月上中旬栽种，晚地黄于 5 月下旬至 6 月上旬栽种。

2. 种植方法

地黄繁殖方法有两种：有性繁殖和无性繁殖。大面积生产普遍采用根茎进行无性繁殖，种子繁殖多半作为育种采用。

（1）根茎繁殖。

培育种块：窖藏种栽、倒栽留种、露地越冬留种。

首先，要选用新鲜无病、生命力强，发芽率高的当年新种块。块根上部直径为 1.5～3cm 部位芽眼较多，是良好的繁殖材料；其次，种前应对种块进行药剂处理，防止种块腐烂，保证一播全苗。具体方法：播前 2～3d 将种块截成 5～6cm 的小段，用 50% 多菌灵 500～800 倍液浸种 15～20min，捞出晾干后即可栽种，忌阳光暴晒。

在垄上或畦上按行距 30cm 左右开 4～5cm 深的小沟，然后每公顷用 70% 的敌克松原粉 30kg 和 50% 辛硫磷乳油 15kg 加少量水后混以细土，均匀地撒入沟内，用五指爪混搅后，每隔 15～20cm，将处理过的种栽平放沟底后覆土，最好随刨随种，栽后覆土 3～4cm，压实后浇水。每亩用根茎 30～40kg

"温85-5"地黄地上部叶片大，长势强，地下块根大，等级高。按行距 35～40cm，株距 25～30cm，每亩需种栽 40kg 左右，覆土 3～4cm。

（2）种子繁殖。

在 3 月中下旬至 4 月上旬于苗床播种，苗现 6～8 片叶时，就可移栽大田。

生产上不易直接采用，仅在选种工作中应用。

3. 间套作

地黄苗期较长，在畦埂上，应间作一些矮小的早熟作物，如蚕豆、红小豆、四季豆、早熟玉米等分枝少的植物。

四、田间管理

1. 苗期管理

春栽地黄由栽种到出齐苗一般需 25～30d，墒情不足应及时浇水造墒，但浇水后要结合除草进行浅锄保墒。

（1）间苗补苗。

出苗后发现双苗或多苗，应及时切除，幼苗长到小碗口大小时，对一株双苗或多苗的应选晴天将其切掉，一株一苗，每穴只留 1 株壮苗，如有缺苗可选阴天，用备用苗带土移栽，随即浇水即可成活。亩留基本苗 4000～6000 株，土地肥活者，可适当稀些，贫瘠土地可稍稠些，8000～10000 株也行。

（2）除草和摘花。

地黄田杂草较多，地黄根浅，要浅锄，以免伤根。前期可用小锄浅锄，中后期以人工拔草为主，以免伤根。一般以封行前进行三次，最后一次稍深些。如发现地黄开花现蕾应及时摘除，以免消耗养分。除薹后可提高地黄的产量和质量。

（3）追肥。

以人粪尿为主，结合中耕，第一次每亩追施人粪尿 2000kg，饼肥 50kg，第二次每亩追施人粪尿 2500kg，饼肥 50kg，过磷酸钙 50kg（如果底肥已施过，过磷酸钙和饼肥应不施或少施）。第一次在立夏前后，第二次在处暑前后，因处暑前后地下根茎正在膨大，所以施肥要及时。封行前，还可以按第二次的追肥量稍增加些磷肥，进行第三次追肥。

（4）清除串皮根。

地黄能在块根处沿地表长出细长的根，称串皮根，应全部除掉。

2. 中期管理

地黄生长进入 7 月以后，地下部从拉线到膨大，地上部叶片增多，叶面积增大，是生长最旺盛时期，也是吸收养分最多的时期，同时也是高温高湿梅雨季节和多种病虫害发生的关键时期，因此在管理上应以防为主，促控结合。

（1）浇地及排水。

地黄进入膨大期，应节制用水，少浇勤浇，不可大水漫灌。雨季要及时排除田间积水，防止烂根。当地黄叶片白天萎蔫下垂，傍晚不能直立时（地黄需水临界期），应及时浇水。平时浇水应做到"三浇四不浇"，即施肥时浇、夏季暴雨后小浇（防止雨后天晴烈日暴晒）、旱象严重时勤浇，天阴有雨时不浇、中午烈日下不浇、天不旱不浇、地黄苗长势过旺不浇。全生育期灌水 3～4 次。

（2）追肥。

8～9 月地黄生长进入膨大期，各种营养需要量较大，应及时进行追肥。一般在封行前，每亩施硫酸钾复合肥 20kg，尿素 15kg。封行后可用 1％的尿素加 0.2％磷酸二氢钾进行根外追肥 2～3 次，也可用美地那营养液每亩 1.5～2.25kg 或 0.2％特高硼进行叶面喷施 2～3 次，能明显提高地黄产量，改善品质。注意追肥应施于离植株 10cm 左右，不可黏附在茎叶上，施后及时灌水。

3. 增重期管理

地黄生长进入 9 月，增重明显加快，在管理上一是要保持土壤见干见湿，满足营养物质在转化和运输过程中水分供应，同时注意雨后要及时排水，避免土壤积水，通气不良，块根腐烂；二是要喷施磷酸二氢钾或光呼吸抑制剂亚硫酸氢钠，增加养分的制造和积累，以增源节流，提高产量；三要注意防治病害，保护叶片正常进行光合作用，药剂可用乙磷铝锰锌、疫霉净、三唑酮等。

五、主要病虫害及其防治方法

1. 主要病害及其防治方法

（1）斑枯病。

斑枯病是真菌中半知菌感染，病株初期只是近地面的根茎处开始腐烂，病部组织由黄色变褐色，逐渐向地上部扩展，在其外缘叶片的叶柄上出现水浸状褐斑，并迅速向心叶蔓延，叶柄腐烂，叶片萎蔫。湿度大时，在病部产生白色棉絮状的菌丝体，后期离地面较远的根茎干腐。严重时只烂剩褐色表皮和木质部，细根也干腐脱落。这种病常发生在地黄生长的中、后期，为地黄的主要病害，受害的地黄一般减产 10％左右。

斑枯病

防治方法：用 1∶1∶100 的波尔多液均匀喷洒，隔 15d 喷一次，连喷 3～4 次，或用 60％代森锌 500～600 倍液 13d 左右喷一次，连续 3～4 次；烧毁病叶，并做好排水工作，亦可实行轮作倒茬。

（2）枯萎病。

枯萎病又称根腐病，真菌中半知菌感染。5月始发，6～7月发病严重，为害根部地上茎。初期叶柄出现水渍状的褐色病斑，间叶浸染，叶柄腐烂，茎叶萎蔫下垂，根部腐烂。

防治方法：选地势高、干燥地块种植；与禾本科作物轮作；清洁田园，集中烧毁病残株，选用无病种根留种；栽种前，用50％多菌灵1000倍液浸种；发病初期用50％退菌特1000倍液或多菌灵1000倍液浇灌根部或喷1：1：120波尔多液，每10d一次，连续2～3次。

（3）病毒病。

病毒病又名花叶病，4月下旬始发，5～6月严重。

防治方法：选择抗病品种，选无病毒种子繁殖；无病毒茎类繁殖；防治传毒媒体蚜虫。

2. 主要虫害及其防治方法

为害地黄的害虫有红蜘蛛、豹纹蛱蝶、甜菜夜蛾、银纹夜蛾、跳甲、斑须蝽和棉铃虫等，可喷施48％乐斯本1000～2000倍液或50％辛硫磷800～1000倍液加高效除虫菊酯800倍液，以及20％哒满灵等高效低毒杀虫、杀螨剂，一周内连喷2次即可控制虫害的发生。

（1）红蜘蛛。

红蜘蛛成虫和若虫5月在叶背面拉丝结网，吸食汁液，被害处呈黄白色小斑，至叶片褐色干枯。

防治方法：清洁田园，清除枯枝落叶，集中烧毁残株；用乐果乳剂0.5kg加水1000kg或20％双甲脒乳油1000倍液或20％三氯杀螨砜1000倍液喷雾防治。

（2）豹纹蛱蝶。

豹纹蛱蝶4月下旬开始为害地黄，咬食叶片成缺刻，甚至全部吃光。

防治方法：幼龄期用90％敌百虫800倍液喷雾防治。

第三节　地黄的采收与加工

一、采收

地黄收获的标志是整块地里有三分之二以上的植株叶片变黄枯萎，肥大的根茎表皮粗糙，个别有裂痕者。地黄作商品药用的茎在8月底9月初采收，作种的提前至8月上旬；秋地黄在次年3月，最迟在4月上中旬收完。收获时，先在畦头挖一深沟（30～35cm），先割去地上植株，然后按一定的方向逐株挖出，除去茎叶，抖去泥沙，轻收轻放，然后运回分级或留种。

生地黄呈纺锤形或条状，表面浅红黄色，具弯曲的纵皱纹、芽痕、横长皮孔及不规则疤痕；肉质，断面皮部淡黄白色，可见桔红油点（分泌细胞），木部黄白色，导管放射状排列；气微，味微甜、微苦。

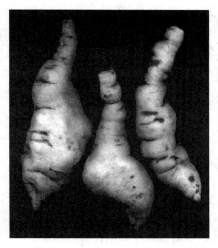

生地黄

二、加工

地黄挖回后，立即除净泥沙和杂物，及时加工，堆积过久，根茎容易腐烂。

1. 生地黄

生地黄加工方法有焙干和晒干两种。

晒干：根茎去泥土后，直接在太阳底下晾晒。边晒边发汗至根块无硬心、质地柔软为止。压时要轻，切忌独压，一次压不好，最好要隔一段时间再压，三次、五次均可，以后慢慢干燥。因地黄含糖性较高，干的成度以挡手不黏，手摸为干硬为主，否则将为湿货，不为扩干计算，切忌勿用硫磺熏蒸，以防降低药效。

烘干：焙干比晒干好，油性大，糖分多，费时短（4～5d）。将去净泥沙（忌水洗）的地黄，按大、中、小分级，分别置于焙上，各焙装 400～500kg，厚 50cm，上盖被席。先以微火（55～60℃）焙至大部分出汗约 2d，火力过大会焙坏（内空外硬），过小会流质（内汁全流成油条，干后身黑），以后逐渐加大火力。在烘干过程中，边烘边翻动，当烘到根茎质地柔软无硬心时取出，堆闷发汗，当地黄根茎发软变潮时，再烘至全干，一般 4～5d 就能烘干。地黄以个大、货干、断面油润、乌黑为好。

生地黄

生地黄多呈不规则的团块或长圆形，有的细小长条状，稍扁而扭曲；表面棕黑色或棕灰色，极皱缩，具不规则横曲纹；体重，质较软而韧，不易折断，断面棕黑色或乌黑色，有光泽，具黏性；无臭，味微甜。

2. 熟地黄

取生地黄洗净泥土，并用黄酒浸拌（每 10kg 地黄用 3kg 黄酒），将浸拌好的地黄置于蒸锅内，加热蒸制，蒸至地黄内外黑润，无生芯，有特殊的焦香气味时，停止加热，取出晒干即为熟地黄。

熟地黄呈不规则片状、碎块，大小、厚薄不一；表面乌黑色，有光泽，黏性大；质柔软而带韧性，不易折断；断面乌黑色，有光泽；无臭，味甜。

熟地黄

三、分装、运输、贮存

采收、加工后的地黄应及时分装、运输、贮存。地黄运输、贮存必须符合运输安全和分级贮存的要求。

第四节　地黄的留种技术

一、倒栽

7 月中、下旬，于当年春种的地内选择优良的单株刨出，栽植于留种田内，至翌年播种前挖出分栽，随挖随栽。

二、窖藏

秋天收获时，选无病、形状好、大小一致的根茎，立即贮藏于地窖内，窖内温度控制在 1～5℃，至翌年春取出栽种。

三、春地黄露地越冬

春种较晚或生长较差的地黄，根茎较小，秋天可不刨，留在地里越冬，待翌年春栽种时刨出，选无病虫害、形状好者作种栽。

第五节　地黄的商品规格

一、商品规格

《七十六种药材商品规格标准》将地黄，不分产地分为五个等级，具体标准如下：

一等 纺锤形七条形圆根，体重，质柔润，表面灰白色或灰褐色，断面黑褐色或黄褐色，具有油性。无芦头、老母生心、焦枯、霉蛀。每公斤16支以内。

二等 每公斤32支以内，其余同一等。

三等 每公斤60支以内，其余同一等。

四等 每公斤100支以内，其余同一等。

五等 油性少，支根瘦小，每公斤100支以上，最小货直径1cm以上，其余同一等。

二、出口商品规格

干货，具有油性，条形或圆根，体质柔实，皮纹细，表面灰白或灰褐色，断面黑褐色或黄褐色，显菊花心，具黏性，无枯心、焦枯。

（1）一等圆身地黄 每公斤20支以内。

（2）二等圆身地黄 每公斤22～48支。

（3）三等圆身地黄 每公斤50～80支。

（4）一等长身地黄 每公斤32支以内。

（5）二等长身地黄 每公斤34～80支。

（6）三等长身地黄 每公斤82～100支。

（7）小地黄每公斤180支以上不带毛须。

第六节　地黄的主要化学成分及药用价值

一、主要化学成分

1. 环烯醚萜及其苷类

地黄的化学成分以苷类为主，其中又以环烯醚萜苷类为主。从鲜地黄及干地黄中，已分离鉴定出20多种苷类：梓醇、二氢梓醇、乙酰梓醇、益母草苷、桃叶珊瑚苷、单蜜力特苷、蜜力特苷、地黄苦苷类、去羟栀子苷、筋骨草苷、8-表番木鳖酸、乙酰梓醇苷等。

2. 糖

苷类从地黄中已分离鉴定出了8种糖类：水苏糖、棉子糖、葡萄糖、蔗糖、果糖、甘露三糖、毛蕊花糖及半乳糖。鲜地黄中水苏糖含量高于干地黄，而六碳糖、蔗糖及三糖含量低于干地黄；干地黄中仅含少量还原糖；熟地黄中含有大量还原糖，其苷类的结构及含量有明显变化。从地黄愈伤组织的甲醇提取物中分离鉴定了 4 种酚性苷类。此外，从地黄鲜叶中还分离鉴定了金圣草黄素、木樨草素及梓醇等。

3. 氨基酸

地黄中含有 20 余种氨基酸，鲜地黄中精氨酸含量最高，干地黄中含 15 种游离氨基酸，按含量多少依次为丙氨酸、谷氨酸、缬氨酸、精氨酸、门冬氨酸、异亮氨酸、亮氨酸、脯氨酸、酪氨酸、丝氨酸、甘氨酸、苯丙氨酸、苏氨酸、胱氨酸、赖氨酸。

4. 微量元素

地黄中的无机离子及微量元素在鲜叶及鲜根中：$K>Mg$、Ca、$P>Na$、$Fe>Cu$、Al、Si、B、Sr、$Zn>Ba$、Cr、Ti、Ni、Co，干叶中 Fe、Cu 含量较干根中高。干地黄中：$K>Mg>Ca>Fe>Na>Mn>Zn>Cu$。

5. 其他成分

除以上成分外，从越南地黄根茎中分离出一个新的天然产物 2，4-二甲氧基-2-甲基-6H-吡喃-3-酮（2，4-Dimethoxy-2-methyl-6H-pyran-3-one），并用核磁共振光谱学测定了其结构。随着科技的发展，地黄的化学组成也越来越清楚，但仍有待进一步研究。

二、药用价值

1. 生地黄的功效和作用

性味归经：生地黄味甘、苦，性寒，归心、肝、肺经。

功能主治：具有清热凉血功效，用于温热病热入营血，壮热神昏，口干舌绛。如清营汤。治温病后期，余热未尽，阴液已伤，夜热早凉，舌红脉数者，如青蒿鳖甲汤。可用于治温热病热入营血，血热毒盛，吐血衄血，斑疹紫黑，如四生丸。养阴生津功效，用于津伤口渴，内热消渴。治温病伤阴，肠燥便秘，如增液汤，药用时煎服 10~30g，鲜品用量加倍，或以鲜品捣汁入药。生地黄味甘苦性大寒，作用与干地黄相似，滋阴之力稍逊，但清热生津，凉血止血之力较强。本品性寒而滞，脾虚湿滞腹满便溏者，不宜使用。

2. 鲜地黄和生地黄的功能与主治

鲜地黄清热生津、凉血、止血，用于热病伤阴、舌绛烦渴、发斑发疹、吐血、衄血、咽喉肿痛。

生地黄清热凉血、养阴、生津，用于热病舌绛烦渴、阴虚内热、骨蒸劳热、内热消渴、吐血、衄血、发斑发疹。

3. 生地黄和熟地黄的功效和区别

生地黄性寒，功能为凉血清热、滋阴补肾、生津止渴，常用于治疗骨蒸痨热、咽喉燥痛、痰中带血等症。由生地黄为主制成的六味地黄丸，就是著名的补肾良药，临床还常用于慢性肾炎、高血压、神经衰弱、肺结核等病的治疗。

生地黄制成熟地黄后，药性由寒变微温，其功能也发生变化，成为补血药。熟地黄配当归、白芍、川芎就是大名鼎鼎的"四物汤"，常用于治疗血虚症。熟地黄配白芍能养肝，配柏子仁可养心，配龙眼肉能养脾，配麻黄则通血脉。但熟地黄滋腻滞脾，有碍消化，故脾虚少食、腹满便溏者不宜服用。

第八章　柴胡栽培技术

柴胡（*Bupleunon chinenae* De.）为伞形科多年生草本植物，以根入药。按其产地和性状不同，分为北柴胡和南柴胡两种。柴胡始载于《神农本草经》，列为上品。《本草图经》载："二月生苗，甚香，茎青紫，叶似竹叶稍紫……七月开黄花……根赤色，似前胡而强。芦头有赤毛如鼠尾，独窠长者好。二月八月采根。"近年来，随着人们对柴胡功效的进一步了解，它的需求量日益增加，而药用部分是根，一旦根部被刨取，整个植株不再存活。柴胡的野生资源在大量采挖的情况下日渐稀少，推广柴胡的人工种植，是保护水土流失，保护生物多样性，满足人民群众需求的必由之路。目前柴胡种植面积较小，不能满足市场需求，为人工栽培柴胡提供了良好的机遇。

第一节　柴胡的主要特征特性

一、植物学特征

柴胡是中药材中大宗品种，以根入药，其商品主要有三大类：①北柴胡，原植物为柴胡；②红（南）柴胡，原植物为狭叶柴胡；③竹叶柴胡，原植物为膜缘柴胡。

1. 北柴胡

北柴胡称津紫胡，伞形科多年生草本，高 40～70cm。主根较粗，坚硬，有少数黑褐色侧根。茎直立，2～3 枝丛生，上部分枝略呈"之"字形弯曲，叶互生，基生叶线状披针形或倒披针形，基部渐窄成长柄，先端具突尖。茎生叶长圆状披针形至倒披针形，两端狭窄，近无柄，长 5～12cm，宽 0.5～1.6cm，最宽处常在中部，先端渐尖，基部渐窄，上部叶短小，有时呈镰刀状弯曲，表面绿色，背面粉绿色，具平行脉 5～9 条。伞形花序多分枝，花序顶生兼腋生，伞梗 4～10 条；总苞片 1～2，披针形，常脱落，小总苞片 5～7。花瓣 5，黄色，先端向内反卷；雄蕊 5 枚，插生花柱基之下；子房椭圆形，花柱 2，花柱基黄棕色。

双悬果长卵形至椭圆形，长 2.5～3mm，棕色，槽中通常各具 3 条油管，合生面有 4 条油管。花期 7～9 月。生于干旱荒山坡、林缘灌丛中。

2. 狭叶柴胡

狭叶柴胡也称香柴胡、细叶柴胡（东北）、红柴胡、南柴胡（通称）、小柴胡（甘肃）、蚂蚱腿（辽宁），为伞形科多年生草本，高 40～80cm。根长圆锥形，多为单生，稀下部稍有分枝，通常棕红色或红褐色。茎单生或数枝丛生，基部常留有多数棕红色或黑棕色枯叶纤维；茎多回分枝，稍呈之字形弯曲。基生叶披针形至线状披针形，基部渐窄成柄，长 7～15cm，宽 3～6mm，先端长渐尖，中部最宽，基部最窄，具 5～9 条平行脉；茎生叶无柄，呈线形或线状披针形，长 6～12cm，宽 2～6mm，上部叶短小。伞形花序小，分枝细长而多，伞梗 5～13，长 1～3cm，略呈弧状弯曲；总苞片 1～4，线状披针形，长 1～3mm，不等大，常早落，与小花等长或稍长，花黄色。双悬果长圆形至卵形，褐棕色。长 2.5～3mm，花期 8～9 月，果期 9～10 月。生于沙质草原、沙丘草甸子或阳坡疏林下。商品称红柴胡，与原种的根极似，主要区别是茎上分枝较多，分枝开展，叶为狭线形。分布于东北、河北、山西、陕西、甘肃等省区。其根也跟红柴胡一样作药用。

3. 膜缘柴胡

膜缘柴胡别名竹叶柴胡（四川、湖北、云南），伞形科。本种与柴胡近似，但总苞片 2～5，披针形，小总苞片 5，较花梗短。果实长圆形，长 3.5～4.5mm，有窄翅。以上特点可与近缘柴胡区别。花期 6～8 月，果期 8～10 月，生于海拔 700～2500m 的山坡草地或林下。

二、生物学特性

1. 生长习性

柴胡的适应性较强，喜稍冷凉而湿润的气候，较能耐寒耐旱，忌高温和涝洼积水，多为野生，常生长于海拔 1500m 以下山区、丘陵的荒坡、草丛、路边、林缘和林中空地。种植柴胡宜选择比较凉爽的气候条件，海拔 350～900m 的缓坡地、非耕地，土壤以土层深厚、疏松肥沃、排水良好的腐殖质土或砂壤土、夹砂土为好。需要两年完成一个生长发育周期。人工栽培柴胡第一年生长只生基生叶和茎，只有很少植株开少量花，尚不能产种子，田间能够自然越冬。第二年春季返青，植株生长迅速，于 7～9 月开花，9～10 月为果熟期。全生育期约 190～200d。柴胡种子寿命短，当年新产种子发芽率为 43%～50%，常温下贮藏种子寿命不超过一年。

2. 分布

北柴胡（柴胡）主产我国北部地区，包括北京的密云、怀柔，河北的承德、易县、涞源，河南的洛阳、嵩县、栾川、洛宁，辽宁西部至中部，以及黑龙江、吉林、陕西等省，此外内蒙古自治区、山西、甘肃亦有生产。

 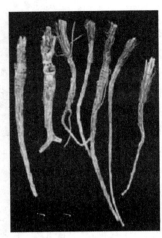

北柴胡　　　　　　　　　　　　南柴胡

狭叶柴胡分布于东北、华北、西北、华东、华中等地区。其变种线叶柴胡商品称为红柴胡，与原种的根极似，主要区别是茎上分枝较多，分枝开展，叶为狭线形。分布于东北、河北、山西、陕西、甘肃等省区，其根也作药用。

膜缘柴胡分布于浙江、福建、湖北、甘肃、四川、云南、贵州等省区。其变种西藏柴胡与膜缘紫胡相似，但本种植株较矮小，叶狭长，长 3～10cm，宽 3～6mm。基生叶多，花序较少，小总苞片较花梗长。根圆柱形，淡泥黄色，长可达 30cm，直径 3～5mm。产于西藏、四川，在西藏也称竹叶柴胡。

三、经济价值

柴胡为四季用药，应用广，需量大，可生产中成药片剂、针剂、口服液等。近年来，由于人为原因，野生资源逐年减少，家种柴胡目前面积还比较小。现在生产中所用北柴胡的主要品种为中柴 1 号，通常一年生亩产干品 30～50kg；两年生亩产干品 80～100kg，亩产值 1000～3000 元。

第二节　如何培育柴胡

人工种植柴胡是最近几年才发展起来的，由于柴胡耐干旱、高温，抗寒能力强，因此在我国南北地区都有栽培。家种柴胡以春季直播为主。种植柴胡时，合理密植、重施磷钾肥、打花薹、防止根腐病的发生是增产的主要措施。

一、产地环境选择

1. 环境条件

生产基地应选择在海拔 2400m 以下，无污染和生产条件良好的地区。

2. 茬口要求

柴胡适应性较强，耐干旱、怕水涝，耐寒性强，对茬口要求不严，各类农作物茬口均可选择。为实现高产优质目标，一般前茬以禾本科、豆科作物较好。

3. 土壤条件

应在土壤肥沃、土层深厚、疏松的壤土或沙壤土地上种植，盐碱地、黏土地、排灌不畅的地方不宜种植。土壤有机质含量大于 10g/kg、碱解氮 40mg/kg、速效磷 4mg/kg、速效钾 80mg/kg 以上，pH 值低于 8.5。

二、整地、施肥

1. 整地

柴胡是根类药材，宜选择沙壤土或腐殖质土种植，切忌在黏土或积水洼地种植。最好在新建果园内实行果药间作，先全面深翻土地，清除杂草、石块后，深耕 2 次，深度 20～30cm 以上，并做成 2m 宽的畦待播种。

2. 施肥

结合第二次深耕，每亩施腐熟的厩肥 3000～5000kg 或饼肥 200kg 作基肥，整平耙细，以待栽种。据北京市中药综合研究所试验，深翻和高垄栽培比平畦栽培能显著增产。因深翻使土壤疏松，保水保肥的能力增强，有利于柴胡吸收养分和根系生长。高垄还可以提高地温，增大昼夜温差，对柴胡生长有利。

三、良种选择及处理

1. 品种选择

选择的主栽品种为南柴胡，又名红柴胡、狭叶柴胡；紫柴胡，又名黑（紫）柴胡、竹叶柴胡。

2. 种子质量

种子纯度不低于 95%，净度不低于 98%，发芽率不低于 85%，水分 12% 以下。选择头年秋收获的种子，隔年种子不宜使用。

3. 种子处理

柴胡花期和果期时间较长，故采收的种子大小和成熟度差异较大，一般发芽率 35～50%，在适宜条件下播种需要 30～45d 出苗。为了提高发芽率，播前可进行种子处理。常用的处理方法有以下几种：

（1）机械去皮处理。细沙与种子搅拌撞去部分外皮，或用碾米机撞皮，然后进行播种。

（2）砂藏处理。将种子用 30～40℃温水浸种一天，除去浮在水面的瘪粒后，将 1 份种子与 3 份湿沙混合，置 20～25℃温度下催芽，10～12d，当一部分种子裂口后，去掉沙土播种。

（3）药剂处理。用 0.8％～1％高锰酸钾浸种，取出冲洗净播种。

（4）温水浸种。精选两年生、无病虫害、生长健壮植株上所结种子，用机械力撞皮，用 45～50℃的温水浸种，并不停搅拌，待水温降至室温后，捞去瘪种子，再浸泡 12h。

生产上常用温水浸种的方法处理种子，简单方便，省时省力。

四、播种

一般柴胡的播种方式包括种子直播（一般采用此法）和育苗移栽两种。

1. 种子直播

（1）直播时间：春播于 4～5 月，秋播于土壤冻结之前进行。多以春播为宜。

（2）单种方法：在畦面上按行距 20cm 横向开浅沟条播，沟深 1.5cm，将处理好的种子与炕土灰拌匀后，均匀地撒入沟内，覆盖细土或沙，轻微镇压后浇水，盖草保温保湿。春播 15～20d 即可出苗，秋播的于翌年春季出苗。

（3）用种量：每亩用种量 1.5～2kg。

（4）套种方法：柴胡幼苗需蔽阴，可采取套种方法。

小麦套种：在小麦灌头水时将柴胡种子均匀撒入，用木齿耙纵横各耙一遍，然后灌水，保持土壤湿润。

孜然套种：在孜然播种时将孜然与柴胡种子掺合，均匀撒入，灌水，保持土壤湿润。

2. 育苗移栽

4 月中旬按 30kg/亩将种子均匀撒播于畦面，并用筛出的细土和细堆肥混合覆盖。5 月下旬左右，当柴胡苗的根头部直径达 2～3mm，根长达 5～6cm 时即可移栽。移栽前在苗床可适当浇水，以利挖苗和保持湿度，选取壮苗，随挖随种，按行距 15cm，株距 3cm 定植。栽植深度要均匀，根头部覆土 1.5cm，栽后应浇水。

（1）育苗时间：4 月中下旬至 5 月上旬。

（2）育苗方法：在整好的苗床上开平底播种浅沟，沟宽 20cm，沟距 10cm。将已拌细沙的种子均匀撒播后，盖土或细沙，厚度 1cm。播后灌水，保持土壤湿润（盖草保湿），播种量 5～8kg/亩。

（3）苗期管理：柴胡出苗需 20d 左右的时间，齐苗后，及时揭去覆盖物。育苗期间要经常中耕除草，当幼苗长到 10～15cm 时结合灌水，追施 1 次氮肥，每亩施 8～10kg，以后视墒情灌水。精心培育 1a，第二年春移栽。

（4）定植时间：春季 4～5 月。

（5）定植方法：在畦面上按行距 20cm 开沟（畦面横向开沟），深 10cm 左右。然后按株距 10～15cm 栽苗，扶正栽稳，使根系舒展，栽后覆土压实，浇一次定苗水。

五、田间管理

1. 中耕除草

柴胡定植田和直播田都应每月中耕除草一次。齐苗后，注意防旱保苗，拔草灭荒。用小锄轻轻锄草松土，直到封行为止。

2. 查苗补苗

直播柴胡第二年春返青后及时查苗补苗。

3. 间苗定苗

当幼苗长到 3～5cm 高时进行疏苗，防止幼苗拥挤，疏苗后及时进行第二次中耕和除草。苗长到 5～7cm 高时进行定苗，合理的株距应为 10～15cm，间稠补稀。

4. 灌水追肥

定苗后当叶片变厚、叶色浓绿时，每亩撒施尿素、磷肥、钾肥各 2kg，并浇一次透水。以后节制浇水，勤划锄灭荒。雨季来临之前，每亩撒施磷酸二铵 20kg，浇水。雨季要严防田间积水、渍水。田间积水、渍水极易引发根腐病，造成大幅减产。封冻之前，浇一次越冬水，每亩撒施捣细的农家肥 3000kg。第二年早春，楼去地上干枯的茎叶，浇返青水。待苗高 12～15cm 时，每亩开沟施入磷酸二铵 kg、硫酸钾 8kg，施后浇一次透水。以后控制浇水，严防积（渍）水。5 月间，柴胡陆续抽薹开花。除留种田外，要及时剪除，避免无谓消耗；及时灌水，灌水结束应及时排除积水。

5. 摘除花蕾

两年生柴胡 7～8 月现蕾时，一律将其花蕾摘除（留种田除外），以减少营养不必要的消耗。同时，对田间发生的蚜虫、二十八星瓢虫，做好防治工作，可用 50％氧化乐果 800～1000 倍液喷雾。

6. 留种田管理

选留部分植株生长整齐一致、健壮的田块留种，不进行摘除花蕾，要进行保花增粒；有条件者可放养蜜蜂辅助授粉，以提高种子产量。8～10 月是柴胡种子的成熟季节。由于抽薹开花不一致，因此种子成熟时间不同。田间观察，种子表皮变褐，子实变硬时，可收获种子。要求成熟一穗，收获一穗，成熟一株，收获一株。

六、主要病虫害及其防治方法

1. 主要病害及其防治方法

（1）根腐病。

根腐病多发生在高温多雨季节，因高温多湿、田间积（渍）水而发。发病植株退绿变黄，后干枯而死，拔出后可见根部腐烂。

防治方法：移栽时严格剔除病株弱苗，选壮苗栽培；增施磷、钾肥，增强植株抗病力；雨季注意排水，不可使田间积水；种苗根部用50％甲基托布津1000倍液浸5min，取出晾干后栽种。发病初期可用50％多菌灵1000倍液或70％甲基托布津1000倍液灌株。

（2）锈病。

主要为害茎叶，高温多湿发病较重。发现初期，叶片及茎枝上发生零星锈色斑点，逐渐染及全株，影响植株生长及根部发育。

防治方法：发病初期用25％粉锈宁1000倍液喷雾，每7d喷一次，连续喷2～3次即可。也可用65％可湿性代森锰锌500倍液或敌锈钠200倍液喷雾防治，每7～10d喷一次，连续喷2～3次。

（3）斑枯病。

为害叶片。染病植株在叶片上产生直径为3～5mm的圆形暗褐色病斑，中央稍浅，有时呈灰色。叶两面均能产生分生孢子器，严重时病斑常汇合，以致叶片枯死。

防治方法：发病前或发病初期用50％退菌特1000倍液喷雾防治，每5～7d喷一次，连续喷2～3次。也可于发病前用70％甲基托布津600倍液预防，以后每半个月喷一次。

2. 主要虫害及其防治方法

（1）蚜虫。

多在苗期及早春返青时危害叶片，可在叶面喷40％蚜虱净800～1500倍液灭杀。

（2）黄凤蝶。

以幼虫为害叶片和花蕾。在发生期可用90％敌百虫1000倍液喷雾防治，也可选用市售杀虫剂防治。必要时可人工捕杀幼虫。

第三节　柴胡的采收与加工

一、采收

播种后2～3a采挖。直播田一般于第二年秋季植株枯萎后或第三年春季萌发前挖取地下根，育苗定植田于当年秋末冬初或第二年春萌发前采收。采收时不能将根茎挖断，采挖根部时应注意勿伤根部和折断主根，保持根茎完整。

二、加工

采挖后抖去泥土，去掉老茎秆，晒干，捆扎成把，即为软柴胡（苗柴胡）。沿畦的一端，仔细挖出根条，抖净泥土，去净残留的茎叶，晒干即成商品，然后按根茎粗 0.6cm 以上、0.4～0.6cm、0.4cm 以下分为三个等级。柴胡干品以身干、根长、无杂质为佳。

最好随收获，随加工，不要堆积时间过长，以防霉烂。采收后晒到七至八成干时，把须根去净，根条顺直，捆成小把再继续晒干为止。将晒好的柴胡，按收购要求装箱出售。商品规格要求身干，折断有松脆声，残茎不超过 1cm，无须毛、杂质、虫蛀和霉变，茎叶青翠、根部颜色新鲜有清香。柴胡一般用麻袋储藏，应储藏于干燥通风处，温度在 30℃ 以下，相对湿度在 70～75%。储藏期间应定期检查，注意防潮、霉变等发生。

第四节　柴胡的药用价值

一、药性与功能

柴胡主要以根入药，其地上部也可入药，味苦、性微寒，具有和解退热、舒肝解郁、升举阳气之功能，能治感冒、肋痛、肝炎、胆道感染、月经不调等症，具有解热、镇静、镇痛、镇咳、消炎、抗肝损伤、抗病毒等作用。

二、药理作用

柴胡根中主要成分为柴胡皂甙，其次含有植物甾醇、黄酮、多元醇、脂肪酸、香豆素、多糖、微量元素以及少量挥发油；地上部主要含有黄酮类成分。柴胡皂甙可分为皂甙 a、皂甙 d 和皂甙 c 三种。北柴胡的总皂甙和皂甙 a、d 的含量最高，以沈阳东陵产的柴胡为例，柴胡总皂甙的含量为 2.383%，柴胡皂甙 a 和 d 的含量均高于 0.65% 和 0.67%。口服后从消化道吸收较多，并有部分失活，而排泄慢，主要从粪便中排泄，少量经肾排出。

第九章　羌活栽培技术

羌活（*Notopterygium incisum* Ting ex H. T. Chang））或宽叶羌活（*Notopterygium forbesii* Boiss）是伞形科、羌活属多年生草本植物，该种根茎和根作药用。多于初春及秋季采挖，除去茎叶须根，晒干干燥，切厚片。羌活味辛、苦，性温，具有散寒、祛风、除湿、止痛的功效，用于风寒感冒头痛、风湿痹痛、肩背酸痛等症。商品主要来源野生资源，年需求量 2500000kg 左右。野生羌活生长周期长，一般需 5～7a 才能采挖。近年来，在资源减少和价格上升因素的刺激下，羌活野生资源采挖处于无序状态，加剧了掠夺性采挖的力度和范围，使主要以营养为繁殖的野生羌活资源处于严重的威胁之下，1987 年修订的《中国珍稀濒危保护植物名录》已将羌活列为二级保护物种。在近 20 年里，羌活野生资源不但未得到有效保护，而且遭到了长期不间断的掠夺式采挖。作为大宗药材品种，野生羌活资源已经受到严重威胁，面临危机。

近几年来，随着羌活市场的紧俏，价格基本呈现持续上升的趋势。现有资源多分布在海拔 3000m 以上的高寒深山地带，山势陡峭，交通不便，由于采挖困难，收购量每年下降 30％以上。近年来由于野生资源减少，商品供不应求，因此人工栽培发展前景广阔。

第一节　羌活的主要特征特性

一、植物学特征

1. 羌活

羌活属多年生草本，高达 1m 以上，根茎块状或长圆柱状。茎直立，表面淡紫色，有纵沟纹，中空，无毛。叶互生，茎下部的叶为 2～3 回单数羽状复叶；叶柄长 10～20cm，基部抱茎，两侧成鞘状；小叶 3～4 对，卵状披针形，小叶片 2 回羽状分裂，最后裂片具不等的钝锯齿，最下一对小叶具柄，最上一对个叶近无柄；茎上部叶近无柄。基部扩大呈长卵形的鞘而抱茎；叶片薄，上面深绿色，下面淡绿色，无毛，三出式三回羽状复叶，末回裂片长圆状卵形至披针形，长2～5cm，宽0.5～2cm，边缘缺刻状浅裂至羽状深裂。复伞形花序顶生或腋生，总伞梗10～15枚，长短不等，表面粗糙；无总苞，侧生者常不育。小伞形花序约有花20～30朵，直径1～2cm；花柄长0.5～1cm；萼齿卵状三角形，长约0.5mm；小总苞片6～10，线形，长3～5mm；萼片5枚，裂片三角形；花瓣白色，5枚，倒卵形至长圆状卵形，先端尖，向内折卷，长1～2.5mm；雄蕊的花丝内弯，花药黄色，椭圆形，长约1mm；花柱2，很短，花柱基平压稍隆起。分生果长圆状，长5mm，宽3mm，背腹稍压扁，主棱扩展成宽约1mm的翅，但发展不均匀；油管明显，每棱槽3，合生面6；胚乳腹面内凹成沟槽。花期7月，果期8～9月。

2. 宽叶羌活

宽叶羌活又名鄂羌活。多年生草本，高80～100cm，有根茎。茎基部紫红色，表面有纵沟纹，无毛，中空；茎下部叶大，2回或近于3回的羽状复叶，叶柄长7～9cm，基部成鞘状，抱茎；小叶的最后裂片卵状披针形，长2～4cm，宽1～2cm，先端渐尖，边缘又作不规则的羽状深裂；茎上部的叶片逐渐简化而成广阔膨大的紫色叶鞘；两面无毛，仅下面叶脉上稍有毛。复伞形花序上密生多数花，小伞梗长1cm，小总苞片多数，线形，与小伞梗等长或稍短。

二、生物学特性

1. 分布

羌活的分布呈现出明显的地带性。水平分布范围为北纬24°～41°，东经95°～113°。西起西藏自治区的丁青，北至内蒙古自治区的凉城，东南至湖北的房县、长阳一带。主产于四川及云南，次产于青海及甘肃，陕西亦有分布。宽叶羌活主产于甘肃及青海，次产于四川。甘肃省主要分布于甘南州、武威市、陇南市、张掖市、定西市等地，定西市主要分布于岷县、漳县等地。

2. 生长习性

羌活开始出现的海拔高度均在3000m以上，周围生长着相同的伴生植物。经过取样鉴定，这些伴生植物多为杜鹃（千里香杜鹃、头花杜鹃、烈香杜鹃、金毛杜鹃）和柳属植物（坡柳、河柳、杯线柳）。此外，还有鬼箭锦鸡儿、甘肃瑞香、小灌木、禾草及苔藓，特别是乔木稀疏、灌木单纯。羌活就生长在上述植物的林荫下或根际周围。伴生植物对羌活植株起遮阴和屏障作用，羌活具有喜冷凉、怕强光或耐阴性强。

羌活对土壤的要求：由于羌活喜冷凉、耐寒、怕强光、喜肥，适宜于寒冷湿润的气候，多生长在高山灌木林、亚高山灌丛、草丛及高山林缘地，土壤以亚高山灌丛草甸土、山地森林土为主。羌活所在地土壤疏松、腐殖质含量高，毛管饱和吸水量的平均值为 46.19％，容重测定的含水量在 70％以上，土壤肥沃，pH 呈中性或微酸性。

第二节　如何培育羌活

一、选地、整地

1. 选地

育苗地应选择阴湿肥沃、排水良好、土质疏松的砂壤土。播种前结合翻耕地施腐熟农家肥 4000～5000kg/亩或氮素化肥 15kg/亩。羌活根系发达，主根粗壮、分杈多、入土深，因此应选土层深厚、疏松肥沃、排水良好的中性或微碱性砂质土壤种植。施足底肥，结合播前翻耕整地施足基肥，施腐熟有机肥 4000～5000kg/亩，配合施用磷酸二铵 30kg 或尿素 20kg、过磷酸钙 40kg。质地黏重、低洼积水的土地不宜种植。

2. 整地

深耕细耙，作畦。要求畦面表土细、平、绵、松，墒情良好。于种植前深耕、耙细、整平、施足底肥，作高畦，畦宽 1.5m，畦长视地形而定。

二、繁殖

1. 种子繁殖

（1）种子的采收。

羌活生长旺盛时在第二年即可结种子，但不宜作种用，一般应采用生长 3a 以上植株的种子。羌活种子一般在 8 月中下旬成熟。种子成熟后，要分批采收，边熟边收。采收时，用剪刀将成熟的果穗剪下后，在阴凉处晾 1～2d 后脱粒。

（2）种子处理。

羌活种子采收后要及时进行种子处理，其方法是将种子与湿润净沙按 1∶10 比例充分混匀（湿度为 60％～70％），在背阴通风处堆积，每 10d 左右翻一遍，直到冬天结块为止。

羌活主要用种子繁殖。因其种子较小，而且外壳坚硬有绒毛，在常温下休眠期达 8～10 个月，所以当年采收的种子必须经过处理后才能播种，否则当年不发芽。羌活种子处理有沙藏法和药剂处理两种。采用沙藏法时，找一个合适的箱子，里面铺一层沙子，撒一层种子，沙子与种子的厚度比为 5：1，沙子要求干净潮湿，确保种子萌发所需要的水分，在阴凉室温下处理 40～60d，在 10～20℃的温室内处理 25～35d。采用药剂处理法时，用赤霉素 1000 倍液浸泡 10～12h后淋净浸泡液，晾至互不黏合时，即可播种。

（3）播种时间。

一是 4 月上中旬在日光节能温室内播种，二是 4 月中下旬土壤解冻后在露地播种。

（4）播种方法。

撒播：做 1～1.2m 宽的畦，高 15cm 左右，用木耙将畦面整平，然后在畦面上将处理好的种子连同细沙均匀撒播，并用细筛均匀覆厚 2～5mm 土，浇水。

条播：按行距 20cm 开沟，深约 10cm，将种子均匀撒在沟内并覆盖一层细土，覆土方法同上，浇水。日光温室育苗后及时用微喷设施喷水，保持土壤湿润。露地播种后需用麦草或遮阴网覆盖。

播种量为 5～7kg/亩。

2. 根茎繁殖

鉴于用种子育苗繁殖有较大的困难，目前用根茎无性繁殖是保护野生羌活资源的又一重要途径。因羌活根茎部有许多侧芽（3～12 个），待条件适宜时，侧芽开始萌发，会长出新的植株。根据这一特点，进行平栽无性扩繁和根茎切段无性扩繁。

（1）平栽无性扩繁：秋季栽植，将带有多个根芽的多年生羌苗水平埋在犁沟里，可产生多个植株，第二年将老根茎切断再行移栽。

（2）根茎切段无性扩繁：选取健壮的带有多个根芽的多年生羌苗的根茎部，切成 1～2cm 长，每段带有 1～2 个根芽的根茎段，条栽，按行距 33cm 开沟，沟深 15～17cm，宽 15cm，把根茎横放沟内，每隔 8～10cm 放 1 段，盖土杂肥或细土 14～16cm，浇水。秋季栽植，待春天出苗后搭建遮阳棚，做好田间管理工作。

3. 苗期管理

（1）中耕锄草：羌活播种后 20d 左右出苗，羌活幼苗怕光，应搭棚遮阴，苗前期不宜除草；长出真叶后结合中耕进行除草，以利透光，苗出齐后，选择阴天分三次挑去覆草，在长出真叶后进行中耕锄草，以后视杂草生长情况及时进行锄草。

（2）适时追肥：羌活苗期需适时追肥。追肥时间一般在苗高 10cm 时进行，以充分腐熟的人畜粪尿、厩肥为好。

（3）及时灌水：羌活怕旱耐涝，在幼苗期需经常保持土壤湿润，遇旱时需及时灌水，有条件可采用微喷进行喷灌。多雨季节，注意排水，以免积水造成根茎腐烂，冬季倒苗后可培土越冬，一般能自然越冬。

三、移栽

在当年 10 月中下旬种苗采挖后移栽或第二年 3 月下旬移栽。

1. 选地整地

羌活根系发达，主根粗壮、分权多、入土深，应选择土层深厚、质地疏松、肥沃的砂质壤土。前茬作物收获后进行深翻整地，移栽前耕翻一次，耙耱整平。

2. 施足底肥

结合播前翻耕整地、施足基肥。每亩施腐熟有机肥 4000～5000kg，配合施用磷酸二铵 30kg，或尿素 20kg、过磷酸钙 40kg。

3. 栽植方法

种子田按行、株距 50cm 栽植，生产田按行距 25cm、株距 20cm 栽植，使芽头低于土表 5cm。每亩保苗 1 万～1.10 万株，每亩需种 50kg 左右。

四、移栽地田间管理

1. 中耕除草

当年栽植的羌活，一个月左右即可出苗，5 月中旬苗齐后进行第一次锄草，以后视田间杂草生长情况随时锄草，一般需锄草 3～4 遍。第二年 4 月下旬返青后及时锄草。

2. 病虫害防治

病害主要有根腐病、叶斑病，虫害主要为蚜虫。根腐病可用 40％药材病菌灵或 70％甲基托布津可湿性粉剂 800～1000 倍液灌根，叶斑病可用 40％药材病菌灵或 70％甲基托布津可湿性粉剂 800～1000 倍液喷雾防治。蚜虫用辛硫磷 1000 倍液或杀灭菊酯 3 支兑水 50kg 喷雾防治。

3. 及时追肥

羌活植株生长茂盛，需水、需肥量大，在每年第一次中耕除草时，在行间进行沟施。每亩用腐熟有机肥 2000～3000kg、磷酸二铵 15～20kg，或尿素 15kg、过磷酸钙 40kg。

4. 适时灌水

羌活性喜阴湿，不耐旱，遇干旱时应及时灌水。每年 10 月下旬浇越冬水，第二年以后视土壤墒情在返青期和封垄前后灌水 3～4 次。

第三节　羌活的采收及商品规格

一、采收

移栽后 2～3a 采收，一般在 10 月下旬羌活茎叶变黄枯萎后或第二年早春土壤解冻羌活未萌芽前采挖，采挖的羌活根去掉残茎，搓揉晒干即可。

二、商品规格

1. 川羌

一等（蚕羌）：干货，呈圆柱形。全体环节紧密，似蚕状。表面棕黑色。体轻，质松脆。断面有紧密的分层，呈棕、紫、黄白色相间的纹理。气清香纯正，味微苦辛。长 3.5cm 以上，顶端直径 1cm 以上。无须根、杂质、虫蛀、霉变。

二等（条羌）：与一等的区别是呈长条形，多纵纹。长短大小不分，间有破碎。

川羌

2. 西羌

一等（蚕羌）：干货，呈圆柱形，全体环节紧密，似蚕状，表面棕黑色，体轻，质松脆，断面有紧密的分层，呈棕紫、白色相间的纹理。气微膻，味微苦辛。无须根、杂质、虫蛀、霉变。

二等（大头羌）：与一等的区别是呈瘤状突起，不规则的块状。呈棕、黄白色相间的纹理，气膻浊。

三等（条羌）：干货，呈长条形。表面暗棕色，多纵纹。香气较淡，味微苦辛。间有破碎。无须根、杂质、虫蛀、霉变。

西羌

第四节　羌活的鉴别特征

一、性状鉴别

1. 羌活

为圆柱状略弯曲的根茎，长 4～13cm，直径 0.6～2.5cm。顶端具茎痕。表面棕褐色至黑褐色，外皮脱落处呈黄色。节间缩短，呈紧密隆起的环状，形似蚕，习称"蚕羌"；节间延长，形如竹节状，习称"竹节羌"。节上有多数点状或瘤状突起的根痕及棕色破碎鳞片。体轻，质脆，易折断。断面不平整，有多数裂隙，皮部黄棕色至暗棕色，油润，有棕色油点，木部黄白色，射线明显，髓部黄色至黄棕色。气香，味微苦而辛。

羌活

2. 宽叶羌活

根茎类圆柱形，顶端具茎及叶鞘残基，根类圆锥形，有纵皱纹及皮孔；表面棕褐色，近根茎处有较密的环纹，长 8～15cm，直径 1～3cm，习称"条羌"。有的根茎粗大，不规则结节状，顶部具数个茎基，根较细，习称"大头羌"。质松脆，易折断。断面略平坦，皮部浅棕色，木部黄白色。气味较淡。以根茎粗壮、有横节如蚕形，表面棕色，断面质紧密，朱砂点多，香气浓郁者为佳。

宽叶羌活

——裂隙

——朱砂点

二、显微鉴别

蚕羌木栓层为 10 余列细胞。皮层菲薄、韧皮部多裂隙。形成层成环。木质部导管较多。韧皮部、髓和射线中均有多数分泌道，圆形或不规则长圆形，直径至 200μm，内含黄棕以油状物。

宽叶羌活与羌活类同，但导管少，导管束中有成片的木纤维群。髓部宽大，分泌道直径至 180μm。

三、粉末特征

棕黄色。分泌道纵断面分泌细胞多狭长，壁薄或稍厚，内有淡黄色羌活分泌物及淀粉粒溶化后的痕迹；并有金黄色状分泌物。薄壁细胞纵长条形，常含淡黄色分泌物或油滴。网纹、具缘纹也导管直径 $13\sim15\mu m$。木栓细胞内充满黄棕色或棕色物。

四、理化鉴别

取粉末 0.5g，加入乙醚适量，冷浸 1h，滤过，滤液浓缩至 1ml，加 7％盐酸羟胺甲醇液 2～3 滴、20％氢氧化钾乙醇液 3 滴，在水浴上微热，冷热，冷却后，加稀盐酸调节 pH 至 3～4，再加 1％三氯化铁乙醇溶液 1～2 滴，于醚层界面处显紫红色。

五、羌活、独活鉴别

在唐及唐以前，羌活、独活被认为是一种药，用法上不分，在唐代人们开始认识到了羌活、独活的区别，从此羌活、独活分开来使用。

相同点：均性辛苦，入膀胱肾经，能祛风湿、止痛、解表，以治风寒湿痹，风寒夹湿表证。

不同点：羌活性温，独活微温。羌活较燥烈，发散力强，常用于风寒湿痹，痛在上身者，善入太阳膀胱经，以除头项肩背止痛见长，治头痛属太阳。独活性较缓和，发散之力较羌活弱，因其善入肾经，行善下行，多用于风寒湿痹在下身者，治头痛属少阴。若风寒湿痹一身尽痛者，两者常相须为用。

第五节　羌活的主要化学成分及药用价值

一、主要化学成分

羌活中主要含有挥发油、香豆素，除此外还含有糖类、氨基酸、有机酸、甾醇等。

1. 挥发油

中药羌活按《中国药典》1995 年版挥发油提取方法提取，经气相色谱-质谱仪检测，羌活挥发油含量约为 2.7％，其成分有 α-蒎烯（α-Pinene）、β-蒎烯（β-Pinene）、β-罗勒烯（β-Ocimene）、γ-萜品烯（γ-Terpine-ne）、柠檬烯（Limo-nene）等 63 种挥发油。

2. 香豆素

香豆素含有异欧芹素乙 (isoimperatorin)、佛手柑内酯 (bergapten)、佛手柑亭 (bergamot tin)、佛手酚 (bergaptol)、羌活酚 (notoptol)、羌活醇 (notopterol)、脱水羌活酚 (anthydronotoptol)、乙基羌活醇 (ethylnotopterol)、羌活酚缩醛 (notoptolide)、环氧脱水羌活酚 (anhydronotoptoloxide)、花椒毒酚 (xanthotoxol)、紫花前胡苷 (nonakenin)、去甲呋喃羽叶云香素 (demethylfuropinnarin)、7-异戊烯氧基-6-甲氧基香豆精 (7-isopentenyloxy-6-methoxy-coumarin)、哥伦比亚苷元 (columbianetin)、哥伦比亚苷 (columbiananin)、异紫花前胡苷元 (marmesin)、欧芹属素乙 (imperatorin) 等。

3. 糖类

自羌活水溶液部分中所得的中性物质，以高效液相色谱议检测出其含有鼠李糖、果糖、葡萄糖和蔗糖。

4. 氨基酸

以离子交换树脂得到的茚三酮显色部分，经氨基酸分析仪检出 19 种氨基酸。

5. 有机酸及有机酸酯

于羌活酸性成分中，以色谱-质谱联用鉴定出 14 种有机酸。此外还有油酸 (oleic acid)、亚油酸 (linoleic acid)、阿魏酸 (ferulicacid)、茴香酸对羟基苯乙酯 (p-hydroxyphenethylanisate)、苯乙基阿魏酸酯 (phenethyl ferulate)、对羟基间甲氧基苯甲酸 (p-hydroxy-m-methoxy-ben-zonic acid)。

二、药用价值

1. 解热镇痛

其挥发油可使试验性发热大鼠体温有明显的降低，并具有明显镇痛的作用。羌活胜湿汤水提物对家兔发热有明显的解热和镇痛作用。

2. 抗炎

其挥发油灌胃，对大鼠足跖肿胀、小鼠耳廓肿胀均有明显的抑制作用，并能明显降低腹腔毛细血管通透性，减少炎性渗出。羌活胜湿汤有较强的抗炎作用。其水提物能显著抑制腹腔毛细血管通透性亢进，明显抑制大鼠足跖肿胀、小鼠耳廓肿胀等炎症反应。对佐剂型大鼠早期关节肿胀呈现出明显抑制作用。

3. 免疫

对迟发型超敏反应呈现显著的抑制作用，并能明显增强大鼠关节炎模型的免疫功能，能促进大鼠全血白细胞吞噬能力，提高外周血淋巴细胞转化率。

4. 抗心律失常和对心肌缺血的保护

其水提物能延缓乌头碱诱发的小鼠心律失常出现的时间，明显缩短心律失常的持续时间。羌活挥发油能对抗垂体后叶素所致的急性心肌缺血。这可能是其扩张冠状动脉,增加冠脉血流量的结果。羌活挥发油能明显增加心肌营养性血流量,从而改善心肌缺血。

5. 其他

降黏:其水提物对大鼠血液黏稠度有明显的降低作用。

抗菌:体外试验中羌活挥发油对多种细菌有不同程度的抗菌作用。

第十章 党参栽培技术

党参为植物党参和中药材的统称。党参属植物，全世界约有 40 种，中国约有 39 种，药用有 21 种、4 变种。中药党参为桔梗科多年生草本植物党参、素花党参、川党参及其同属多种植物的根。

党参是中医常用补气药，应用历史悠久。党参之名，最早见于清代《本草从新》，其后《本草纲目拾遗》《植中药材党参物名实图考》等都有记载。党参性平，味甘，具有补中益气，健胃生津之功效，用于脾肺虚弱，气短心悸，食少便溏，虚喘咳嗽，内热消渴等症状。现代药理研究表明，党参具有调节血糖，促进造血机能，降压，抗缺氧，耐疲劳，增强机体免疫力，调节胃收缩及抗溃疡等多种作用。党参入药历史悠久，资源分布广泛，主要分布于华北、东北、西北地区，目前生产规模最大的商品党参为甘肃的"白条党"，另外山西产的称"潞党"，东北产的称"东党"，山西五台山野生的称"台党"。药典收录的党参还有素花党参和川党参，素花党参主产于甘肃文县、四川九寨县，药材称"纹党"。川党参主要分布于湖北西部、湖南西北部、四川北部及贵州北部，商品原称单枝党、八仙党，又称"条党"。党参分布区域生态条件差异明显，栽植方式各有特点，质量差异较大，但以甘肃的白条党，山西的潞党、台党，甘肃的纹党，川党最著名。为了规范党参药材生产，保障药材质量，提高产量，必须提倡党参规范化种植。本栽培技术适用于甘肃的白条党。

第一节 党参的主要特征特性

一、植物学特征

1. 党参

党参（*Codonpsis pilosula* (Franch.) Nannf)，桔梗科党参属，多年生草本植物，以根入药，是大宗常用中药材之一。根长圆柱形，直径 1～1.7cm，顶羰有一膨大的根头，具多数瘤状的茎痕，外皮乳黄色至淡灰棕色，有纵横皱纹。茎缠绕，长而多分枝，下部疏被白以粗糙硬毛；上部光滑或近光滑。叶对生、互生或假轮生；叶柄长 0.5～2.5cm；叶片卵形或广卵形，长 1～7cm，宽 0.8～5.5cm，先端钝或尖，基部截形或浅心形，全缘或微波状，上面绿色，被粗伏毛，下面粉绿色，被疏柔毛。花单生，花梗细；花萼绿色，裂片 5，长圆状披针形，长 1～2cm，先端钝，光滑或稍被茸毛；花冠阔钟形，直径 2～2.5cm，淡黄绿，有淡紫堇色斑点，先端 5 裂，裂片三角形至广三角形，直立；雄蕊 5，花丝中部以下扩大；子房下位，3 室，花柱短，柱头 3，极阔，呈漏斗状。蒴果圆锥形，有宿存萼。种子小，卵形，褐色有光泽。花期 8～9 月，果期 9～10 月。

2. 素花党参（*Codonopsis pilosola* Nannf. var. modesta（Nannf.）L. T.）（西党参）

本变种与党参的主要区别在于：全体近于光滑无毛。花萼裂片较小，长约 10mm。

素花党参

3. 川党参（*Codonopsis dangshen* Oliv.）

本种与前两种的区别在于：茎下部的叶基部楔形或较圆钝，仅偶尔呈心脏形。花萼仅紧贴生于子房最下部，子房对花萼而方几乎为全上位。花、果期 7～10 月。

4. 管花党参

本种与前三种的区别在于：茎不缠绕，多攀援或蔓生状。叶柄较短，长 5mm 以下。花萼贴生于子房中部，裂片阔卵形，长 1.2mm，宽约 8mm，长不及花冠的一半；花冠管状；花丝被毛，花药龙骨状。花、果期 7～10 月。

5. 球花党参

本种与前四种的区别在于：叶片较小，长宽均在 3cm 以下。花萼贴生至子房端，有刺毛，裂片卵圆形或菱状卵圆形，裂片间弯缺宽钝，有锯齿及刺毛；花冠球状钟形,黄色,先端带深红紫色。花、果期7~10月。

6. 灰毛党参

本种与前五种的区别在于:茎长25~85cm。分枝多,近木质。植株密被白毛,使杆株呈灰色。叶在主茎上互生,在侧枝上近于对生,叶片较小,长宽可达1.5cm×1cm以下。花萼外面密被白色长硬毛,花冠长一般不超过2cm。花、果期7~10月。

二、生物学特性

党参适应性较强,喜温和凉爽气候,怕热、怕涝,较耐寒。苗期喜潮湿、阴凉,干旱会死苗。育苗时要和高秆作物间套种。大苗喜光,高温高湿易烂根。

1. 生长发育规律

(1) 根的生长。

党参种子无休眠期,易发芽。党参根第一年主要以伸长生长为主,可长到15~30cm,根粗仅2~3mm;第二年到第七年党参根以加粗生长为主,特别是第2~5年根的加粗生长很快,如两年生的潞党参,一般根长25~30cm,根粗5~8mm,平均10支根重50~60g。八年以后进入衰老期,根木质化,糖分积累减少。

(2) 茎叶的生长。

党参的苗期生长缓慢,冬春播种到夏季到来之前,一般可长至10~15cm高。党参虽是缠绕性草本,但第一年多呈蔓生,两年生以后的植物才表现出缠绕的特性。一般一年生党参苗可长到60~100cm,两年以后,党参地上部分一般长达2~3m。秋季,党参茎基部根头上形成越冬芽,是翌年茎的原始体。一般一年生党参可形成2个越冬芽,即第二年形成2个茎,以后几年可增加到5~15个茎。

2. 对环境条件的要求

对温度、光照、水分、土壤的要求在各个生长期有所不同。

(1) 温度。

党参较耐寒,喜冷凉的气候及夏季较为凉爽的地方。野生潞党参在山西主产区多栽培于海拔700m以上的地区(年平均气温8.5~15.9℃,最高气温为32℃,最低气温为-18~6℃,绝对无霜期135~170d)。种子萌发的最低地温为5℃,种子发芽温度为18~20℃。党参怕炎热,在低海拔气温较高的地区种植,虽然能正常出苗生长、开花结实,但在进入高温潮湿的夏季,就不能适应。温度在30℃以上党参的生长就会受到抑制,成片枯萎或根部腐烂死亡。9月高温期过后,大部分党参苗重新萌发,茎叶继续生长,但产量不高。

(2) 光照。

党参对光的要求严格,不同生长阶段对光的要求不同。幼苗期喜阴,成株期喜光。在强烈光照下幼苗易被晒死或生长不良，若夏季温度过高，持续时间较长，地上部分会枯萎。随着苗龄的增长，对光的要求逐渐增加，两年生以上植株变为喜光，在光照不足的环境条件下植株细弱，产量低。因此，产区在背阳山地的低处育苗，在向阳山地的高处定植栽培，或苗期用覆盖物遮阴数月，以后逐渐撤除。

（3）水分。

幼苗期喜湿润，特别是出苗前，因种子细小，如表土干燥，种子会因吸收不到水分而不能发芽出苗，或发生落干现象。在成株期，对水分要求不高，应注意排水，在排水不利和高温多湿时，则易发生病虫害及烂根。

（4）土壤。

党参是深根性植物，喜土层深厚、肥沃疏松的土壤，土壤排水不良、涝洼地易引起腐烂。黏性较大的盐碱地、重黏土地不宜种植党参。土壤 pH 值以 6～7.5 为宜。党参不宜连作，否则，产量不高，病虫害严重。此外，党参的品种间生物学特性也有差异。潞党参生长年限短，栽后三年不采挖就要烂掉。

3. 分布

党参分布于东北、华北及陕西、宁夏回族自治区、甘肃、青海、河南、四川、云南、西藏自治区等地。

山西是全国党参主产区，栽培品种中潞党参闻名全国。

东党：主产辽宁凤城、宽甸，吉林延边州、通化，黑龙江尚志、五常、宾县等地。

潞党：栽培于山西晋东南地区的平顺、陵川、长治、壶关、晋城及河南新乡等地，现全国各地均有引种栽培。

西党：主产甘肃岷县、文县、临潭、卓尼、舟曲，四川南坪、平武、松潘、若尔盖，陕西汉中、安康，山西五台等地。

条党：主产四川奉节、巫山，湖北思施、利川及四川、湖北、陕西三者接壤地带。多呈单条状，又名单枝党、八仙党、板桥党、川党。

白党：主产于贵州毕节、安顺两地，云南昭通、丽江、大理，四川西昌等地。

第二节　如何培育党参

党参在生产上可采取种子直播法与育苗移栽法。种子直播法生产年限长（3～5 年），但质量好。育苗移栽法生长周期相对较短，生产上多采用此法。在气候适宜、土质肥沃的地区可采用种子直播法，直播的优点在于缺苗率少，质量好；

而育苗移栽地常会由于损伤根系而导致根芽腐烂，引起缺苗。

一、种子直播

1. 采种及贮藏

（1）采种。

选生长健壮、根体粗大、无病虫害的党参田作采种田，以两年生以上党参采集种子。采收时期约在10月上中旬，待果实呈黄褐色变软，种子黑褐色时表明已经成熟，可以采收。最常用的采集方法是在党参地上部藤蔓霜杀枯黄，茎秆中营养已输送到地下根部后，茎秆少汁发干时，用一些简单的手工用具如镰刀等割去藤蔓，小心轻放，减少落粒，运回脱粒场地，放阳光下晒7～10d，待干后部分硕果裂开，即可脱粒。

（2）脱粒、干燥。

于10月底至11月20日期间选晴好天气脱粒。脱粒方法：在帆布或其他硬化场地上，将党参藤蔓摊开成20～30cm薄层，用木棍等轻轻敲打，振开硕果，种子弹出，用木杈抖去藤蔓。脱粒后用分样筛清选或进行风选，除去混杂物、空瘪粒及尘土。操作过程中要注意尽量不要损伤种子，受损害的种子发芽能力差。

党参种子经脱粒净种后要进一步干燥，应干燥到种子的标准含水量。党参种子的标准含水量为11.5%～13.0%，平均12%。干燥方法为阴干，其方法是在冬季低温条件下，将种子放帆布上通风处晾，摊开成3～5cm薄层，勤翻动，或装入棉布袋中挂在干燥通风的凉棚下晾干，不可高温暴晒或短期烘干。

（3）贮藏。

党参种子细小，含能量很少，不耐贮藏，在室温下贮存1年后，发芽率降至25%左右，在室温下贮存2年后，发芽率降至3.7%，故隔年种子不宜作种用。在冰箱（0～5℃）保存可延长种子寿命，故党参种子贮藏时期尽可能控制温度在0～5℃低温条件下。贮藏期间受烟熏或接触食盐，种子将丧失发芽率。党参种子贮藏期间水分含量必须在13%以下，否则会呼吸发热，失去发芽能力。党参种子宜装在棉布袋或纸袋中贮藏，不能装在普通塑料袋中。贮藏期间，注意防虫防潮，不可强光照射，不可放在有热源的地方，如暖气、炉子或土炕等附近。

2. 选地、整地、施肥

（1）选地、整地。

党参幼苗怕晒，育苗地应选湿润的半阴半阳坡，离水源近的，无地下害虫和宿根草的山坡地和二荒地；选择地势平坦，土质疏松肥沃、墒情较好、不积水、杂草较少、富含腐殖质、地下害虫危害较轻的砂壤土地，深翻25～30cm，打碎土块，清除草根、树枝、石块，耙平。必要时可进行秋耕冻融。若排水不好宜作畦，畦面宽100cm，畦间距25～30cm，畦高15～20cm，畦长不等，畦长方向同于坡向。如土地干旱，先灌水，待水渗下表土，松散时再播种。

（2）施肥。

党参一生的施肥可分为基肥、种肥、追肥和叶面肥四种类型。要求有机肥必须充分腐熟，符合无害化卫生标准，叶面肥符合 GAP 要求。

在党参种子播种时施用种肥，可以随整地施入充分腐熟的有机肥 20t/hm² 作基肥。在没有施用基肥或基肥施用量不足的情况下，可在播种的同时用微量元素或胡敏酸肥料的稀溶液浸种或在播种沟内施用熏土、泥肥、草木灰和腐熟的有机肥等。但要注意有些肥料容易灼伤种子。按施肥方法，一般分为撒施和条施。撒施把肥料均匀撒在地表面，有时浅耙 1～2 次以使其与表层土壤混合；条施在行间或行列附近开沟，把肥料施入，然后盖土。在整地最后一次浅耕时，施入 50％锌硫磷 0.3 g/m²，与土壤混合，消灭地下害虫。

3. 种子选择与处理

选择当年采收的饱满种子，要求种子纯度≥95％，净度≥95％，发芽率≥80％，含水量≤13％，无病虫害。选择籽粒饱满、色泽光亮、无污染的种子，并除去杂质及受伤、破损、霉变的种子。将贮藏的好种子播种前进行晒种，并作发芽试验，发芽率≥80％的种子就可用于大田生产。播种前将种子装入布袋内，置 40～45℃温水中，并不断搅拌，浸泡 12h，取出，用清水淋洗数次，放在 25～30℃处，用湿麻袋或纱布片盖好，催芽。经过 5～6d，种子萌动裂口露白时即可播种。

4. 播种时间及播种量

党参种子适宜的萌发温度为 15～20℃，播种时间范围长，育苗时间春秋雨季均可，主要由土壤水分状况而定。春播在 3 月底至 4 月初土地解冻后进行。春播宜早，不宜迟，早播苗早齐，根系扎得早，抗旱能力强。海拔 2000m 以上地区因土壤解冻迟，4 月初土壤墒情依然较好，为最佳播种期；海拔 2000m 以下地区，往往早春土壤解冻较早，早春失墒快，可以在表土解冻后适当提早播种。如果春季干旱，可以在冬前播种，单根鲜重控制在 0.4～0.8g。秋播时一般不进行种子处理，不宜太早，否则种子出苗易被冻死，影响第二年生长。

党参播种密度控制在 2600～3000 粒/m²，播种量 12～14kg/hm² 之间（由于河西产区春季多干旱，土壤墒情较差，出苗率难以保障，生产实践中播量比较大，播量往往是按照千粒重计算的标准播量的 2～3 倍，如果出苗较多，则间苗）。在土壤较为干旱的情况下出苗率低，可以适当增大播种量；在土壤墒情较好的情况下，可适当降低播种量。

5. 播种方法

党参一般采用畦育苗。畦育苗分条播、撒播两种。条播即在已整平的畦面上，先开浅沟，一般深 3cm，宽 10～12cm，用细干土拌种子，用手均匀撒播在畦面，若遇风，手放低轻轻顺方向撒种子，要尽可能避免风吹走种子。种子播下后，用铁网筛将细碎的湿土筛在种子上，覆土厚度 0.5～0.7cm，每畦播 4 行，然后稍加镇压，使土壤和种子结合紧密，立即覆盖。撒播即在畦面上先搂下表层干土，然后将种子均匀撒于畦面上，用钉齿耙浅耙使种子和表层 0.5～1.0cm 土壤混合，适当镇压即可，播后保持土壤湿润、疏松。

6. 播后覆盖遮阴

播种作业完成后，立即用草、树枝、树叶、小麦秸秆或其他禾本科作物秸秆均匀覆盖，厚度约 5cm，适当用石块、树枝或土带压住覆盖物，防止风吹。覆盖量以干重计 1.0～1.5kg/m²，以有利于保持土壤湿润为宜。可以防止强光直晒幼苗，防止板结，保护幼苗。

7. 苗床管理

播后苗床保持湿润，9～13d 出苗（若遇干旱，则出苗时间较长）。幼苗长出 2 片真叶时开始中耕除草。中耕除草松土宜浅，避免埋苗、伤根。党参苗封行后停止中耕除草，有了草要用手拔除，以防损伤党参苗。党参出苗有两对真叶、达到 1cm 以上时，应选择阴天下午，一次将遮盖物全部拿掉，也可在党参高 1.5cm 时，先揭去一半覆盖，苗高 3cm 再全部揭掉覆盖物。如果覆盖前期降雨较多，覆盖物紧贴地面并有部分腐烂，苗大多可以透过覆盖物，即不必揭去覆盖物，一直覆盖到起苗。对幼苗生长稠密的田块，小苗生长到 5～7cm 时要进行间苗，最小苗间距约 1.0cm，平均苗间距 3.0～3.5cm，密度以 800～1000 株/m² 以内为宜。根据苗情进行追肥，可用尿素和磷酸二氢钾各 50g 加水 10kg，在苗床上喷施。幼苗出土前及苗期保持畦面湿润，降水过多出现积水时要及时排涝。遇到严重干旱时，有条件的地方要及时浇水。土壤封冻前在苗地上覆盖少量（约 0.5cm 厚）细土，防止冬季土壤裂缝伤苗。

8. 起苗

党参幼苗在田间过冬，来年春季土壤解冻后，移栽前起苗，注意避免伤根。起苗方法是先用三齿铁杈将苗掘起，然后轻轻翻下，拣出苗子，抖掉泥土。将挖起的栽子按 20% 带土量，扎成 400～500g 一小把，装入麻袋或塑料编织袋，运到移栽地移栽。

9. 苗栽贮运

一般党参产区多可育苗，移栽时边起苗边移栽。但有时可以在有灌溉条件的地区集中育苗，然后贩运到其他地区栽植，这种情况下起出的苗子暂时不能栽植，需要假植贮苗。假植贮苗的具体方法：贮苗前，苗栽要仔细挑选，病苗和带伤的苗必须汰除，否则会引起整个烂苗。在阴湿的地方挖宽 50cm、深 50cm 的坑，长度按苗子数量定，将选好的苗把平放一层，铺上湿土5cm厚，在湿土上再放一层苗把，如此放3～4层苗，用湿土埋好。运输时将苗挖出，装入麻袋或编织袋中，苗把之间混入15％的湿土，以防苗子呼吸发热。最后用篷布包扎结实，然后装车即可运输。如要长途运输，途中休息时车辆要停放在阴凉处，随时检查是否有发热现象，如有发热，要及时倒包散热。苗子运到目标地后应尽快定植。

二、定植大田管理技术

1. 移栽

（1）整地、施肥。

应选择土层深厚、肥沃疏松、排水良好的沙质壤土，不宜选择黏土、低洼地、盐碱地种植。前茬以豆类、薯类、油菜、禾谷类等作物为好，不可连作，轮作周期要3年以上。党参施肥要以优质的农家肥为主，有机肥与无机肥配合使用，氮、磷、钾肥平衡施用，要重施和一次施足基肥。基肥在整地前或整地时施用，以厩肥等大量迟效肥料为主，一般结合深耕进行，在前作收获后深翻30cm，随翻地施入厩肥等优质有机肥料约2t/亩；在重施农家肥的同时，施入磷酸二铵20kg/亩，或尿素15kg/亩和过磷酸钙35kg/亩。先将基肥均匀撒施于地表，然后立即翻耕土壤，做到土肥充分均匀混合。若种植区山高路陡，运送大量农家肥有困难，建议配合施用腐殖酸含量高的泥炭20kg/亩或豆饼7kg/亩，以补充有机质的消耗。

（2）移栽时间。

春季移栽时间3月中下旬，苗栽萌动前，只要土壤解冻，即可移栽，越早越好。秋季移栽可在霜降前后进行。

（3）栽子筛选。

在移栽前，将腐烂，发霉，苗体有病斑虫伤、割伤、擦伤、折断的伤病苗除去；小老苗、分杈苗及根茎粗1mm以下难以快速生长的特小苗均应除去。

优质种苗的外观特征：健壮、无病虫感染、无机械损伤、表面光滑、苗子质地柔软，幼嫩、均匀、条长，直径2～5mm，苗长15cm以上，百苗鲜重40～80g。

（4）栽植密度。

移栽密度有两种方案，一是以一、二等商品为主的密度方案，以高价获得收益，可按株距10cm，行距30cm定植，选用较大的苗栽，保苗密度为2.2万～2.3万株/亩。二是以二、三等商品为主的密度方案，以高产获得收益，可按株距2cm，行距25cm定植，选用相对较小的苗栽，保苗密度为7万株/亩。前者适合雨水充足的年份，后者具有抗旱保产的功能。

（5）蘸根。

腐殖酸浸根可较好解决连作地党参栽培中死苗、烂根、品质退化的问题。方法是将选好待栽的参苗根部放在浓度 0.06％腐殖酸钠溶液里蘸一下，取出稍晾后便可栽植。

（6）栽植方法。

栽植通常沟栽，按沟距 25cm（或 30cm），深 25cm 开沟，大中小苗相间按 4cm（或 10cm）株距顺斜放于沟旁一侧，苗头低于地面 1cm，再用开第二个沟的土将前一个沟覆土，厚度 3cm 左右，然后适当镇压。

2. 田间管理

（1）中耕除草。

党参移栽后杂草生长迅速，与党参苗争肥、争水、争光，如不及时拔除，将会造成草荒。除草要及时，在出苗期，杂草苗小根浅，除草省工省时。一般在移栽后 30 天苗出土时第一次中耕除草，苗藤蔓长 5～10cm 时第二次中耕除草，苗藤蔓长 25cm 时第三次中耕除草。除草时不要切伤或碰坏党参苗。在苗藤蔓封垄后，畦面郁闭，可抑制杂草生长，但植株较高的杂草生长旺盛，党参藤蔓已缠绕在杂草茎秆上，拔除时易伤藤蔓，除草方法是从杂草茎基部剪断或铲断杂草茎秆，地上部分留在原地，使之自然干枯，这样党参藤蔓不受伤害。

（2）整枝打尖。

为了抑制地上部分生长过旺，减少养分过分消耗，使地上和地下生长平衡，第二年在生长中期，地上部分生长过旺，藤蔓层过厚，光照不足时，可适当整枝，即割去地上生长过旺的枝蔓茎尖 15～20cm，可抑制地上部分生长，改善光照条件，减少藤蔓底层的呼吸消耗。

（3）搭架。

党参为缠绕藤本植物，茎蔓长度多在 1m 以上，无限花序，生育后期茎蔓层较厚，郁蔽地面，常导致下部烂蔓，严重影响产量和质量，传统栽培技术长期以来忽略了这一问题。通过近年的研究，采用立体种植即搭架栽培新技术，稀疏间作早玉米、芥菜型油菜等高秆作物，其冠层在党参生育前期起到遮阴、调温作用，为党参生育前期喜凉创造适宜的微生境，又可以利用高秆作物的茎秆起支撑搭架作用。党参的缠绕特性可自动挂蔓，防止烂蔓，提高光合效率，做到一季两收，有效提高各种自然资源的利用率。也可以在苗高 30cm 时在畦间用细竹竿或树枝等作为搭架材料进行搭架，三枝或四枝一组插在田间，顶端捆扎，以利缠绕生长，从而加强通风、透气和透光性能。

（4）追肥。

合理追肥是党参增产的关键，其目的是及时补给党参代谢旺盛时对肥分的大量需要。追肥以速效肥料为主，叶面喷施以便及时供应不足的养分。一般党参追肥以钾肥为主，6～7月盛花期出现缺肥症状，用水配成0.2％硫酸钾复合肥或0.2％磷酸二氢钾喷洒叶面，隔10d喷一次，连喷3～4次。缺其他微肥时可随时配液喷洒补充。由于叶面喷洒后肥料溶液或悬液容易干燥，浓度稍高会立即灼伤叶子，在施用时且不可浓度过高。

追肥的同时要注意及时清除田间杂草，以免杂草与党参争肥。

（5）水分管理。

在有灌溉条件的地区，党参要注意灌溉防旱，若移栽地0～20cm土层重量含水量低于100g/kg就需要灌水。而在雨季，要注意排涝，防止烂根。

3. 主要病虫害、鼠害及其防治方法

党参病虫害较少，病害主要有根腐病和锈病，虫害有蝼蛄、地老虎、蛴螬、蚜虫、红蜘蛛等。除在浸染率高、危害严重的极端情况下配合物理和生物防治，采取一定的化学防治措施之外，一般不施用化学农药。

（1）根腐病。

根腐病也称烂根病，是真菌中的一种半知菌，多在2～3年生植株发病。主要为害地下须根和侧根，高温多雨的7月下旬至8月中旬易发病，发病初期，在靠近地面的侧根和须根变黑褐色，重者根腐烂、植株枯死。病原菌在土壤和病残组织上越冬。

防治方法：及时清理田园，及时拔出病株、清除残枝，用石灰进行穴窝消毒。整地时进行土壤消毒，采取高畦，忌连作，雨季及时排涝，发现病株连根拔除并用石灰消毒病穴；也可用65％可湿性代森锌500倍液喷洒或灌根。发病初期喷洒或浇灌5％甲基托布津可湿性粉剂500倍液或50％多菌灵可湿性粉剂500倍液。

（2）锈病。

病原是真菌中的一种担子菌。秋季为害叶片，病叶背面隆起呈黄色斑点，后期破裂散出橙黄孢子。

防治方法：及时清洁田园、烧毁残株、清除病原菌，以及通过搭架来增加田间通风透光能力等均可减轻锈病的危害。化学防治要做到早发现、早防治，才能把锈病的危害减少到最小。发病初期喷50％二硝散200倍液或敌锈钠400倍液或用萎锈灵或多菌灵500mg/l浓度喷雾防治，也可用20％三唑酮乳油80ml或15％粉锈宁可湿性粉1.2kg/hm²兑水喷雾防治。如果锈病发生较重，可适当加大药剂用量。为提高药液在叶面的黏着力，可在配药液时加少量洗衣粉，与药液充分搅匀后喷雾。掌握施药时间，选择晴天无风或微风的午后进行喷药，是确保化学防治效果的又一重要因素。另外，把农药和化肥混合喷施，效果更好，如在菌虫灵和粉锈宁中加入少量的磷酸二氢钾进行喷施，防治锈病和促进增产的效果更为显著。

（3）霜霉病。

为害叶片，叶面生有不规则褐色病斑，叶背有灰色霉状物，常导致植株枯死。

防治方法：清理田园，将枯枝落叶集中烧毁；发病期喷施 75％百菌清 500～600 倍液或甲霜灵 500～800 倍液，每 7 天一次，可喷 3～4 次。

（4）害虫。

党参虫害主要是蛴螬、地老虎、蝼蛄和红蜘蛛。前三种地下害虫可用撒毒饵的方法加以防治。先将饵料（秕谷、麦麸、豆饼、玉米碎粒）5kg 炒香，而后用90％敌百虫 30 倍液 0.15kg 拌匀，适量加水，拌潮为度，撒在苗间，施用量为22.5～37.5kg/hm²，在无风闷热的傍晚施撒效果最佳。也可用 75％的锌硫磷乳油 700 倍液灌根或移栽时蘸根，防治地下害虫。蚜虫、红蜘蛛用噻螨酮 2000 倍液喷雾防治或用 50％马拉硫磷 2000 倍液喷杀。

（5）鼠害。

党参具有芳香味，鼠害十分严重，最佳防治方法是弓箭射杀。

三、栽培注意事项

党参育苗地应选半阴半阳坡，离水源近的，无地下害虫和宿根草的山坡地和二荒地。党参繁殖要用新种子，为使种子早发芽，播种前把种子放在 40～50℃温水中浸种，并加入新高脂膜，驱避地下病虫，隔离病毒感染，加强呼吸强度，提高种子发芽率。及时清除杂草与松土，定期追肥，定植后要灌水，成活后可以不灌或少灌，雨季注意排水。搭架，以使茎蔓顺架生年，否则会因通风采光不良易染病害，并影响参根和种子产量。叶片开始扩展的时候，向叶面上喷施药材根大灵，使叶面光合作用产物（营养）向根系输送，提高营养转换率和松土能力，根茎快速膨大，药用含量大大提高。同时要加强对病虫害的综合防治，并喷施新高脂膜增强防治效果。在秋末要做好越冬防寒保温工作，确保种子安全越冬。

第三节　党参的采收与加工

一、采收

1. 采收时期

直播 3～5a 后收获，或移栽后 2～3a 收获，也有移栽 1 年后收获的。以白露前后半个月内收获的质量为最佳。收获时，先撤掉支架，清除田间残株落叶，挖取根部。采挖时，注意不要伤根，伤根汁液流出会影响质量。

党参收获约在十月下旬霜降前后，抢在土壤结冻以前，党参地下部分停止生长以后收挖。海拔较高的地区采挖多在霜降之前，海拔较低的地区采挖多在霜降之后。在初霜以后，党参根部仍能继续膨大生长，为充分利用生长季节，提高产量和质量，不可过早采挖。但在霜降之后，党参叶迅速枯黄，根部膨大生长已渐停滞，若土壤结冻，根条变脆，容易折断，不利于操作。因此收挖过迟会影响党参产品质量。

2. 采收方法

党参地上部变黄干枯后，用镰刀割去地上藤蔓，党参根部在田间后熟一周，再起挖，起挖时间要考虑在土壤上冻之前能够结束收获工作。收挖时先用三齿铁杈将党参一侧土壤挖空，再将党参挖倒，将挖出的党参根拣出抖去泥土，收挖切勿伤根皮甚至挖断参根，以免汁液外渗使其松泡。同时要避免漏收，可将小党参苗挑出重新移栽。

二、加工

收挖的党参挑除病株，及时运回。先将表面泥土用水冲洗干净，按粗细大小分成等级，用细线串成 1m 长的串，摊放在干燥通风透光处的竹箔上或干燥平坦的地面、石板、水泥地上晾晒数日，使水分蒸发，晾晒 12d 左右后，根系变柔软，不易折断时，将党参串卷成圆柱状外包麻包用脚轻轻揉搓，一般揉搓 3～4次即可，使皮部与木质部贴紧、皮肉紧实。继续晾晒，反复多次。晒干或烘干至含水量在 12% 以下，晒干后的党参需放在通风干燥处，以备出售或入库。在加工过程中，严防鲜参受冻受损。入库时要防潮、防虫保存，不能用火烘烤，严禁用硫磺熏蒸上色。

注意事项：不宜在晒时搓揉，否则干后中空。晾晒前勿堆积成大堆以防霉烂。如用火烘不宜用烈火，否则泡松，皮肉分开。绳穿易生霉，应捆扎成把。

三、包装、贮藏、运输

1、包装

党参在包装前应检查是否充分干燥、有无杂质及其他异物，所用包装应符合药用包装标准，并在每件包装上注明品名、规格、产地、批号、执行标准、生产单位、生产日期等，并附有质量合格的标志。

2. 贮藏

党参含糖量高，性质柔润，在贮藏中极易被虫蛀、发霉、泛糖、变色或走味。所以包装后应置于干燥、通风良好的专用贮藏库内贮藏，并注意防虫防鼠，夏季注意防潮，贮藏期间要勤检查、勤翻动，经常通风，必要时可密封臭氧充氮养护。为保持色泽，还可以将干燥的党参放在密封的聚乙烯塑料袋中贮藏，并定期检查。到夏季应将党参转入低温库贮藏。党参含水量应保持在 13~16%，贮藏库的相对湿度应保持在 60%~70%，这样可防霉变和虫蛀。如库房相对湿度太小，过分干燥，易使党参散潮太多，造成干硬失润，增加损耗。因此，库存房内相对湿度要控制适当。

3. 运输

运输工具或容器应具有良好的通气性，以保持干燥，并应有防潮措施，尽可能地缩短运输时间；同时不应与其他有毒、有害及易串味的物质混装。

第四节　党参的鉴定及规格等级

一、性状鉴别

1. 党参

根略呈圆柱形、纺锤状圆柱形或长圆锥形，少分枝或中部以下分枝，长15~45cm，直径 0.45~2.5cm。表面灰黄色、灰棕色或红棕色，有不规则纵沟及皱缩，疏生横长皮孔，上部多环状皱纹，近根头处尤密；根头有多数突起的茎痕及芽痕，集成球状，习称"狮子盘头"；支根断落处有时常有黑褐色胶状物，系乳汁溢出凝成。质柔润或坚硬，断面较平整，有的呈角质样，皮部较厚，黄白色、淡棕色或棕褐色，常有裂隙，与木部交接处有一深棕色环，木部约占根直径的 1/3~1/2，淡黄色，断面有裂隙及放射状纹理。气微香而特殊，味微甜，嚼之无渣。

2. 素花党参

根稍短，长不超过 30cm，少分枝。表面灰棕色，栓皮粗糙，多缢或扭曲，上部环纹密集；油点多。质坚韧，断面不甚平整。嚼之有渣。

3. 川党参

根下部很少分枝。表面灰棕色，栓皮常局部脱落，上部环纹较稀。断面皮部肥厚，裂隙较少。味微甜、酸。

4. 管花党参

根一分枝或下部略有分枝。表面落皱缩成纵沟，疏生横长皮孔，上部环纹稀疏；根头有球状狮子盘头，破碎处有棕黑色胶状物溢出。断面粉质或糖样角质。气微香，味微甜。

5. 球花党参

根肥大，长 20~43cm，直径 1~3cm。表面有皱缩的纵沟，常扭曲，上部有密环纹，并自中部向上至根头部渐细，习稀"蛇蚓头"；根茎具多数细小的茎痕或芽痕。具辐射状排列的细小裂隙，具特异臭气。

6. 灰毛党参

根下部有分枝。断面略显粉性，可见针晶样亮点，具特异气味。以根条肥大粗壮、肉质柔润、香气浓、甜味重、嚼之无渣者为佳。

二、显微鉴别（根横切面）

1. 党参

木栓细胞5～8列，径向壁具纵条纹；木栓石细胞单个散在或数个成群，位于木栓层外侧或嵌于木栓细胞间。皮层狭窄，细胞多不规则或破碎，挤压成颓废组织；有乳管群分布。韧皮部宽广，乳汁管群与筛管群相伴，作径向排列，切微略呈多个断续的同心环，乳汁管含淡黄色粒状分泌物；韧皮射线5～9列细胞，外侧常现裂隙，形成层成环。木质部约占根半径的1/2～4/7；导管单个或5～10个相聚，径向排列成1（一2）列；木射线宽广，常破碎而形成较大的裂隙；木向排列成1（一2）；木射线宽广，常破碎而形成较大的裂隙；木薄壁细胞排列紧密；初生木质部三原型。该品薄壁细胞充满菊糖及少数淀粉粒。

2. 素花党参

木栓层外有较厚的木栓石细胞环带，有的局部脱落；韧皮部约占根半径的2/3；木质部小，导管大小不一，常径同相间排列似年轮状。该品薄壁细胞含淀粉粒及少量菊糖。

3. 川党参

木栓细胞的稍增厚，具纹孔；木栓石细胞数列排成断续的环带，有的嵌于木栓细胞间；韧皮部约占根半径的2/3；木质部较小，木薄壁细胞有的增厚。该品薄壁细胞含淀粉粒，多为复粒；菊糖存在于裂隙处及导管中。

4. 管花党参

木栓细胞3～7列；韧皮部薄壁细胞间有明显的细胞隙；木质部占根半径的1/3～1/4，导管多单个散在；该品薄壁细胞充满淀粉粒。韧皮部的淀粉粒直径13～16μm，多为复粒，木质部的淀粉粒直径4～7μm，多为单粒；菊糖主要分布于木质部，含菊糖细胞常与导管伴生。

5. 球花党参

木栓细胞5～10列；韧皮部占根半径的5/8；射线宽5～7列细胞；木薄壁细胞稍增厚；该品薄壁细胞含大量菊糖，存在于导管周围薄壁胞中的团导体较小。

6. 灰毛党参

木栓细胞切向延长，达 $164\mu m$；韧皮部与木质部近等径；木射线宽广，韧皮射线狭窄，仅 $2\sim4$ 列细胞。

三、粉末特征

1. 党参（黄白色）

菊糖多，用冷水合氯醛液装置，菊糖团块略呈扇形、类圆形或半圆形，表面具放射状线纹；石细胞较多，单个散在或数个成群，有的与木栓细胞相嵌；石细胞多角形、类方形、长方形或不规则形，直径 $24\sim51\mu m$，纹孔稀疏；具缘纹孔、网纹、风状具缘纹孔导管及梯纹导管，直径 $21\sim80\mu m$，导管分子长 $80\sim88\mu m$；乳汁管为有节联结乳汁管，直径 $12\sim15\mu m$，管中及周围细胞中充满油滴状物及细颗粒；木栓细胞棕黄色，表面观长方形、斜方形或类多角形，垂周壁微波状弯曲，木化，有纵条纹。此外，可见少数淀粉粒。

2. 素花党参（淡黄色）

石细胞极多，直径 $19\sim60\mu m$，长 $35\sim107\mu m$，壁厚薄不等，纹孔稀疏，孔沟明显，有的孔沟密集并纵横交错成网状、蜂窝状；木薄壁细胞梭状，次生壁网状及梯状增厚；色素块黄色或棕红色，有的充塞于导管中；淀粉粒单粒，圆球形或卵圆形。

3. 川党参（类白色）

石细胞较少，直径 $25\sim36\mu k$，长 $60\sim76\mu m$，壁厚 $3\sim5$（-8）μm，有的中部壁较厚，使胞腔呈哑铃状，孔沟明显，嗽叭状或漏斗状；木薄壁细胞梭形，有的平周壁上具网状纹理，有的垂周壁呈连珠状。有的纹孔、孔沟明显；淀粉粒较多，单粒圆球形、类圆形，直径 $6\sim20\mu m$，脐点点状或不明为；复粒由 $2\sim7$ 分粒组成。

4. 管花党参（白色）

淀粉粒极多，单粒圆球形或椭圆形，直径 $6\sim30\mu m$，脐点裂缝状、点状、星状，大粒层纹明显；半复粒有 $2\sim3$ 个脐点；复粒由 2 分粒组成，大小悬殊；木栓细胞方形或长方形，长宽可达 $80\sim100\mu m$，壁木化；木薄壁细胞长方形，次生壁呈梯状、网状或螺状增厚。

5. 球花党参（淡黄白色）

木栓细胞表面观长方形或斜方形，有的垂周壁连珠状增厚，孔沟明显；木薄壁细胞长形或短梭形，次生壁梯状或网状增厚，侧壁呈连球状；射线细胞排列规则，径向面观细胞长方形，上、下端径向壁有的分离，或连珠状增厚；厚壁细胞石细胞状，纹孔、孔沟明显，壁非木化；色素块易风，棕风色或鲜黄色。

6. 灰毛党参（淡黄色）

木栓细胞表面观类长方形、狭长方形或类方形垂周壁可见条纹；木薄壁细胞细梭形，次生壁呈梯状或网状增厚，侧壁呈连球状；无色素块。其余与球花党参相似。

四、商品规格

按产地分为东党、潞党、西党、条党、白党五个品别。按形态、表面、色泽、芦下直径及长度等，潞党、西党、条党分为三等，东党、白党分为二等。

1. 东党

以长度和芦下直径大小分为三等。

一等：长 20cm 以上，芦下直径 1cm 以上，无毛须、杂质。

二等：长 20cm 以下，芦下直径 0.5cm 以上，其余同一等。

三等：芦下直径 0.4cm 以上，油条不超过 10%，其余同一等。

2. 潞党

以芦下直径大小分为三等。

一等：芦下直径 1cm 以上，无油条、杂质。

二等：芦下直径 0.8cm 以上，无油条、杂质。

三等：芦下直径 0.4cm 以上，油条不超过 10%。

3. 西党

以芦下直径大小分为三等。

一等：芦下直径 1.5cm 以上，无油条、杂质。

二等：芦下直径 1cm 以上，无油条、杂质。

三等：芦下直径 0.6cm 以上，油条不超过 15%。

4. 条党

以芦下直径大小分为三等。

一等：芦下直径 1.2cm 以上，无油条、杂质。

二等：芦下直径 0.8cm 以上，无油条、杂质。

三等：芦下直径 0.5cm 以上，油条不超过 10%，无参秧。

5. 白党

以芦下直径大小分为二等。

一等：芦下直径 1cm 以上。

二等：芦下直径 0.5cm 以上，间有油条、短节。其余同一等。

第五节　党参的主要化学成分及药用价值

一、主要化学成分

根据药材的来源不同，党参分为西党、条党、潞党、东党、白党等多种品种，但其所含化学成分相似。几十年来，经过国内外广大学者的研究，从党参中分离并鉴定得到 21 种糖、苷类成分，10 种甾体类成分，5 种生物碱及含 N 成分，34 种挥发性成分，13 种三萜及其他成分。此外，还发现党参含有人体必需的多种无机元素和氨基酸。

1. 糖类

党参中含有单糖、多糖、低聚糖等糖类物质，如单糖中的葡萄糖、低聚糖中的菊糖，多糖中绝大部分为酸性多糖，还有 4 种杂多糖且均含果糖（CP-1、CP-2、CP-3、CP-4）。其中，多糖是组成党参糖类物质的主要成分，亦是党参具有增强机体免疫力、抗衰老、降血糖等多种作用的主要活性成分。

2. 苷类

从川党参的水溶性部分分离并鉴定得到党参苷Ⅰ、党参苷Ⅱ、党参苷Ⅲ、党参苷Ⅳ 4 种党参苷和丁香苷，在这四种党参苷中，党参苷Ⅰ的含量最高，10 倍于其他三种苷的含量。从党参中分离得到的党参炔苷为党参的标志性成分，有研究发现党参炔苷具有保护大鼠胃黏膜的作用。此外，党参还含有正己基-β-D-葡萄糖苷、α-D-果糖乙醇苷、β-D-果糖正丁醇苷等。

3. 甾体类

党参中的甾体类成分为甾醇、甾苷、甾酮三类，包括 α-菠甾醇、α-菠甾酮、$\triangle$7-菠甾醇、$\triangle$22-豆甾烯醇等。

4. 生物碱及含 N 成分

研究报道，党参含有党参碱、胆碱、党参脂、党参酸、5-羟基-2-羟甲基吡啶、烟酸挥发油、正丁基脲基甲酸酯等成分。

5. 挥发性成分

党参所含挥发油性成分较多，主要为醛、醇、脂肪酸、脂肪酸酯、烷烃、烯烃等。目前为止，党参挥发油成分的分离与鉴定报道较多，但在药理方面的研究报道较少。

6. 氨基酸类

党参含有多种氨基酸，如谷氨酸、胱氨酸、丝氨酸、组氨酸、甘氨酸、酪氨酸、精氨酸和脯氨酸等，其中苏氨酸、蛋氨酸、缬氨酸、亮氨酸、异亮氨酸、赖氨酸、苯丙氨酸为人体必需的七种氨基酸。有研究报道，党参茎叶中的氨基酸含量比党参根中的含量高。

7. 无机元素

党参中含有 Fe、Cu、Zn、Mn、Cr、Ca、Se、Mg、Al、P、B、Be、Sr、Hg、Ce、Pb、Ba、As、Ni、Nb、V、Ti、Co、Ge、Mo、Cd、Li、Te、W、Ag、Si、B1、Sn 等 33 种无机元素，其中人体所需的营养元素和有益元素（如 P、Ca、Mg、Si、Fe、Mn、Sr、Zn、Cu 等）含量较高，而污染元素（如 Pb、Cd、As、Hg、Be 等）含量较低。

8. 三萜类、倍半萜内酯类及其他类成分

包括蒲公英萜醇及乙酸酯、木栓酮、硬脂酸、香草酸、琥珀酸、苍术内酯（Ⅱ和Ⅲ）、补骨脂内酯、白芷内酯、5-羟甲基糠醛、5-羟基甲糖酸、5-羟甲基、2-糠醛、丁香醛、2-糖酸钠等。

二、药用价值

党参为中国常用的传统补益药，古代以山西上党地区出产的党参为上品，具有补中益气，健脾益肺之功效。

党参的药理作用较为复杂，其主要药理作用如下：

（1）增强网状内皮系统功能。

（2）补血作用，能够增强骨髓的造血功能。

（3）对肾上腺皮质的功能作用与影响，能扩张周围血管而降低血压，又可抑制肾上腺素的升压作用。

（4）抗疲劳作用，具有补中益气、生津的功效。

（5）对环磷酸腺甘的作用与影响。

（6）抗高温作用，具有益气生津、止渴的功效。

（7）对心血管系统的影响，有增强心肌收缩力、增加心输出量、抗休克的作用。

（8）抗溃疡作用。

党参抗溃疡作用的机制：①抑制胃酸分泌，降低胃液酸度；②促进胃黏液的分泌，增强胃黏液-碳酸氢盐屏障；③增加对胃黏膜有保护作用的内源性前列腺素（PGEZ）含量。

党参对肠胃道有调节作用，党参水煎醇沉液对应激型、幽门结扎型、消炎痛或阿司匹林所致实验里胃溃疡均有预防和治疗作用；党参为补中益气之要药，能纠正病理状态的胃肠运动功能紊乱。

另外，党参还具有促进凝血、升高血糖、促进血液及细胞免疫作用，可提高机体对有害刺激的抵抗能力，其提取物可增强腹腔巨噬细胞吞噬鸡红细胞的能力。有人试验证明，党参对脑膜炎球菌、白喉杆菌、卡他球菌、副大肠杆菌及大肠杆菌有不同程度的抑制作用，但又有人认为，党参可对嗜盐菌、大肠杆菌等反而具有加速共生长作用。

第十一章　麻黄栽培技术

麻黄为麻黄科多年生草本状灌木或小灌木，为常用中药材，始载于《神农本草经》。应用历史悠久，具有发汗散寒、宣肺平喘、利水消肿的功能，为医家治疗感冒咳喘常用之品。全草入药，麻黄近代成为医药工业提取麻黄素的重要原料植物。由于药用价值高，市场需要大，因此乱采滥挖现象严重。自然状态下，麻黄被挖后难以再生，而且易导致土壤盐渍化，加速草地、绿洲的荒漠化。因此，人工栽培种植势在必行。

第一节　麻黄的主要特征特性

一、植物学特征

麻黄为汉药或中药中的发散风寒药，古时别名龙沙、卑相等。有三种麻黄属的植物：草麻黄（*Ephedra sinica* Stapf.）、木贼麻黄（*Ephedra equisetina* Bge.）与中麻黄（*Ephedra intermedia* Schrenk et C. A. Mey.），药用时采用部位为草质茎。

1. 草麻黄

草麻黄为草本状小灌木，茎高 20～40cm，呈细长圆柱形，表面淡绿色至黄绿色，木质茎短小，匍匐状；草质茎直立，小枝对生或轮生，节明显，少分枝，小枝圆，对生或轮生，节间长 2.5～6cm，直径 1～2mm。叶膜质鞘状，上部二裂（稀有 3 裂），裂片锐三角形、三角状披针形，先端渐尖，常向外反卷。雌雄异株，雄球花有多数密集的雄花，聚成复穗状，7～8 枚雄蕊，顶生；

草麻黄

雌球阔卵形，常单生枝顶，雌花 2 朵，有苞片 4～5 对，雌花成熟时，苞片红色肉质浆果状。种子通常 2 枚，卵形。花期 5～6 月，种子成熟期 7～8 月。生于干山坡、平原荒地、河床、干草原、河滩附近及固定沙丘，常成片丛生。

2. 木贼麻黄

木贼麻黄为直立小灌木，高 70～100m。木质茎直立或斜上生长，上部多分枝，黄绿色；草质茎对生或轮生，分枝多，节间短而纤细，节间长 1.5～3cm，直径 1～1.5mm，常被白粉。叶膜质鞘状，上部仅 1/4 分离，裂片 2，呈三角形，不反曲。雄花序多单生或 3～4 个集生于节上；雌花序常于节上对生，或单生于节上，苞片内有 1 朵雌花。种子通常 1 粒（稀 2 粒）。花期 6～7 月，种子成熟期 8～9 月。生于干旱荒地、多砂石的山地、干旱的山脊、山顶多石处。

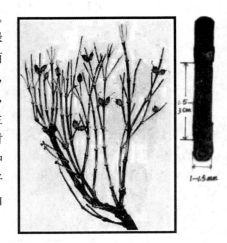

木贼麻黄

3. 中麻黄

中麻黄为直立小灌木，高达 1m 以上。木质茎直立或斜上生长，基部多分枝；草质茎对生或轮生，常被白粉，2～6cm，直径 1～1.5cm。叶膜质鞘状，尖端尖，上部 1/3 分裂，裂片 3（稀有 2），钝三角形或三角形。雄球花数个簇生于节上，呈团状；雌球花 3 个轮生或 2 个对生于节上，先一轮苞片生有 2～3 个雌花。种子通常 3 粒（稀有 2 枚）。花期 5～6 月，种子成熟期 7～8 月。生于海拔数百米至 2000 米的干旱荒地、沙漠、戈壁、干旱山坡或草地上。

二、生物学特性

1. 生长环境

麻黄主要生长于我国中温带、温暖带的干旱荒漠、草原及山地区域。从海拔 150m 的吐鲁番盆地至海拔 4500m 的青藏高原，均有生长。麻黄具有喜光、耐干旱、耐盐碱、抗严寒的特性，适应性强，对土壤要求不严，干燥的沙漠、高山、低山、平原等地均能生长。

2. 产地

草麻黄主产于河北、山西、内蒙古自治区、新疆维吾尔自治区、甘肃、辽宁、吉林、宁夏回族自治区等地。草麻黄产量大。

中麻黄主产于甘肃、青海、内蒙古自治区、新疆维吾尔自治区、山西、陕西、河北等地。中麻黄产量次之。

木贼麻黄主产于河北、山西、甘肃、陕西、内蒙古自治区、宁夏回族自治区、新疆维吾尔自治区。木贼麻黄产量小，多为野生。

第二节　如何培育麻黄

一、选地、整地、施肥

1. 选地

麻黄在我国北方各地均宜栽培，对土壤要求不甚严格，以地势开阔、无遮阴、光照充足、无污染的地区为宜。麻黄在土壤肥沃、疏松的沙壤土上生长良好，低洼地、黏土地、酸性土及灌排不畅的土壤不宜种植。土壤有机质含量 15g/kg，碱解氮 40mg/kg、速效磷 6mg/kg、速效钾 80mg/kg 以上为好。一般前茬以禾本科、豆科作物或沙荒地为宜。选好地块，经过耕翻，做成平畦，以待播种。

2. 整地、施肥

前茬作物收获后，应及时深翻 35cm 以上，灌冬水。播种前深翻土地，深翻以 40cm 为宜，达到深、细、平、实、匀，整平。同时要结合整地施足基肥，一般每亩施有机肥 3000～4000kg，标准氮肥 40～50kg，磷酸二氢钾 45kg。播前用 25％多菌灵或敌克松 1.5～3g/m² 进行土壤处理，均匀撒入营养土中。

二、良种选择及处理

1. 良种选择

我国药用麻黄种类繁多，河西走廊主要的品种有中麻黄、木贼麻黄、草麻黄和膜果麻黄。其中中麻黄分布面积大、品位高、质量好，为麻黄加工厂主要的收购对象，也是栽培的主要品种。精选有光泽、褐色、籽粒饱满的种子，种子纯度 95％以上，发芽率 85％以上，净度 95％以上，水分 12％以下。

2. 种子处理

（1）浸种。

将种子放在 30℃的温水中浸泡 8h 或用 0.02～0.03％的高锰酸钾或 25％的多菌灵 300～600 倍液浸泡 30min，用清水冲洗净，取出摊在湿纱布或湿毛巾上，置于 10℃下催芽，当 70～80％的种子露白即可播种。

（2）拌种。

每千克种子用绿亨一号 1～2g 或绿亨二号 3～4g 即可，可消除种子霉菌。

三、种植方法

1. 播种育苗

（1）播种时间：4 月下旬至 5 月上旬。

（2）播种方法：条播或点播。

条播：在整好的育苗地上按行距 30cm 开浅沟，播深 1.5～2.0cm，行距 30～40cm，将种子均匀地播在沟中，覆土 1～2cm，镇压后，小水浇灌。

穴播：穴距 30cm，穴深 2～3cm，每穴点种子 20～30 粒，覆土 3～5cm，镇压后，小水浇灌，保持土壤湿润至出苗。

（3）用种量：每亩用种量 1.5～2.0kg。

2. 分株繁殖

秋季或春季解冻后，将成年植株挖出，根据株丛大小分成 5～10 个单株，按株行距各 30cm 开沟，栽种，覆土至根芽，将周围土压实后浇水，精心管理，促进正常生长发育。

3. 苗期管理

苗出齐后，要及时清除杂草，适时松土并保持土壤水分，不要积水，保持见干见湿。补水时根据苗情追施氮、磷、钾肥。苗高 5cm 后不宜多浇水，适当减少浇水次数，积水应及时排除。要注意防治立枯病、根腐病、蚜虫侵害。根据苗情，在生长旺盛期追施 2～4 次，以氮肥为主的复合肥。

四、定植

1. 土地准备

沙壤土翻耕，翻耕深度为 25～30cm，然后拖平。低洼地不宜种植麻黄。

2. 苗木准备

（1）挖苗。

首先灌透水，利于深挖，使用平铁锹挖取 20cm 深的土，然后在 20cm 处平切，挖出麻黄苗，切忌弄破麻黄根部表皮。保留主根长度 12cm，每 100 株打捆，假植好。

（2）苗木运输。

短距离运输时，只需要运到地点后，假植到土中，注意保湿及遮阴即可。长距离运输时，在装袋前将麻黄沾水或喷水，装入沾湿的麻袋中，切忌挤压，堆放注意通风，避免发热，到达运输地点后，立即从袋子中取出，假植、喷水、遮阴。

3. 定植时间及定植密度

定植一般在 4 月下旬或 5 月初当植株出现 4～6 个节后移栽到大田。定植密度一般为 8000～10000 株/亩。

4. 定植方法

按行距 20~25cm 进行移栽，定植后覆土、灌水。移栽时大小苗分别定栽，踩紧压实，防止"吊苗"，达到"苗正根伸"，覆土深度以根茎部埋入 2~3cm 为宜。

五、田间管理

1. 灌水

观察土壤含水量和植株生长情况，当麻黄颜色由鲜绿转为黄绿时及时补水，若茎枝脱节则为严重缺水。每年灌水 2 次，萌蘖期灌水时在土壤昼消夜冻、日平均温度稳定降到 2~4℃时进行灌水，灌水要均、足，不能积水结冰，要小水漫灌。

2. 追肥

追胎毒分两次进行，第一次在定植后 15d 左右进行，每亩追施氮肥 2~3kg，第二次在茎叶旺盛期进行，每亩追施氮肥 2~3kg，磷肥 5~6kg。

3. 中耕除草

每次灌水后及时中耕除草，松土保墒。

六、主要病虫害及其防治方法

1. 主要病害及其防治方法

（1）麻黄蜷曲病。

及时清除感病植株，用 50％苯菌灵可溶性粉剂 1500~2000 倍液或 70％代森锰锌可湿性粉剂 600 倍液或 70％甲基托布津可湿性粉剂 1000 倍液喷雾，每隔 7d 喷一次，连续喷施 3 次。

（2）麻黄根腐病。

及时排水和做好田间卫生，发现病株立即挖出植株、销毁，然后客土。用 50％苯菌灵可溶性粉剂 1500~2000 倍液或 70％代森锰锌可湿性粉剂 600 倍液或 70％甲基托布津可湿性粉剂 1000 倍液喷雾，每隔 7d 喷一次，连续喷施 3 次。

2. 主要虫害及其防治方法

防治蚜虫，主要是利用田间蚜虫的天敌（如瓢虫、草蛉、食蚜蝇、食虫蝽和蚜茧蜂等）进行生物防治。化学防治是用 50％的氧化乐果乳油 1000 倍液或用 37％氯马乳油 1000 倍液喷雾防治。

第三节　麻黄的采收

一、采收适期

一般在播种后第 3 年收割，10~11 月收割比较适宜。

二、采收方法

采收时以割取枝条为主，收获后长出的再生株每两年轮采一次最佳。不要带根采收，采收时应保留地面以上 3cm 芦头。留茬过高，会造成麻黄产量降低；留茬过低，会损伤麻黄的根茎，降低麻黄品质，同时还会影响麻黄下一年的再生能力。

三、采收后的管理

采收后的麻黄绿色草质茎及时晒干或阴干，打捆后出售，需贮藏时应放在阴凉通风处。

第四节　麻黄的药材鉴别

一、性状鉴别

三种麻黄的共性：均具有节与节间，表面具纵棱线，叶退化成膜质鳞叶，基部联合成筒状，断面略呈纤维性，断面髓部红棕色（玫瑰心），味苦涩（生物碱、鞣质）。

1. 草麻黄

（1）茎呈细长圆柱形，少分枝，直径 1～2mm。

（2）表面淡绿色至黄绿色，有细纵脊 16～24 个，触之微有粗糙感。

（3）节明显，节间长 2～6cm。节上有膜质鳞叶，长 3～4mm，裂片 2（稀 3），锐三角形，先端反曲，基部联合成筒状，红棕色。

（4）体轻，质脆，易折断，断面略呈纤维性，周边黄绿色，髓部红棕色，类圆形。

（5）气微香，味涩、微苦。

2. 木贼麻黄

多分枝，直径 1～1.5mm，13～14 个棱线，无粗糙感。节间长 1～3cm，膜质鳞叶长 2～3mm；裂片 2（稀有 3），上部为短三角形，灰白色，先端多不反曲，基部红棕色至棕黑色，断面髓部类圆形。

3. 中麻黄

多分枝，直径 1.5～3mm，18～28 个棱线，有粗糙感。节间长 2～6cm，膜质鳞叶长 2～3mm；裂片 3（稀 2），先端锐尖，断面髓部呈三角状圆形。

药材质量：以干燥、茎粗、色淡绿、内心充实，手拉不脱节、味苦涩者为佳。手拉脱节、中空者、色黄者不可入药。

麻黄性状鉴别要点歌诀：

麻黄本是草质茎，表面黄绿有纵棱；

节间长短看品种，鳞叶裂数亦不同；

反不反卷要分清，质脆易断体较轻；

活性成分生物碱，髓部红棕是特征。

二、显微鉴别

1. 三种麻黄共有特征

（1）表皮外被较厚的角质层，脊线较密，有蜡质疣状突起，两脊线间有下陷气孔。

（2）棱线处有非木化的下皮纤维束，壁厚，非木化。

（3）皮层宽广，纤维成束散在。

（4）韧皮部小，有新月形纤维束，维管束外韧型。

（5）髓薄壁细胞含棕红色块状物。

（6）表皮、皮层薄壁细胞及纤维均有细小草酸钙方晶或砂晶。

2. 三种麻黄的区别

（1）草麻黄。

①形成层类圆形。

②木质部呈三角形。

③维管束 8～10 个。

④偶有环髓纤维。

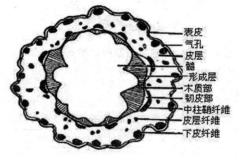

草麻黄组织横切面简图

（2）中麻黄。

① 形成层环类三角形。

② 维管束 12～15 个。

③ 环髓纤维成束或单个散在。

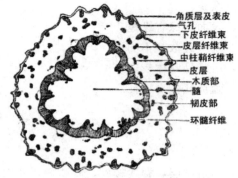

角质层及表皮
气孔
下皮纤维束
皮层纤维束
中柱鞘纤维束
皮层
木质部
髓
韧皮部
环髓纤维

中麻黄组织横切面简图

（3）木贼麻黄。

①形成层类圆形。

② 维管束 8～10 个。

③无环髓纤维。

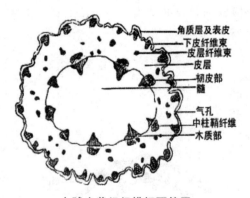

角质层及表皮
下皮纤维束
皮层纤维束
皮层
韧皮部
髓
气孔
中柱鞘纤维
木质部

木贼麻黄组织横切面简图

3. 三种麻黄的性状及组织横切面比较（见下表）

表　三种麻黄的性状及组织横切面比较

	草麻黄	木贼麻黄	中麻黄
脊线	16～24 个棱线	13～14 个棱线	18～28 个棱线
粗糙程度	略有	无	有
髓	类圆形	类圆形	三角形
形成层	类圆形	类圆形	三角形
维管束	8～10 个	8～10 个	12～15 个
环髓纤维	偶有	无	有

三、粉末特征

粉末：棕色或绿色。

表皮细胞：碎片甚多，气孔特异，内陷，保卫细胞侧面观呈哑铃形或电话听筒状。角质层极厚，呈脊状突起，常破碎呈不规则条块状。纤维多而壁厚，胞腔小或不明显，附众多砂晶和方晶。髓部薄壁细胞含红棕色或棕色物，有的木化，棕色块状物较多。

第五节　麻黄的主要化学成分及药用价值

一、主要化学成分

麻黄含多种有机胺类生物碱，主要活性成分为 L-麻黄碱（L-ephdrine）。在草麻黄与木贼麻黄中的含量约占总碱的 80%左右，在中麻黄中约占 30%～40%，其次为 D-伪麻黄碱（D-pseudoephedrine），以及 L-N-甲基麻黄碱（L-N-methyl-ephedrine）、D-N-甲基伪麻黄碱（D-N-methylpseudoephedrine）、L-去甲基麻黄碱（L-norephedrine）、D-去甲基伪麻黄碱（D-norpseudoephedrine）、麻黄次碱（ephedine）。近来又分离出多种新成分，其中 2，3，4，5，6-四甲基吡嗪和 1-α萜品烯醇为平喘有效成分。另含苄甲胺、儿茶酚、鞣质以及少量挥发油。

三种麻黄中生物碱的含量：木贼麻黄（1.02%～3.33%）＞草麻黄（1.315%）＞中麻黄（0.25%～0.89%）。生物碱存在于髓部，节部＜节间，是节间的 1/2～1/3。

二、药用价值

（1）收缩血管、升高血压。

（2）平喘抗炎作用。麻黄碱与伪麻黄碱对支气管平滑肌有松弛作用，甲基麻黄碱也可使支气管扩张，麻黄挥发油有明显的祛痰作用。

（3）抗病原体。麻黄煎剂对各种细菌均有不同程度的抑制作用。

（4）解热发汗。麻黄挥发油乳剂对人工发热有解热作用。

（5）利尿作用。利尿退肿，可用于水肿小便不利之证。因其上宣肺气、发汗解表，可使肌肤的水湿从毛窍外散，并通调水道、下输膀胱以下助利尿之力，故宜于水肿初起，而有表证者。《金匮要略》甘草麻黄汤，其与甘草同用，即可获效。如再配伍其他发汗解表药和利水退肿药，则疗效更佳，如《金匮要略》越婢加术汤，其与生姜、白术等同用。

【主要功效】发汗解表、宣肺平喘、利尿消肿。

【不良反应】

用量过大。可出现一系列中毒症状，如烦躁不安、头痛头晕、耳鸣失眠等。

药不对证。麻黄发散力大，发汗力强。因此，应在正确辨证的基础上选用麻黄。

配伍不当。麻黄"恶辛夷、石韦"，与西药配伍最多的是平喘药氨茶碱。虽有协同止喘作用，但可增加毒性，加重中枢神经及心血管的负担，故应避免同时使用。

过敏反应。有病人服用麻黄后出现过敏性皮疹，但这是极个别现象。

第十二章　独活栽培技术

独活为伞形科植物重齿毛当归（*Angelica pubescens* Maxim. f. biserrata Shan et Yuan）的干燥根，商品药材习称"川独活"，亦称"肉独活"，是我国常用的一味传统中草药，性微温，味苦、辛，具祛风、除湿、散寒、止痛的功效。

第一节　独活的主要特征特性

一、植物学特征

重齿毛当归为多年生草本，高 60～100cm；根粗大，略呈圆柱形，下部 2～3 分枝或更多；茎直立，带紫色。基位叶和茎下部叶的叶柄细长，基部成鞘状；叶为二至三回三出现状复叶，小叶片分裂，最终裂片长圆形，两面均被短柔毛，边缘有不整齐重锯齿；茎上部叶退化成膨大的叶鞘。复伞形花序顶生或侧生，密被黄色短柔毛，伞幅 10～25，极少达 45，不等长；小伞形花序具花 15～30 朵；小总苞片 5～8；花瓣 5，白色；双悬果背部扁平，长圆形侧棱翅状，分果棱槽间有油管 1～4 个，合生面有 4～5 个。花期 7～8 月，果期 9～10 月。

二、生物学特性

重齿毛当归为宿根性草本，适宜于冷凉、湿润的气候条件，具有喜阴、耐寒、喜肥、怕涝的特性。以土层深厚、肥沃、富含腐殖质的沙壤土为好，积水地和黏性土壤均不宜种植。整个生长周期为三年，第一至第二年为营养生长期，一般只生长根、叶、茎短缩并为叶鞘包被，有少数抽薹、开花。第三年为生殖生长期，一般直播到第三年的 5 月或 6 月，茎节间开始伸长，抽出地上茎，形成生殖器官，并开花结子；花期 7～8 月，果期 9～10 月，完成整个生长过程。

1. 生态环境

重齿毛当归生长于海拔 1400～2600m 高寒山区的山谷、山坡、草丛、灌丛中或溪沟边，生长要求土壤多富含腐殖质而肥沃。

2. 生长习性

重齿毛当归是亚热带作物，喜阳光充足，气候温和（以 10～24℃为宜），一般朝阳山坡的长势明显较好。重齿毛当归生长要求土壤肥沃、深厚，以砂质土壤为好，在海拔 1500～2500m 的山区更易种植。特别是海拔 1900m 以上，这里昼夜温差大，药物有效成分容易聚集，药性好、等级优、购价也最高。

独活平均亩产在一千公斤左右，种植效益较好。优质品种应具有断面茬白，肉质厚等特点。

第二节　如何培育独活

独活种植一般以三年为一个周期，第一年育苗，第二年移栽收获，第三年育种，如此循环反复。

一、选地、整地

育植地应选择处于半阴坡的土层深厚、土质疏松、土壤肥沃、排水良好、富含腐殖质的砂质土壤。移栽或播种育苗地冬季深翻，使其风化，如作连作地需撒适量生石灰，第二年解冻后，再将地犁耙一次，并施腐熟堆肥。每亩施腐熟农家肥 2500～5000kg，复混肥 50kg 或硫酸钾 20kg 或过磷酸钙 50kg，或施圈肥、土杂肥每亩 3000～4000kg 作基肥，将肥料捣细、撒匀，翻入地下 30cm 深。然后整细耙平，作成 100～120cm 宽、20cm 高的高畦，田块四周开好排水沟。

苗圃地应选择疏松肥沃、偏酸性的砂壤土，深耕后暴晒 3～5d，按一亩（666.7m²）施腐熟农家肥 2500kg，过磷酸钙 50kg，氯化钾 8kg 作基肥再深耕细耙一次，制成宽 1～1.5m 的高畦，畦与畦之间沟宽距离为 0.2m，四周开好排水沟。

移栽或播种育苗地要在冬季将土深翻，使其越冬风化，第二年解冻后，再将地犁耙一次，并施腐熟堆肥每亩 500～750kg 或施圈肥、土杂肥每亩 3000～4000kg 作基肥。将肥料捣细撒匀，翻入地下 30cm 深，然后耙细整平作成 100～120cm 宽的高畦，开好排水沟。播种前要清除田间杂草。

二、繁殖方法

独活的繁殖方法主要是利用种子繁殖，也可根芽繁殖，以直播为佳。

1. 种子繁殖

种子繁殖可用种子直播或育苗移载，大面积生产以育苗移栽为好。

（1）种子直播。

选种：应选择两年生以上无病虫侵袭的健康母体植株，在种子由绿色变成灰褐色时采收，忌采收枯黄过熟的种子。采收时间为9～10月，剪下果絮置阴凉处备用，忌暴晒或烘烤。在播种前还要对种子进行选择，一般选用种子净度不低于85%，千粒重不低于4g，生活力不低于80%，含水量不高于30%，发芽率不低于60%的种子作种。如暂需贮放，可将种子拌4～5倍湿腐殖质土（或细沙）堆贮育屋备用。种子不宜晒干，晒干后播种，发芽期长，且不整齐，发芽率也低。

种子处理：播种前将种子用50～55℃温水浸泡12h，捞出置温暖处催芽，每天浇水1～2遍，芽发好了即可放在最好的苗床上育苗。

播种时间：春播或冬播。冬播在10月采鲜种后立即播种，春播在4月进行。

播种方法：分条播和穴播。条播顺畦按行距30～50cm，开沟1～1.2cm深，将种子均匀撒入沟内；穴播按行距50cm，穴距25～30cm点播，开穴要求口大底平，每穴播种10～15粒，覆土0.5～1cm，稍许压实，耧平，并盖上一层草以保温保湿。一般冬播的种子在翌年4月上中旬前后出苗，春播的种子20～30d出苗。

用种量：每亩用种约1kg。

（2）育苗移栽。

播种：冬播在10～11月采种后进行，春播在4月进行。在整好的土地上，开1.3m宽的高畦，每亩用种子4～5kg，与火灰、水畜粪拌成种子灰撒播畦面，盖火灰或腐殖质土，盖土厚1～1.5cm，最后盖草，保持土壤湿润，以利发芽。

苗期管理：待苗出齐后，揭去盖草，在幼苗高7～10cm时，进行间苗，疏拔过密苗或弱苗。苗期要拔草2～3次，并追施人畜粪或尿素2～3次，以促进生长，当年冬季就可移栽；若待第二年春移栽，冬季需盖一层泥土防冻。

移栽：一亩育苗地可供10亩大田栽植。移栽分秋栽与春栽两种。春栽在3～4月进行，但以早春3月栽最好，秋栽在9～10月进行，但成活率不如春栽好，故应尽量争取在3月移栽。

移栽方法：整地施基肥后，按行距50cm，株距25～30cm开穴，穴直径12～15cm，穴深15～18cm。未施底肥的田，可在穴中施入底肥，每穴栽苗一株，栽时可剪取部分侧根，顶芽朝上，覆土压实。冬季栽种，盖土宜厚，以防冻害。

2. 根芽繁殖

秋后地上部分枯萎时挖出母株，切下带芽的根头作繁殖材料，不宜选大条，因其栽后容易抽薹开花，根部木质化，不能药用。在畦内按行距30cm，株距20cm开穴，每穴放根头1～2个；芽立直向上，原已出芽的芽头栽时要露出土壤，未出土的芽尖应在土表内3～4cm。栽后稍压实表土，再浇水稳根，第二年春季出苗。也可把根茎上的芽子掰下收藏起来，于翌年4月上旬栽种，但此法较少应用。

三、田间管理

1. 中耕除草

幼苗出土后及时除草松土，以利其生长。移栽苗 5～7 月各中耕除草一次，使生长期田间无杂草。采用种子直播的在苗高 7～10cm 时，进行中耕除草、匀苗、补苗一次。每穴留壮苗 2～3 株，第一年苗小，应注意除草。

2. 间苗、定苗

采用种子直播的在苗高 20～30cm 时进行间苗，疏拔密苗、弱苗，苗高 5～10cm 时按株距 10cm 左右定苗。通常在 30～50cm 距离内留 1 或 2 株大苗就地生长，余苗另行移栽。春栽 2～4 月，秋栽 9～10 月，以春栽为好。

3. 追肥培土

追肥培土一般在春、秋、冬三季结合除草进行。移栽苗追肥两次，在出苗时和夏季植株封畦前进行。肥料以人畜粪水为主，可适当施尿素和饼肥。出苗后，苗高 10cm 时每亩追施 1500kg 农家肥，于 6 月份追施尿素 5～10kg，8 月份追施肥 40kg。春夏季节施人畜粪水或尿素，冬季施用饼肥，每亩 40～50kg，过磷酸钙 30～50kg。堆肥 1000～1500kg，在堆沤之后施入。施后培土壅根，防止倒扶和安全越冬。第二年追肥和移栽苗相同。

4. 其他管理

天气干旱时适当浇水，雨季注意排涝，防止腐烂根部。在第二年至第三年春发芽后，进行一次打芽，每株只留一个芽子，打下的芽可作种苗移栽到其他地上。独活当年播种的一般不开花，如有开花的应及时拔掉，以免徒耗养料，以利根部生长。

（1）中耕除草。

进行田间除草 2～3 次，做到田间无杂草。当植株高 20cm 时，进行第一次中耕除草，松土益浅切勿伤根；在植株高 30cm 时，进行第二次中耕除草，松土稍浅；当植株高 50～80cm 时，进行第三次中耕除草。

（2）除抽薹苗。

一般提早抽薹，开花的独活要及时拔除。

（3）追肥。

每年追肥两次，第一次在移栽成活后施氮肥促壮苗，每亩施纯氮 5～6kg；第二次在 6 月中旬，每亩施纯氮 8kg，以斜施为主，复土盖肥。方法是当苗高 10cm 左右时，结合中耕于株旁开穴每亩施入人粪尿 500～750kg，当苗高 30cm 时再施入人粪尿 1000kg，追施磷钾肥。

（4）培土。

培土用以固定植株，防止倒扶，增加产量，一般在 6 月下旬结合中耕施肥进行。

（5）留种。

除留种用的植株外，多出的蓓蕾应及早除去，以免耗费养分影响根的生长。当年播种不接籽的独活，留种必须留到来年接籽。栽培第二年的 9 月下旬种子陆续成熟，这时采下并晒干脱粒。

四、主要病虫害及其防治方法

1. 主要病害及其防治方法

独活常见病害有斑肤病和根腐病。

（1）斑肤病。

于 6 月上旬开始发病，初期在叶片上产生绿褐色斑点，后逐渐发展成多角形，边缘呈现褐色，中央灰白色。在高温高湿季节发病严重。可造成叶片枯萎，危害性大。

防治方法：剪除病枝、枯枝落叶，秋季深耕晒土，增施磷钾肥，以抑制病害发生。

（2）根腐病。

于 5 月开始发病，7～9 月发病较重。发病时叶片枯黄，植株变小，根部变黑腐烂。

防治方法：发病时应拔除病株，并用 2％石灰水浇灌病区。

2. 主要虫害及其防治方法

河西地区在独活的栽培过程中，很少有病害发生，主要是虫害。

（1）蚜虫、红蜘蛛。

6～7 月天旱时发生较多，蚜虫、红蜘蛛吸食茎叶汁液，造成危害。

防治方法：害虫发生期喷 50％杀螟松 1000～2000 倍液，每 7～10d 喷一次，连续数次。或者使用 5％尼索朗乳油 2000 倍液、45％天王星乳油 2000 倍液或 45％灭杀毙乳油 2000 倍液喷雾防治。

（2）黄凤蝶。

黄凤蝶属鳞翅目凤蝶科。幼虫危害叶、花、花蕾，咬成缺刻或仅剩花梗。

防治方法：人工捕杀；用 90％敌百虫 800 倍液喷雾，每 5～7d 喷一次，连续 2～3 次；用青虫菌（每克含孢子 100 亿）300 倍液喷雾防治。

（3）食心虫。

多在开花期、结果期为害。一般用敌百虫 90％原药 800 倍液喷射防治。

第三节 独活的采收与加工及贮藏

一、采收

独活采收包括收获药材和采收种子。

1. 收获药材

一般定植后两年即可进行收获。采收期为 10 月中旬～11 月中旬，选择晴好天气挖取地下药用部分。待晒成五成干后，用柴火烘干为益。子茎独活以根茎入药，一般亩产干品 150～250kg。根部长得壮实时，营养成分积累多，品质佳。秋季茎叶枯萎后将根挖出，鲜独活含有水分多，至脆易断，采收时要避免挖伤根部。据产地的经验，挖时用宽锄在苗前 5 寸远处下锄，一锄一翻，不能多锄，多锄易将主根挖断，须根带不起来。根挖出后，首先挑出独条、较粗壮的无破伤的根做良种，其余的独活晾晒 10d 左右，去掉茎叶、泥土和小型须根。

2. 采收种子

良种培育是提高独活产量和质量的重要措施。采种于 9～10 月进行，选择健壮植株上的果实在饱满时采回晒干晾干。抖出种子或去杂物，置于干燥处备用。在收获根时，挑选中等大小、独枝、无破损的完整根，按行株距 50cm 栽到另一块田里培育（种子田）。第二年出苗后，在 3、5、7 月各中耕除草、施肥一次。肥料用人畜粪水和过磷酸钙，至秋季种子成熟。当种子由青绿色变成淡黄色时，适时采收，成熟一枝采收一枝。种子的成熟度要掌握好。过嫩的种子种仁没成熟，播种后发芽率低或不出苗，造成严重减产；过老熟的种子呈棕黄色，栽植后容易抽薹。采收的种子要放在阴凉处阴干，不能放在烈日下暴晒。抖下种子，储存于干燥通风处，防止烟熏，以备播种。

二、加工

可采用直接干燥法将鲜独活日晒或烘干，切去芦头和细根，摊凉，待水分稍干后，堆放于炕房内，用柴火熏炕，初上炕火力可大些，炕上保持 50～60℃ 的温度，经常检查并上下翻动，连炕 3～4d，待半年后下炕，再用手搓去须根，按大小理顺，扎成小捆，一捆捆排在炕上进行复炕，连炕 3～4d，待全干后即为成品。生长满 3 年时采收，不满 3 年的炕干后损耗大，独活根含水分多，大约 6～7 斤鲜根可干燥一斤，年份长的产量高，一般亩产干品约 300kg。也可将独活加工成饮片，以厚 2～4mm 为宜，一般可增值 80% 左右。

三、贮藏

中药品质的好坏除与采收加工得当与否有密切的关系之外，贮藏保管对其品质也有直接的影响。如果贮藏不当，药材就会产生不同的变质现象，降低质量和疗效。走油就是中药贮藏中药变质的常见现象之一，药材在受潮变质变色后，呈现油样物质的变化称为走油。一般含有脂肪油、挥发油、糖类等成分的药材，如独活等都会产生走油现象。那么如何检验独活是否走油呢？办法有以下几点：

（1）看油法。主要检看药材的色泽、脆裂及绵连程度。如走油表面会呈现油样物质或出现油点，散特异气味。

（2）手感法。用手摸或捏药材，以感觉其软硬及黏性程度。若药材手摸皮软，有黏密感说明已经走油。总之对易走油的中药材，掌握走油前后的特征，用其不同的特征进行对比，即可确定其是否走油。药材产生走油的原因一般与贮藏时温度过高、贮藏时间久或长期受日光照晒与空气接触引起变质有关。

防止走油的方法：将容易走油的中药材干燥后放置阴凉处保存，如能贮于密闭容器中，则效果会更好。独活的贮藏条件要求低温、干燥、通风良好，一般用麻带包装，每件 40kg 左右。贮藏于干燥、通风的仓库内，仓库要求温度 28℃ 以下，相对湿度 65～75％，商品安全水分 12～14％。独活含挥发油，易散味、分虫蛀，受潮后会生霉、泛油。

药材的仓库常见蛀虫有大谷盗、烟草甲、药材甲、一点谷蛾、赤足郭公虫、印度谷螟、竹红天牛等。虫蛀品的包装缝隙及垛底常见虫丝及结膜，活虫多潜匿于商品内部蛀噬。贮藏期间堆垛不益过高，以防受潮后重压泛油。发现轻度霉变、虫蛀应及时晾晒，最好进行密闭抽氧充氮养护。虫情严重时可用磷化铝（9～12g/m³）或溴甲烷（30～40g/m³）熏杀。

四、留种技术

选取健壮、无病的植株，挂上留种标签，待花期时除去一些倒梢及残花，并施入磷钾肥，促果实饱满，10月左右果实成熟时收取种子干燥即可。

第四节　独活的生药材鉴定

一、性状鉴别

根头及主根粗短，略呈圆柱形，长 1.5～4cm，直径 1.5～3.5cm，下部有数条弯曲的支根，长 12～30cm，直径 0.5～1.5cm。表面粗糙，灰棕色，具不规则纵皱纹及横裂纹，并有多数横长皮孔及细根痕；根头部有环纹，具多殖环状叶柄痕，中内为凹陷的茎痕。质坚硬，断面灰黄白色，形成层环棕色，皮部有棕色油点（油管），木部黄棕色；根头横断面有大形髓部，亦有油点。香气特异，味苦辛，微麻舌，以条粗壮、油润、香气浓者为佳。

二、显微鉴别

根横切面：木栓层细胞壁微木化。皮层窄，有少数油室，径向 $32 \sim 72 \mu m$，切向至 $120 \mu m$。韧皮部较宽，约占根半径的 $1/2$，油室 $3 \sim 8$ 列，圆形或长圆形，直径 $24 \sim 80 \mu m$，外缘油室切向约至 $160 \mu m$，形成层油室甚小；韧皮射线宽 $3 \sim 6$ 列细胞，形成层成环。木质部导管稀少，单个或 $2 \sim 3$ 个径向排列。薄壁细胞含淀粉粒。

三、粉末特征

粉末为淡黄色或淡棕色。

（1）淀粉粒单粒类圆形，脐点、层纹不明显；复粒由数个分粒组成。

（2）油室多破碎，横断面周围分泌细胞类长圆形，直径 $9 \sim 22 \mu m$，胞腔内大多含黄绿或淡黄棕分泌物及油滴。

（3）网纹、螺纹导管直径 $14 \sim 81 \mu m$。此外，有木栓细胞及类圆形或类长方形薄壁细胞。

第五节　独活的主要化学成分及药用价值

一、主要化学成分

独活含当归醇（Angelol）、当归素（Angelicone，Glabralactone）、佛手柑内酯（Bergapten）、欧芹酚甲醚（Osthol）、伞形花内酯（Umbelliferone）、东莨菪素（Scopoletin）、当归酸（Angelic acid）、巴豆酸（Tiglic acid）、棕榈酸（Palmitic acid）、硬脂酸、油酸、亚麻酸、植物甾醇、葡萄糖和少量挥发油。

二、药用价值

1. 镇静、催眠、镇痛和抗炎作用

独活煎剂或流浸膏给大鼠或小鼠口服或腹腔注射，均可产生镇静乃至催眠作用。独活能明显抑制中枢神经，发挥安神与镇静作用。与牡丹皮、酸枣仁等有中枢抑制作用的中药相比，独活的毒性较大。独活可防止士的宁对蛙的惊厥作用，但不能使其免于死亡。独活煎剂腹腔注射，可明显延长小鼠热板法造成的动物疼痛反应时间，表明其有明显镇痛作用。独活寄生汤同样有镇静、催眠及镇痛作用，对大鼠甲醛性脚肿有一定抑制作用，能使炎症减轻，肿胀消退快。

2. 对心血管系统的作用

独活对离体蛙心有明显抑制作用，随剂量加大最终可使心脏停止收缩。从独活中分离出 γ-氨基丁酸可对抗多种实验性心律失常，并影响大白鼠心室肌动作电位。白当归素、异虎耳草素等具有类似凯林的扩张冠状动脉作用，但较凯林为弱。煎剂在蛙腿灌注时，有收缩血管的作用，剂量加大，作用增强。用独活酊剂或煎剂对麻醉犬静脉注射均有明显降压作用，但不持久。酊剂作用大于煎剂。

3. 抗菌作用

独活煎剂对人型结核杆菌有抗菌作用。伞形花内酯对布鲁菌有明显抑制作用，花椒毒素等呋喃香豆精类化合物一般无明显抗菌活性，但它们与金黄色葡萄球菌、大肠杆菌等一起曝光，则发生光敏感作用，使细菌死亡。

4. 解痉作用

佛手柑内酯、花椒毒素、异虎耳草素等对兔回肠有明显的解痉作用，异虎耳草素、虎耳草素、白芷素能显著对抗氯化钡所致的十二指肠段痉挛。

5. 其他作用

独活能使离体蛙腹直肌发生收缩。软毛独活能引起人的日光性皮炎。独活静注时可兴奋呼吸，使其加深加快。佛手柑内酯及虎耳草素对大鼠实验性胃溃疡有中等强度的保护作用，异虎耳草素与花椒毒素作用较弱。东莨菪素对化学物质引起的大鼠乳腺肿瘤有一定的抑制作用，伞形花内酯则无效。

第十三章 大黄栽培技术

大黄是我国著名传统中药，为蓼科（*Polygonaceae*）大黄属（*Rheum*）植物掌叶大黄（*Rheum pamatum* L.）、唐古特大黄（*Rheum tanguticum* Maxim. ex Balf）、药用大黄（*Rheum of ficinale* Baill.）的干燥根及根茎，被记录于《中国药典》，也为世界上许多国家的药典所记录。大黄的原植物是多年生草本植物，根及根茎（亦有叶及柄）入药，掌叶大黄和唐古特大黄药材称"北大黄"，药用大黄药材称"南大黄"。大黄药用历史悠久，为泄热通肠、凉血解毒、逐瘀通经的要药，是中医临床和中成药生产中大量使用的重要药材。甘肃是掌叶大黄主产区之一，栽培历史悠久。甘肃境内广泛栽培的掌叶大黄，为大宗道地药材和传统出口商品，在海内外享有极高的声誉。

第一节 大黄的主要特征特性

一、植物学特征

1. 掌叶大黄

别名：葵叶大黄、北大黄、天水大黄。为蓼科多年生高大草本，高 2m 左右。根状茎及根部肥厚，黄褐色。茎直立，光滑无毛，中空。基生叶有肉质粗壮的长柄，约与叶片等长，叶片宽卵形或近圆形，径可达 40cm，掌状半裂，裂片 3～5，每一裂片有时再羽裂或具粗齿，基部略呈心形，上面无毛或疏生乳头状小突起，下面被柔毛；茎生叶较小，互生，具短柄；托叶鞘状，膜质，密生短柔毛。圆锥花序大，顶生；花小，通常为紫红色，有时黄白色；花梗长 2～2.5mm，关节位于中部以下；花被片 6，外轮 3 片较窄小，内轮 3 片

掌叶大黄

较大，宽椭圆形至近圆形，长 1～1.5mm；雄蕊 9，不外露；花盘薄，与花丝基部黏连；子房菱状宽卵形，花柱略反曲，柱头头状。花药稍外露；花柱 3，柱头头状。果枝多聚拢，瘦果有 3 棱，沿棱生翅，长 9～10mm，宽 7～8mm，顶端微凹，基部略呈心形，棕色。花期 6～7 月，果期 7～8 月。生于山地林缘或草坡。

2. 唐古特大黄

别名：鸡爪大黄。与掌叶大黄相似，但本变种的叶片深裂，裂片通常窄长，呈三角状披针形或窄线形。生于山地林缘或草坡。唐古特大黄与掌叶大黄比较，无论从地上部的形态、药材构造、化学成分等各方面均十分相似，因而作为掌叶大黄的变种更为合宜。

3. 药用大黄

别名：马蹄大黄、南大黄。与掌叶大黄相近，但本种的叶浅裂，浅裂片呈大齿形或宽三角形，花也较大，呈黄白色，花蕾椭圆形，果枝开展。生于山地林缘或草坡。

唐古特大黄

药用大黄

二、生物学特性

1. 生长发育特性

大黄可用种子繁殖，也可用根上的子芽进行繁殖。种子寿命仅 1 年，以鲜种子的发芽率高，陈种子的发芽率低。

种子繁殖的植株：第一年只形成根生叶族，叶片较小；第二年或第三年起，才开始抽茎开花，叶片亦增大。植株在 4～5 月生长最迅速，7 月中旬至 8 月中旬生长缓慢，部分老叶枯萎；8 月底再次抽生新叶；5～6 月开花，一般在 7 月中下旬果实成熟；每年 11 月后地上部分开始枯萎，根茎形成冬芽，次年春季解冻后，又重新萌发，全年生长期 240d 左右。大黄品种之间易杂交，种子繁殖的个体变异较大。因此，要注意培育优良品种。植株根系发达，主根入土深。不宜连作，否则会发生严重的病害，最好实行 4～5a 以上的轮作。

2. 生态习性

大黄喜高寒、湿润、凉爽气候，畏高热，宜生长于年平均气温在 10℃左右、海拔在 1400m 以上的中高山区。大黄系深根作物，要求土壤为土层深厚、富含腐殖质而排水良好，pH 值 6.5～7.5 的砂质壤土。凡土壤粘重或过于琉松或排水不良的低洼地，均不宜栽培。

3. 地理分布及主产地

（1）地理分布。

大黄属植物分布于亚洲温带及亚热带地区，在我国分布于西南部至东北房县巴东部。我国是大黄属植物的分布中心，主要分布于第一、二阶梯的高原和山地，范围遍及东北、华中、西北、西南和西藏。掌叶大黄分布较为集中，在东经 85°～115°，北纬 28°～40°的范围。

①水平分布。

国产大黄属植物分布于我国地势中自西向东的第一、二级阶梯，向东不超过大兴安岭、太行山脉、秦岭、大巴山脉和云贵高原一线。在分布区类型中属温带亚洲分布，反映出该属植物性喜温寒的生态特点。

青藏高原东缘为我国大黄属植物的分布中心，该区集中了 31 种大黄，占国产大黄的 73.8％。在青藏高原东缘的大黄分布中心，各种大黄呈现出较为明显的纬度过渡性。

自南向北，依次出现的代表性种类有云南大黄、牛尾七、心叶大黄、垂枝大黄、拉萨大黄、卵叶大黄、菱叶大黄、歧穗大黄，这反映出大黄对热量条件的趋异适应性。在我国北方，自东向西，随着降水量的逐渐减少，大黄分布的经向过渡也比较明显。

掌叶大黄主要分布于青海、甘肃东南部、四川西北部、西藏自治区东部和南部、陕西秦岭北坡、湖北西南部、贵州北部、云南西北部，宁夏回族自治区西南部的六盘山区亦有分布。唐古特大黄主要分布于青海南部、西藏自治区偏东部、甘肃南部和祁连山北麓、四川西北部，云南西北部亦有分布。药用大黄主要分布于四川北部、东部及南部盆地边缘，贵州北部，云南西北部，湖北西部，河南西部，陕西南部和甘肃东南部。

②垂直分布。

三种大黄的垂直分布幅度较大，一般分布在海拔 1000～4400m 处。其中掌叶大黄、唐古特大黄各分部于海拔 2000～4000m 处的针叶林林缘和灌丛中，药用大黄常见于海拔 1000～2500m 处的林缘灌丛和草坡上。就整个大黄属来看，其垂直分布从最低海拔 700m 到 5400m，反映该属植物极强的适应性：既能适应戈壁滩上夏季地面高温，又能抗拒雪线附近冬季的极端低温。这种极宽的生态适应并反映在植物形态特征上则表现出较大的差异。从资源分布的常见度和群集度来看，青藏高原东部，包括青海东部、甘肃南部、四川西北部和西藏自治区东北部，是我国大黄资源的现代分布中心。该地区大黄资源丰富、群集度高，所产药材质地坚实，香气浓郁，番泻苷含量高。历史上著名的商品"西宁大黄""铨水大黄"即产于此。

（2）产地。

掌叶大黄主产于甘肃的礼县、宕昌、岷县、文县，青海的同仁、同德、贵德，西藏自治区的昌都、那曲。四川西部和云南西北部也有生产。

唐古特大黄主产于青海、甘肃的祁连山北麓，西藏自治区的东北部及四川西北部。

掌叶大黄、唐古特大黄习称西大黄、北大黄或重质大黄。

根据产地西大黄又分为西宁大黄和铨水大黄，前者主要产于青海，后者主产于甘肃。目前甘肃是掌叶大黄重要的栽培基地，甘肃礼县生产的大黄获国家"原产地域产品保护"品种 。

药用大黄主产四川阿坝、甘孜、凉山、雅安及南川等地。贵州、湖北及陕西等地也产。

第二节　如何培育大黄

一、选地、整地

栽培大黄必须选择气候冷凉、雨量较少的环境条件，必须是地下水位低、排水良好的地块。土层深厚、疏松、肥沃的腐殖质土，中性微碱性沙质土壤培植砂壤土为好。选用一般农田时应施足基肥并深耕。

选地后要适时深翻，一般翻地 25cm 深，耕平整细。结合翻地施足基肥，每亩施 3000～4000kg 厩肥，许多地方还应加入 100～200kg 石灰。翻后耙细整平，作高畦或平栽。一般产区直播地、子芽栽植地或育苗后移栽地块多不作畦，种子育苗地不仅要耙细，还要作成 120cm 宽的高畦。育苗地要在播前一个月进行整地。

二、种子收集及处理

1. 种子收集

选择三年生、无病虫害的健壮植株，6～7 月抽出花茎时，应在花茎旁设立支柱,以免花茎被风折断,以及所结的种子被风摇落。河西地区较寒冷,大黄需在 10 月间,待种子部分变为黑褐色而未完全成熟前(熟透易于落粒),将种子剪下阴干或晒干,再选其饱满成熟的种子供播种用。种子宜储于通气的布袋中,挂于通风干燥处,勿使其受潮,影响发芽率;但不可储于密闭器中。

2. 种子处理

大黄主要采用种子繁殖。选择三年生大黄植株上所结的饱满种子,在 20～30℃的湿水中浸泡 4～8h 后,以 2～3 倍于种子重量的细沙拌匀,放在向阳的地下坑内催芽,或用湿布将要催芽的种子覆盖起来,每天翻动两次,有少量种子萌发时,揭去覆盖物稍晾后,即可播种。

三、繁殖方法

1. 种子繁殖

(1) 育苗移栽。

大黄育苗有春播和秋播两个播期,春播育苗的多在 4 月播种,年秋(9 月)或第二年 4 月移栽;秋播育苗的多在 7 月下旬至 8 月上旬播种,第二年 9～10 月移栽。

苗床播种多条播或撒播。条播是在畦面上横床按 20～25cm 行距开沟,沟宽 10cm,深 2～3cm,种子均匀撒于 10cm 的沟内,覆盖以草木灰,厚度以不现种子为度,并盖以藁草,防止鸦鹊啄食种子。如果土壤干燥,播种后应适当浇水,以促进种子发芽。每亩用种量 4kg 左右。撒播是先将床面细土搂下 1～2cm,堆于床边,然后均匀撒种,播后覆土 1cm,用种量 5～7kg,种子质量好可酌减,播后床面盖草保湿。土壤干旱时,播前应灌水,待土壤湿度适宜时再播种。

播种后注意保湿,条件适宜 10d 左右出苗,待要出苗时,撤去盖草。出苗后注意间苗、除草、浇水和追肥。间苗时,条播者株距保持 3～4cm,撒播者株距为 10cm。苗期一般追肥 2～3 次。待要入冬时,床面最好盖草或落叶(厚 3cm),防止冬旱。

(2) 直播。

秋后 9～10 月为最佳播种期,通常采用挖穴点播。在整好的地内,按行株距 50～60cm 挖穴,穴深 3～5cm,每穴撒播种子 5～8 粒,覆盖土 1～2cm。稍做镇压,使种子与土壤密接,然后在地面撒施敌百虫粉剂,防止害虫为害刚出土的幼芽及幼叶,每亩用种量 2～2.5kg。

2. 子芽繁殖

采收大黄时,切下母株的子芽,长约 3cm,切口涂沫草木灰,以防感菌。选肥大健壮的芽头进行栽植,芽子朝上。株行距与苗子移栽相同。较小的子芽可先在苗床上进行培植，待其长大后到次年秋进行定植。

3. 整地移栽

栽地一般选择荒地，越高越好；栽培党参和菜籽的熟地种植大黄也好。如用生荒地，可在移栽前 1 个月将地里杂草铲除烧灰，然后深翻 35cm 左右，充分碎土；熟地亦应翻地 1～2 次。周围修沟排水，按（65～70cm）×50cm 行株距开穴，穴径 30cm，深 20cm，穴内拌施 1～2kg 土杂肥（堆肥或草木灰）作为基肥。春播的于翌年 3 月，秋播的于翌年 7 月将幼苗或根芽移栽穴内。每 667m² 需种苗 1500～2000 株，能够栽的幼苗、块根以中指粗壮为宜，并需剪去幼苗的侧根及主根的细长部分，这样，便于定植，又能增进品质。然后将幼苗直栽于穴内，每穴 1 株，覆以细土或草木灰，压紧根部。如土壤过分干燥，栽后浇水定根。

四、田间管理

1. 间苗、定苗

直播田当植株长出 2～3 片叶时，去弱留强，去小留大，实施间苗、定苗；当叶片长出 15cm 高时，中耕锄草，培土施肥。

2. 中耕施肥

大黄栽后 1～2a 植株尚小，杂草容易滋生，除草中耕的次数宜多，至第 3 年植株生长健壮，能遮盖地面抑制杂草生长，每年中耕追草 2 次就可以。

大黄为耐肥植物，施肥是提高大黄产量的重要条件之一，而且能增强有效成分的含量，一般在移栽时每亩施草木灰 500～700kg 或人粪尿 200kg，堆肥 1000～1500kg。以后每年结合中耕除草施肥 2～3 次，每次施用桐枯 50～75kg 或人粪尿 1000kg。第 1 年、第 2 年秋季每亩施磷矿粉 30～40kg。河西地区常以垃圾灰渣、杂草落叶堆于根际，既有肥效，又可防冻。

3. 摘薹

大黄移栽后的 3～4a，每年的 5～6 月抽薹开花，要消耗大量养分。因此，除留种外，应及早打掉花苞（花可做饲料），除留种的部分花茎之外，应及时用刀割去，不使其开花，使养分集中供应地下根茎生长，这也是一项增产措施。

4. 培土防冻

大黄根块肥大，不断向上增长，故在每次中耕除草施肥时，结合培土于植株四周，逐渐做成土堆状，既能促进块根生长，又利排水，若能与堆肥和垃圾壅植株四周，效果更好。在冬季叶片枯萎时，用泥土或草堆肥等覆盖 6～10cm 厚，防止根茎冻坏，引起腐烂。

5. 排水灌溉

大黄怕涝，除苗期若干旱应浇水外，一般不必浇水。7～8 月雨季，应及时排水，否则易烂根。

五、主要病虫害及其防治方法

1. 主要病害及其防治方法

主要有根腐病、叶斑病、大黄轮纹病、霜霉病和炭疽病，其中根腐病、叶斑病危害较重。

根腐病常发生在温度较高、湿度较大的时候。首先是根部先端开始变黑腐烂，后叶片渐渐变黄，直至枯萎。

叶斑病常发生 7～8 月间，在叶柄上发生褐色泡状隆起，形如疮癫。发病后，叶片渐渐枯黄而萎缩，根部腐烂。

防治方法：选地势较高、排水良好的地方种植，忌连作，经常松土，增加透气度；经常保持良好的排水条件，并进行土壤石灰消毒，拔除病株烧毁；发现病苗应及时拔除或在发病初期用波尔多液喷洒；提早采收，即当果实成熟后及时采挖。叶斑病于发病初期，每 7～10d 喷一次 1：1：100 的波尔多液，共喷 3～4 次。

2. 主要虫害及其防治方法

（1）蚜虫：又名腻虫、蜜虫，属纲翅目蚜科。以成虫、若虫为害嫩叶。

防治方法：冬季清理园地，将枯株和落叶深埋或烧毁。发生期喷 50％杀螟松 1000～2000 倍液或 40％乐果乳油 1500～2000 倍液，每 7～10 天喷一次，连续 4～5 次。

（2）甘蓝夜蛾：以幼虫为害叶片，造成缺刻。

防治方法：灯光诱杀；在发生期掌握幼龄阶段，喷 90％敌百虫 800 倍液或 50％磷胺乳油 1500 倍液，7～10d 一次，连续 2～3 次。

（3）金花虫：以成虫及幼虫为害叶片，造成孔洞。

防治方法：用 9％敌百虫 800 倍液或鱼藤精 800 倍液喷雾，每隔 7～10d 一次，连续 2～3 次。

（4）蛴螬：又名白地蚕。以幼虫为害，咬断幼苗或幼根，造成断苗或根部空洞。白天常可在被害株根部或附近土下 10～20cm 处找到害虫，多用毒饵诱杀。

第三节　大黄的采收与加工

一、采收

大黄通常在定植后 2～3a 即可采收，采收在秋末冬初、地上部枯萎时进行。

如不及时采收，根部易腐烂或萌发侧芽，影响品质。由于大黄肥大且深，采收时先剪去地上部分，用长锄刨开根周围的土壤，然后深挖根部，将根茎与根全部挖出，力求全根，仔细抖净泥土，切除残留的茎叶、支根和顶芽，用磁片或碗片（勿用铁器，以免变黑影响质量）刮去粗皮及顶芽，运回加工。

二、加工

按各地规格要求及大黄根茎大小，横切成片或纵切成瓣，或加工成卵圆形或圆柱形，粗根可切成适当长度的节，然后用线绳串起，悬挂屋檐下或棚内透风处阴干或风干、烘干，或切片晒干均可。若进行烘干，室内温度不要超过 60℃，而且要间歇进行，即烘烤几天之后，当皮部显干时，停火降温，让其再烘，如此反复几次直至全干。待大黄全干后，可装入麻袋或竹筐存放于干燥通风处，严防回潮、虫蛀。至于在采收大黄时所削下的支根，其稍粗者可用水洗净，刮去粗皮，干燥后，亦可入药。至于较大者（直径在 5cm 以上），亦可于刮皮后切成 10～12cm 的短节，与根茎一同干燥出售。

第四节　大黄的留种技术

选生长健壮、无病虫害、品种较纯的三年生植株，加强田间管理，于 5m 左右月抽花茎时设立支架，以免被风吹断。种子成熟极易被风吹落，应经常注意生长情况。7 月中下旬部分种子呈黑褐色时，应迅速割回，放在通风阴湿处使其后熟，数日后抖下作种用。供春播用的种子应阴干贮藏，勿使其受潮发霉。

第五节　大黄的商品特征及规格等级

一、商品种类

1. 西大黄

栽培者于第 3～4 年的秋末至次春发芽前采挖根及根茎。去净泥土、残茎及须根，刮去粗皮，按大小分档，熏干、阴干、晾干或烘干。

取西大黄块大者于竹笼中撞光，加工成卵圆形，习称"蛋吉"。

将蛋吉纵切成瓣的半圆形块，称为"蛋片吉"。

取西大黄较大块于竹笼中撞光，横切成段，按大小分等，分别称为"中吉""苏吉""小吉"。取原药材中的主根及支根，撞去外皮，习称"水根"。

2. 南大黄

取药用大黄的根与根茎，切段或加工成马蹄形，晾干。

3. 大黄片

取原药材，浸泡或喷水闷润使软，切厚片或小方块。

4. 酒大黄

大黄片加酒拌匀，闷透，文火炒干，取出，放凉。

5. 熟大黄

大黄片块，加黄酒拌匀，置罐内封严，炖或蒸至内外黑色。

6. 醋大黄

大黄片用米醋拌匀，闷润至透，文火炒干，取出。

7. 大黄炭

大黄片置热锅内炒至表面焦黑色，内部焦褐色，取出，晾干。

8. 清宁片

取药材煮熟，加黄酒（100∶30）再煮成泥状，晒干，粉碎，过筛，再与黄酒、炼蜜混合成团，煮透，揉匀，搓条，50～55℃干燥，七成干时，于容器内闷约 10d，至内外一致，切厚片，晾干。

二、商品特征

1. 西大黄

根茎呈圆柱形、圆锥形或不规则块片状。去外皮者黄棕色至红棕色，有类白色网状纹理，习称"锦纹"；未去外皮者表面棕褐色，有横皱纹及纵沟，质坚实，断面淡红棕色或黄棕色，颗粒性，习称"高粱碴"。根茎髓部宽广，有星点环列或散在，根无星点。气清香，味苦而微涩，嚼之黏牙，有沙粒感，唾液被染成黄色。

2. 南大黄

南大黄类圆柱形似马蹄。表面黄褐色或黄棕色，质较疏松，易折断，断面黄褐色，多孔隙，髓部星点散在。

三、规格等级

按来源、加工形态将大黄分为西大黄、南大黄和雅黄 3 个品别。

1. 西大黄

西大黄依据色泽、大小、重量、切制形态等分 4 个规格（蛋片吉、苏吉、水根、原大黄）、6 个等级、2 个统货。

（1）蛋片吉：为纵切成瓣的半圆形块。

一等：每 1000g 8 个以内，糠心不超过 15％。

二等：每 1000g 12 个以内，余均同一等品。

三等：每 1000g 18 个以内，余均同一等品。

（2）苏吉：横切的不则圆柱形。

一等：每 1000g 20 个以内，余同蛋片吉。

二等：每 1000g 30 个以内，余同蛋片吉。

三等：每 1000g 40 个以内，余同蛋片吉。

（3）水根：统货。大黄主根及支根的加工品，呈长圆锥形或长条形，长 4～12cm，直径 1.5～2.0cm。断面具放射状纹理。

（4）原大黄：统货。纵切或横切成瓣、段，块片大小不分。

2. 南大黄

南大黄呈类圆柱形，一端稍大，形如马蹄，质较疏松，断面黄褐色，多孔隙，星点断续成环。

一等：横切成段，体结实。长 7cm 以上，直径 5cm 以上。

二等：体质轻松，大小不分，间有水根。最小头直径不低于 1.2cm。

3. 雅黄

一等：不规则块状，似马蹄形。每支 150～250g。

二等：较轻泡，质松，每支 100～200g。

三等：未去粗皮，体质轻泡。大小不分，间有直径 3.5cm 以上的根黄。

一般以西大黄为优。

第六节　大黄的主要化学成分及药用价值

一、主要化学成分

大黄含有蒽类衍生物，包括蒽醌、蒽酚、蒽酮类以及它们的苷类。

（1）蒽醌类：芦荟大黄素（aloee-modin）、大黄酚（chrysophanol）、大黄素（emodin）、大黄素甲醚（physcion）、大黄酸（rhein）等。

（2）蒽酚和蒽酮类：大黄二蒽酮（rheidin）A、B、C，掌叶二蒽酮（palmidin）A、B、C 以及其苷类如番泻苷（sennoside）A 等。

（3）苯丁酮苷类：莲花掌苷、异莲花掌苷、苯丁酮葡萄糖苷。

（4）二苯乙烯苷类：3，4，$3'$，$5'$-四羟基芪-3-葡萄糖苷，4，$3'$，$5'$-三羟基芪-4-葡萄糖苷等。

（5）其他。

尚含鞣质 5%～10%，包括没食子酰葡萄糖、没食子酸及大黄四聚素。此外，还有挥发油、脂肪酸、植物固醇等。

二、药用价值

（1）泻下作用：大黄煎剂有显著的泻下作用，番泻苷和大黄酸苷为泻下有效成分。

（2）抗菌作用：大黄煎剂对葡萄球菌、溶血性链球菌、肺炎球菌等多种细菌均有不同程度的抑制作用，大黄酸、大黄素和芦荟大黄素为抑菌有效成分。

（3）降低血清尿素氮（BUN），改善肾功能，拉丹宁（rhatannin）为有效成分。

（4）止血作用：没食子酸和 d-乙茶素可通过促进血小板聚集和降低抗凝血酶的活性而发挥止血作用。

还有抗真菌、抗病毒、抗阿米巴原虫、抗肿瘤、收敛、利胆和降血脂等作用。

大黄性寒，味苦。能泻热通肠，凉血解毒，逐瘀通经。用于治疗实热便秘、积滞腹痛、湿热黄疸、瘀血经闭、急性阑尾炎、痈肿疔疮、烫伤等病症。用量为 3～30g。外用适量，研末调敷患处。孕妇慎服。

第十四章　防风栽培技术

防风（*Sap oshnikovia divaricata*（Turcz.）Schis-chk.），又称铜芸、风肉、山芹菜、旁风、白毛草，为伞形科防风属多年生草本植物。防风以根入药，味辛、甘，性温，有解表发汗、祛风除湿作用，主治风寒感冒、头痛、发热、关节酸痛、破伤风。此外，防风叶、防风花也可供药用。主产于黑龙江、吉林、内蒙古自治区、河北、山东等地，其中以黑龙江省产量最大。

防风是我国常用大宗药材，最早收载于《神农本草经》，有着悠久的应用历史。近年来，防风野生资源日益匮乏，而需求量不断增大，栽培防风已成为市场的主体。防风适应能力强，广泛分布于我国北方平原及半山区地带。在临床上，由于其疗效显著，因为用量不断增加并且还出口韩国、日本及东南亚各国等。在非典时期曾一度缺货造成价格暴涨达 120 元/kg，多年来价格始终居高不下。随着洗劫性采挖，野生防风资源近于枯竭，加之国家生态保护政策的出台，禁止深入草原、森林采挖，市场货源逐年短缺，价格随之攀升，随货源紧绌，价格持续上升。因此，遏制采挖，扩大人工栽培面积，对发挥地理和资源优势，满足中药材市场的需求，具有重要意义。

自 21 世纪初开始大面积栽培以来，种植区域更加广泛，北至黑龙江边界，南至山东、河南、甘肃等地均有种植，甚至分布区以外的东部山区也有大面积种植。在种植区域内，不同产地的种植方式也不尽相同，有的采用直播，有的采用移栽，有的采用根段进行营养繁殖。

第一节　防风的主要特征特性

一、植物学特征

防风属多年生草本，高 30～80cm，株体无毛。其主根粗壮，长圆柱形，有分枝，淡黄桂冠色，散生凸出皮孔，根斜上升，与主茎近等长，有细棱，根茎处密生褐色纤维状叶柄残基。基生叶丛生，有扁长的叶柄，基部有宽叶鞘，稍抱茎；叶片卵形或长圆形，长 14～35cm，宽 6～8cm，二至三回羽状分裂，第一回裂片卵形或长圆形，有柄，长 5～8cm，第二回裂片下部具短柄，末回裂片狭楔形，长 2.5～5cm，宽 1～2.5cm；顶生叶间化，有宽叶鞘。复伞形花序多数，生于茎和分枝顶端，顶生花序梗长 2～5cm，伞辐 5～7，长 3～5cm，无毛，无总苞片；小伞形花序 4～10，小总苞片 4～6，线形或披针形，长约 3mm；萼齿三角状卵形；花瓣倒卵形，白色，长约 1.5mm，无毛，先端微凹，具内折小舌片。

双悬果狭圆形或椭圆形，成熟果实呈黄绿色或深黄色，长 4～5mm，宽 2～3mm，果有 5 棱，幼时有疣状突起，成熟时渐平滑；每棱槽内有油管 1，合生面有油管 2。花期 8～9 月，果期 9～10 月。

二、生物学特性

防风适应性较强，喜温暖、凉爽的气候条件，耐寒，耐旱，怕高湿，忌雨涝，在潮湿的地方生长不良，喜生于草原、山坡和林地边。防风为深根系植物，有较强的耐旱能力和耐盐碱性，适生于土层深厚、土质疏松、肥沃、排水良好的沙质壤土。在这种土壤上栽培的防风质量较好，称为"红条货"，根直而长，无分枝，断面呈菊花心。在黑土、黏质土上栽培的防风，称为"白条货"，根多分枝，质地松泡，而且产量低，忌积水。防风是喜温植物，种子萌发需要较高的温度，当温度在 15～25℃时均可萌发，新鲜种子发芽率在 75～80％，贮藏 1 年以上的种子发芽率显著降低，故生产上以新鲜种子做种为好。防风发芽的适宜温度为 15℃。如果有足够的水分，10～15d 即可出苗，如果温度在 20～30℃时，则只需要 7d 就可以出苗。防风耐寒性也较强，在河西地区可以安全过冬。

三、商品名称

（1）关防风或东防风：品质最佳，黑龙江、吉林、辽宁、内蒙古自治区（东部）所产。

（2）口防风：内蒙古自治区（西部）、河北（承德、张家口）所产。

（3）西防风：山西所产，品质次于关防风。

（4）山防风：河北（保定、唐山）及山东所产，又称黄防风、青防风，品质较次。

四、栽培品种与野生品种的比较

防风是多年生植物，没有抽薹的是药用品。野生防风生长 6～10a 可采挖，多在春季花前采挖，也有秋季采挖。栽培防风色白、菊花心不明显、多侧根和分枝，外观性状与野生防风传统性状相差很大，一般种子繁殖，出苗后 2～4a 采收，打薹摘花，常在秋季采挖。半野生防风播种出苗后 4～8a 可采挖。

防风生长年份较短，条细产量低，生长 3～4a 后开了花，根部容易木质化。已抽薹开花的根，中央木心变硬，习惯多不使用。防风无雌雄之分，未抽花茎前采挖的根，无木心，质松软，称公防风；抽茎开花后采挖的根，有木心，质坚硬，称母防风。

防风的典型特征：公防风，蚯蚓头，旗杆顶，菊花心，红眼圈。

蚯蚓头

旗杆顶

菊花心

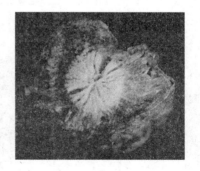
红眼圈

陶弘景《本草经集注》："惟以实而脂润，头节坚如蚯蚓头者为好。"《七十六种药材商品规格标准》中指出，抽薹根空者不收购。药效评价方面来说，一次给药，抽薹防风解热作用约为正常防风的 55%，镇痛作用为正常防风的 70%～85%。升麻素是野生防风的标志，含量高于栽培防风，升麻素苷和 5-O-甲基维斯阿米醇苷含量未降低。

1. 野生防风与栽培防风性状对比（见下表）

表　野生防风与栽培防风性状对比

	根形	表面	顶端	质地	断面	气味
野生防风	粗大、细小、细长不均，少分枝	根头部有明显密集的环纹，粗糙	环纹上残存棕褐色毛状叶基，地上茎基一般较细	体轻，质松软	不平坦，木部浅黄，皮部浅棕，有裂隙	气特异，浓烈，味微甘而涩
栽培防风	粗大且长，多分枝	根头部无明显密集的环纹，稍粗糙	少见残存毛状叶基，地上茎基粗大	体重，质较硬	平坦，木部淡黄，皮部类白色，裂隙不明显	气淡，味微苦而涩

野生品种

栽培品种（多侧根和分枝）

2. 野生防风与栽培防风显微比较（见下表）

表 野生防风与栽培防风显微比较

	横切面		粉末	
	根部	根头部	颜色	细胞组织
药典	木栓层为5～30列细胞。栓内层窄，有较大的椭圆形油管。韧皮部较宽，有多数类圆形油管，周围分泌细胞4～8个，管内可见金黄色分泌物；射线多弯曲，外侧常成裂隙。形成层明显。木质部导管甚多，呈放射状排列	根头处有髓，薄壁组织中偶见石细胞	粉末淡棕色	油管直径17～60μm，充满金黄色分泌物。叶基维管束常伴有纤维束。网纹导管直径14～85μm。石细胞少见，黄绿色，长圆形或类长方形，壁较厚
野生防风	同上	同上	同上	油管多见；叶基维管束常伴有纤维束
栽培防风	有少量的椭圆形油管。韧皮部宽，有少数类圆形油管，周围有4～9个分泌细胞。射线弯曲，外侧偶成裂隙状	髓宽广	类白色	油管少见；叶基维管束少，伴有纤维束

第二节 如何培育防风

一、选地、整地

防风是深根性植物，主根长50～60cm，应选地势高、干燥向阳、排水良好、土层深厚的沙壤土地块种植。种子田可用熟地。低洼地不宜种植防风。在黏土地种植的防风，根短、须根多、质量差、商品价值低。防风是多年生植物，整地时需施足基肥，每亩用厩肥3000～4000kg、过磷酸钙15～20kg，深耕细耙。在河西沿山区各地可作成1.0～1.5m宽的平畦，河西川灌区可作成宽1.2m、高25～30cm的高畦，畦的长度视地块的具体长度而定。若为了获得种子则以垄作为好，一般垄宽70cm。

二、繁殖方法

防风以种子繁殖为主，也可进行分根繁殖。种子繁殖宜用直播，育苗移殖的费用高，而且根易发权。根扦插的产量高，发育快，但是根部易发权。因此，在河西地区仍以种子直播为主。

1. 种子繁殖

用种子繁殖春、秋两季均可播种。

春播时间，河西川灌区在 3 月下旬至 4 月中旬，沿山区可在 4 月上中旬，播种不宜过迟，过迟播下去常遇大雨天气，使土壤板结，种子不能出苗；秋播时在地冻前播种，翌年春季出苗。

播种前需将种子放在温水中浸泡 24h，使其充分吸水，以利发芽。然后在整好的畦内按 30～40cm 的行距开沟条播，沟深 2cm，再将种子用草木灰拌均匀后撒入沟内，覆土整平，稍加镇压，盖草浇水，以保持土壤湿润。每亩用种量 2～3kg。宜适当密植，不仅产量高，而且根部少发杈。

2. 分根繁殖

在防风收获时期实施分根繁殖。立春至惊蛰也可以进行，但是不如冬季扦插早生根，早出苗。一般都是安排在冬季收获防风后进行栽种。不能马上栽种的，应将留种用的根部用湿润细土混合贮藏，或者埋藏于土中，以免根部水分散失，影响成活。留种的根不能折断，应在栽种时边折边栽，以防栽倒。

选取两年以上、主根直而长、上中部无支根、生长健壮、粗 0.77cm 以上、无病虫害的根条，截成 3～5cm 长的小段做种根。种根不宜过细，过细产量不高，而且栽种操作不方便；过粗则耗种量大，影响药材的产量。栽种时先按行距 50cm、株距 10～15cm 开穴栽种，穴深 6～7cm，每穴栽 1 个根段，栽后覆土 3～5cm 厚，或于冬季将种根按 10cm×15cm 的行、株距育苗，待翌年早春有 1～2 片叶时定植。定植时，应注意剔除未萌芽的种根。每亩用种根量约 50kg。扦插时切忌倒栽、斜栽和平栽。倒栽苗不能出土，造成缺苗；斜栽和平栽，虽然能出苗，但是根部分枝多而细，会形成须根状，不仅产量低而且品质差。现在多采用薄膜覆盖后扦插，整地前一次性把底肥施足，后不再施用追肥。黑薄膜覆盖，不透光、不长草，常年保湿、保肥，产量高。

三、田间管理

1. 间苗、定苗、补苗

种子直播的一般 15～20d 即会出苗。当苗高 5～6cm、植株出现第一片真叶时，按株距 6～7cm 间苗；待苗高 10～12cm 时，按 15～20cm 的株距定苗。间苗时，若发现缺苗，应及时补苗，并及时灌足水，确保苗木成活生长。

2. 中耕除草

杂草旺盛生长期在 6～8 月，要进行多次除草。每年进行中耕除草 3～4 次。第一次结合间苗进行。定苗时进行一次中耕，翌年中耕 2～3 次。当植株高 30cm 左右时，先摘除老叶，后培土壅根，以防其倒伏。入冬时结合清理田间杂草、老叶，再次培土。以后因植株封行，杂草少，不再中耕除草。

3. 追肥

防风种植后一般追肥 3 次。追肥与每次除草结合进行，先中耕除草，后追肥。肥料多用农家肥料，以猪粪尿为好，氮素化肥及尿水可用于幼苗期提苗。第一次于间苗时，每亩施稀人粪尿 500～1000kg，轻浇于行间。第二次于定苗后，每亩施磷酸二铵和尿素 10～15kg。第三次于 7 月下旬至 8 月上旬，每亩施过磷酸钙 25kg。幼苗期追肥浓度宜低些，随着植株的发育逐渐浓些。

4. 打薹

对种植两年生以上的植株，在 6～7 月抽薹开花时，除留种外，发现花薹时应及时将其摘除，以促进根系生长，提高亩产量和质量，这是因为抽薹开花消耗养分，使地下根迅速木质化，中空，失去药用价值。

5. 排灌

幼苗期土壤干旱时应注意浇水抗旱，以利幼苗发育。植株长大，根入土深，吸水能力强，一般旱情可以不浇水，雨水多的季节要注意排水，防止地内积水引起根部腐烂。在播种或栽种后到出苗前，应保持土壤湿润。

四、主要病虫害及其防治方法

防风常见的病虫害有白粉病、根腐病、斑枯病、东方菜粉蝶和蚜虫等。

1. 主要病害及其防治方法

（1）白粉病。

该病为一种真菌引起的病害，多发生于夏、秋季，主要为害叶片，被害叶片两面发生白粉状病斑，以后逐渐扩展使叶片满布一层白色粉状物，随后上面密生黑褐色小点，使叶色变黄，早落。

防治方法：注意通风透光，增施磷、钾肥。发病时用 50％甲基托布津 1000～1200 倍液喷雾防治。彻底清除病株，集中烧毁，增施磷钾肥以增强植株抗病力。发病期可用 50％代森铵水剂 1000 倍液喷雾，50％福美双可湿性粉剂 200～300倍液或 0.2～0.3 波美度石硫合剂雾进行防治。

（2）根腐病。

该病多发生于夏季高温多雨季节，主要为害根部。

防治方法：在发病初期，及时拔除病株；注意排水，防止地内积水；地势低洼处进行起垄种植；在排水良好的土壤地种植，加强田间管理。

（3）斑枯病。

斑枯病又名叶斑病，是一种真菌引起的病毒。主要为害叶片，被害叶片两面的病斑呈圆形或近圆形，直径 2～5mm，褐色，中央色泽稍淡，上生黑色小点

（即病毒的分孢子器），后期叶片局部或全部枯死。

防治方法：不宜过多施用氮肥，注意植株通风透光。选留无病植株的种子，不用有病植株的种子。发病初期，摘除病叶，并喷多菌灵或甲基托布津 1～2 次，以防感染，或喷洒 1∶1∶100 的波尔多液 1～2 次。收获后，清除病残组织，并将其集中烧毁。

2. 主要虫害及其防治方法

（1）东方菜粉蝶。

该虫害多发生在 5～7 月。幼虫主要咬食叶片和花蕾，将叶片咬成缺刻或仅剩叶柄，严重时将叶片吃光。

防治方法：人工捕杀幼虫。在害虫幼龄期喷施高渗苯氯威 3000～4000 倍稀释液，进行防治。发生量较多时，喷 90% 敌百虫 1000 倍液毒杀，5～7d 一次，连续 2～3 次；三龄以后的幼虫可喷青虫菌（每克含菌 100 亿）300 倍液进行生物防治。

（2）蚜虫。

蚜虫主要为桃粉蚜。该虫害多发生于 6～8 月，主要为害防风的嫩梢，密集于植株的枝梢和嫩枝的叶背，使心叶、嫩叶变厚，呈卷状卷缩，生长不良。

防治方法：清除杂草，减少蚜虫的中间寄主。在虫害发生期可用 40% 乐果乳油的 1500～2000 倍液，50% 杀螟松 1000～2000 倍液或用广谱杀虫剂喷雾毒杀，每隔 5～7 天喷一次，连续 2～3 次。

第三节　防风的采收与加工

一、采收

秋季在 10 月下旬至 11 月中旬采收，春季在萌芽前采收。用种子繁殖的防风，河西地区第二年就可收获根扦插的当年（春栽的）或次年（冬栽的）即可收获，但以生长两年的产量高，根粗壮，有效成分含量高。春季分根繁殖的防风，在水肥充足、生长茂盛的条件下，当根长 30cm、粗 1.5cm 以上时，当年即可采收。秋播的于翌年 10～11 月采收，挖采季节在霜降后，以叶已枯萎时收获为宜。防风根部入土深，质地较脆，挖采时要深翻、细翻，防止挖烂、挖断。采收时需从畦一端开一条深沟，深度以完全现出第一行防风的根部为准，然后按顺序一行一行地深挖细挖，根挖出后除去残留茎和泥土，运回加工。每亩可收干货 150～300kg。

二、加工

将运回的防风连枯茎叶捆成小把，挂于通风干燥处晾晒萎蔫后，取下搓掉附在根上的泥沙，仍挂于干燥通风的地方，直至晾晒干燥，取下切去芦头（枯茎叶），再晒至全干即可交售，也可以用无烟火烘干燥。一般需晾晒一个月以上才能完全干燥。

第四节　防风的留种技术

防风种子目前还没有形成品种，而且种子的来源也比较混乱。为了提高种子的质量，防风的生产田不能生产种子，应该建立种子田，在种子田中留种，进行良种繁育。

种子田应选择生长旺盛、没有病虫害的两年生植株采集种子。为了保证种子籽粒饱满，提高种子的质量，种子田的田间管理应该更加认真和细致，同时可以在防风开花期间进行适当追施磷钾肥，以促其开花、结实。

当9~10月防风的果实成熟后，从茎基部将防风的花莛割下，运回后，放在室内进行干燥，一般应以阴干为好。干燥后进行脱粒，用麻袋或胶丝袋装好，放在通风干燥处贮存。防风种子不宜在阳光下进行晾晒，以免降低种子的发芽率。新鲜的防风种子千粒重应在5g左右，发芽率应在50%~75%。贮藏1年以上的种子，发芽率明显降低，一般不宜再作为播种的种子。在收获时选取粗0.7cm以上的根条作种根，边收边栽，也可将选好的种根在原地假值，等翌年春季移栽。

第五节　防风的主要化学成分及药用价值

一、主要化学成分

防风具有解表散风、胜湿止痛、祛风止痉的功效，主治外感风寒、头痛目眩、周身尽痛、风寒湿痹、骨节疼痛、四肢挛急等，是治疗感冒、头痛、风湿关节痛和破伤风最常用的传统中药之一。前人研究表明，防风中所含有的色原酮类成分，是其发挥药效作用的主要物质基础，防风提取物及色原酮类单体成分均有解热、镇痛、镇静作用。

1. 挥发性成分

防风中含有少量挥发性成分。采用 GC-MS 分析鉴定出 2-甲基-3-丁烯-2-醇、戊醛、α-蒎烯、己醛、戊醇、己醇、辛醛、壬醛、辛醇、乙酰苯、人参醇、乙酸、萘、棕榈酸等成分。

2. 色原酮成分

防风中分离鉴定出升麻素（cimifugin）、升麻素苷（prim-o-glucosylcimifugin）、亥茅酚（hamaudol）、亥茅酚苷（Sec-o-glucosylhamaudol）等色原酮类成分。

3. 香豆素类成分

香豆素类成分主要有补骨脂素（psoralen）、香柑内酯（bergapten）、欧前胡素（imperation）、异欧前胡素（isoimperation）、紫花前胡苷元（nodakenetin）、异紫花前胡苷（marmesin）、花椒毒素（xanthotoxin）、东莨菪素（scopoletin）、川白芷内酯（anomalin）、珊瑚菜内酯（phelloptem）、石防风素（dehoin）、秦皮啶（fraxidin）、异秦皮啶（isofraxidin）等成分。

4. 多糖类成分

防风中酸性杂多糖类成分 XC-1 和 XC2 的平均分子量为 13100 和 73500。XC-1 的组成成分及摩尔比为：鼠李糖-阿拉伯糖-木糖-岩藻糖-甘露糖-葡萄糖-半乳糖-半乳糖醛糖（10.0∶7.26∶0.25∶2.13∶0.52∶3.23∶7.20∶2.97）；XC-2 的组成成分及摩尔比为：鼠李糖-阿拉伯糖-甘露糖-葡萄糖-半乳糖-半乳糖醛糖（1.05∶7.01∶0.16∶0.79∶11.0∶4.69）。

5. 有机酸类成分

从防风超临界 CO_2 萃取物中鉴定出有机酸类成分的甲酯化衍生物，如 2-(E)-壬烯二酸甲酯、10-十一碳烯甲酯、十四烷酸甲酯、十五烷酸甲酯、7-十六烷酸甲酯、9-十六烷酸甲酯、十六烷酸甲酯、9（Z）和 12（Z）-十八碳二烯酸甲酯、十八碳烯酸甲酯等。

6. 其他类

甘油酯类如 glycerolmonolinoleate，glycerolmo-nooleate、β-谷甾醇（β-sitosterol）、胡萝卜苷（daucosterol）、D-甘露醇、木腊酸、丁酸二烯＼腺苷（adenosine）及微量元素 Se、Mo 等。

二、药用价值

1. 解热镇痛作用

解热：对发热用水煎剂灌胃有中等度解热效果，腹腔注射有明显的解热作用。

镇痛：防风水煎液具有催眠作用，同时可以减少小鼠自主活动次数，具有镇静作用。防风的甲醇提取物可以延长催眠小鼠的睡眠时间。

2. 抗炎和增强免疫

抗炎：水煎剂小鼠腹腔注射，能明显抑制炎症性耳廓肿胀，与荆芥同用效果更强。对大鼠蛋清性足肿，灌服后也有一定的抑制作用。防风水煎液能够降低毛细血管通透性而起到抗炎作用。升麻素苷和5-O-甲基维斯阿米醇苷均能明显抑制二甲苯引起的皮肤肿胀，降低炎症反应。

增强免疫：水煎剂能提高小鼠巨噬细胞的吞噬百分率和吞噬指数，因此，对免疫功能有增强作用。

3. 抗过敏作用

防风对致敏豚鼠离体气管、回肠平滑肌过敏性收缩以及2，4-二硝基氯苯所致的迟发型超敏反应均具有明显抑制作用。对卵白蛋白所致的豚鼠过敏性休克有一定的保护作用。荆防挥发油对大鼠弗式完全佐剂所致的关节炎肿胀、小鼠被动异种皮肤过敏反应的抑制作用明显。

4. 抗菌、抗病毒作用

防风及其复方的水煎液具有一定抑制流感病毒A3的作用。在平板法体外抑菌实验中，防风对金黄色葡萄球菌、乙型溶血性链球菌、肺炎双球菌及两种霉菌（产黄青霉、杂色曲霉）等均有抑制作用。

5. 抗凝血作用

防风正丁醇萃取物能明显延长小鼠的凝血时间和出血时间，这表示防风有抑制凝血因子、血小板和毛细血管的功能，具有明显的抗凝作用。防风正丁醇萃取物可显著降低大鼠全血高切黏度、低切黏度、血浆黏度、纤维蛋白原含量、血球压积以及全血还原黏度，而对血沉方程K值最大聚集率以及1min聚集率均无影响，说明防风正丁醇萃取物可能主要通过影响红细胞和纤维蛋白原的含量和功能来发挥活血化瘀作用。

6. 止血作用

防风超临界CO_2萃取物可以明显缩短小鼠出血时间和大鼠凝血酶原时间及凝血激酶时间表明其可能具有促凝血的作用；具有延长大鼠优球蛋白溶解时间的趋势表明其可能具有降低纤溶活性的作用；血小板聚集实验显示其具有促血小板聚集的趋势。补骨脂素用于临床各种出血证的治疗，具有较好的止血效果。

7. 抗惊厥作用

在对小鼠皮下注射戊四唑或士的宁致惊厥实验中，防风不能降低惊厥的发生率，只能使惊厥发生潜伏期延长、生存时间延长。

第十五章　薄荷栽培技术

薄荷（*Mentha haplocalyx* Briq.），别名仁丹草，为唇形科薄荷属多年生草本植物，各地均有分布。以干燥的地上部分入药，具散风热、清头目、透疹等功能。其嫩茎叶凉拌食用，可清热解毒，味道清凉爽口，是一种开发前景良好的药食兼用的绿叶蔬菜。薄荷是中华常用中药之一。它是辛凉性发汗解热药，治流行性感冒、头疼、目赤、身热、咽喉、牙床肿痛等症。外用可治神经痛、皮肤瘙痒、皮疹和湿疹等。平常以薄荷代茶，清心明目。

第一节　薄荷的主要特征特性

一、植物学特征

1. 茎

直立茎：方形，无毛或略有倒生的柔毛，角隅及近节处毛较显著，颜色因品种而异，有青色与紫色之分。它的主要作用是着生叶片，产生分枝，并把根和叶联系起来，把根系从土壤中吸收的水分和养分输送到叶片，同时把叶片的光合作用产物运至根部的输导通道，其上有节和节间，节上着生叶片，叶腋内长出分枝。

匍匐茎：它由地上部直立茎基部节上的芽萌发后横向生长而成，其上也有节和节间，每个节上都有两个对生芽鳞片和潜伏芽，匍匐于地面而长。有时其顶端也钻入土中继续生长一段

茎

时间后，顶芽复又钻出土面萌发成新苗；也有的匍匐茎顶芽直接萌发展叶并向上生长成为分枝。匍匐茎的颜色、量、长度和粗细，常因品种和生长条件的不同而变化。

2. 根

须根：须根着生在入土部分和地下根茎节上，具有真正吸收作用，根系入土深度 30cm 左右，而以表土层 15～20cm 左右最为集中。

气生根：在株间湿度较大的情况下，在地上部直立茎的基部节上和节间也会长出许多气生根，这种气生根在天气干燥的情况下，会自行枯死，故对薄荷的生长发育几乎不起作用。轮伞花序腋生；花萼外被柔毛及腺鳞；花冠淡紫色或白色，冠檐 4 裂，上裂片顶端 2 裂，较大，冠喉内被柔毛；雄蕊 4。小坚果长卵圆形，褐色或淡褐色，具小腺窝。花期 7～10 月，果期 8～11 月。

根

3. 花

薄荷的花朵较小。花萼基部联合成钟形，上部有 5 个三角形齿；花冠为淡红色、淡紫色或乳白色，4 裂片基部联合；正常花朵有雄蕊 4 枚，着生在花冠壁上；雌蕊 1 枚，花柱顶端 2 裂，伸出花冠外面。薄荷自花授粉一般不能结实，必须靠风或昆虫进行异花传粉方能结实。一朵花最多能结 4 粒种子，贮于钟形花萼内。果实为小坚果，长圆状卵形，种子很小，淡褐色。

花

二、生物学特性

1. 生长发育

薄荷的再生能力较强，地上茎叶收割后，能抽生新的枝叶，并开花结实，所以多采用根茎繁殖。一般 1 年收割 2 次，广东、广西、海南可收割 3 次。第 1 次收获的薄荷通常称为"头刀",第2次收获的薄荷称为"二刀"。无论"头刀"薄荷还是"二刀"薄荷,其生长周期均可分为苗期、分枝期、现蕾开花期3个生育时期。

（1）苗期。

从出苗到分枝出现称为苗期。"头刀"薄荷在2月下旬开始出苗,3月为出苗高峰期。"头刀"薄荷的苗期,由于气温较低,生长速度缓慢。"二刀"薄荷的苗期,由于气温较高,适宜薄荷的生长,在水肥条件好的情况下,其生长速度要比"头刀"薄荷快。

（2）分枝期。

薄荷自出现第1对分枝到开始现蕾的阶段为分枝期。此期温度适宜,生长迅速,分枝大量出现,尤其在稀植或打顶的田块,分枝更为明显。"二刀"薄荷自然萌发出苗,一般田块中较"头刀"薄荷密度高4～5倍,腋芽发育成分枝的条件差,故"二刀"薄荷单株分枝显著减少。

（3）现蕾开花期。

"头刀"薄荷在6月下旬至7月中下旬,"二刀"薄荷约在10月上中旬进入现蕾开花期。花期因品种和地区而异,现蕾开花标志植株进入生殖生长阶段,薄荷油、薄荷脑在该时期大量积累,所以现蕾开花期是收割薄荷油、薄荷脑的最佳时期。

2. 薄荷油的积累

薄荷油主要贮藏在油腺内。油腺主要分布在叶、茎和花萼、花梗的表面。

叶片含油量约占植株总含油量98%以上。叶片的出油率与收获期、叶位、油腺密度有关。"头刀"薄荷植株油腺密度低,出油率及出薄荷脑量也低,但鲜草产量大,原油总产量高。"二刀"薄荷植株油腺密度大,出油率及出薄荷脑量也高,质量比"头刀"薄荷好,但鲜草产量较低,原油总产量低。不同叶位出油率不同,一般以顶叶下第5～9对叶出油率、含薄荷脑量较高,上部嫩叶和下部老叶出油率较低。因此,增加成熟健壮叶片数、叶片重量、叶片油细胞密度,是提高原油产量、质量的重要措施。

三、对环境条件的要求

1. 温度

薄荷对温度适应能力较强,地下根茎宿存越冬,能耐−15℃低温。最适宜温度为25～30℃。

2. 光照

薄荷为长日照作物,喜阳光。长日照有利于薄荷油、薄荷脑的积累。光照强,叶片脱落少,精油含量也愈高。尤其在生长后期,连续晴天、强烈光照更有利于薄荷高产；薄荷生产后期遇雨水多，光照不足，是造成减产的主要原因。

3. 水分

薄荷喜湿润的环境，不同生育期对水分要求不同。"头刀"薄荷的苗期、分枝期要求土壤保持一定的湿度。到生长后期，特别是现蕾开花期，对水分的要求则减少，收割时以干旱天气为好。"二刀"薄荷的苗期由于气温高，蒸发量大，生产上又要促进薄荷快速生长，所以需水量大，伏旱、秋旱是影响"二刀"薄荷出苗和生长的主要因素。"二刀"薄荷封行后对水分的要求逐渐减少，尤其在收割前要求无雨，才有利于高产。

4. 土壤

薄荷对土壤的要求不十分严格，除过砂、过黏、酸碱度过重以及低洼排水不良的土壤外，一般土壤均能种植。土壤酸碱度以 pH6～7.5 为宜。在薄荷栽培中以砂土壤、冲积土为好。薄荷根入地 30cm 深，多数集中在 15cm 左右土层中，地下根茎分布较浅，都集中在土层 10cm 左右。薄荷 7 月下旬至 8 月上旬开花，现蕾至开花 10～15d，开花至种子成熟 20d。割完第一刀薄荷在 10 月以后还能开花。

5. 养分

氮对薄荷产量、品质影响最大。适量的氮可使薄荷生长繁茂，收获量增加，出油率正常。氮肥过多，会造成节间变长，通风透气不良，植株下部叶片脱落，全株倒伏，出油量减少。缺氮时，叶片小，色变黄，地下茎发育不良，产油量低，薄荷脑含量显著降低。钾对薄荷根茎影响最大，缺钾时，叶边缘向内卷曲，叶脉呈浅绿色，地下茎短而细弱，但对薄荷油和薄荷脑含量影响不大，因此，培育种根的田块要适当增施钾肥，使根茎粗壮、质量好。

第二节　如何培育薄荷

一、选地、整地

薄荷对土壤要求不严，除了过酸和过碱的土壤外都能栽培。但为了获得高产，应选择有排灌条件的，土质肥沃，土壤 pH 值 6～7，保水、保肥力强的土壤、砂土壤。土壤过黏、过沙、酸碱度过重，以及低洼排水不良的土壤不宜种植。薄荷对土壤要求不严，老产区以不选用薄荷连茬地，或前茬为留兰香的地块；新产区以玉米、大豆田为好。

应在前茬收获后及时翻耕、作畦，一般畦宽为 1.2m 左右，整成龟背形。要求畦面整平、整细。播种前结合深翻，亩施入优质农家肥 1500～2000kg，过磷酸钙 50kg。

二、良种选育

亚洲薄荷原产我国，在长期的栽培过程中，先后培育出许多优良品种。迄今为止，已培育出 60 多个品种在生产上应用。

选用 73－8 薄荷、上海 39 号、阜油 1 号等薄荷品系。薄荷一般用根（地下茎）繁殖，在二、三刀薄荷收割后，将种根挖出来播种即可。

三、繁殖方法

薄荷有根茎繁殖、扦插繁殖、种子繁殖 3 种。生产上一般只采用根茎繁殖，扦插繁殖多在新产区扩大生产中使用，种子繁殖在育种中使用。

1. 种子繁殖

种子繁殖时，幼苗生长缓慢，容易发生变异，故生产多不采用。

（1）种子处理。

薄荷种子催芽的要求是要保持湿润又不能让水过多，因此普通情况下如果仅仅放一点水很快就干了。薄荷催芽一般要在气温较高的条件下，一般 30℃最好。

先准备好凉开水，水温大概是 40℃，然后倒入薄荷种子，让薄荷种子在里面泡 5h，水温不要求恒温，让水自然冷却就可以。薄荷种子泡好以后开始剪矿泉水瓶，剪出一部分，剪出部分呈圆筒形，高大概 5cm，然后把圆筒形部分竖起来放在盘子里，然后圆筒的上方铺一张面纸，面纸能够垂到盘底，将薄荷种子倒在圆通中部的面纸上，然后再盖上一层面纸，接着在盘中加入水。水会被面纸吸上去，并保持面纸湿润，由于重力原因又不会使得面纸太过潮湿。

（2）播种。

播种时间：薄荷在河西走廊冬春可播种，4 月上旬和 11 月上旬为最佳播种期。

播种量：薄荷要用种根（地下茎）繁殖，在二、三刀薄荷收割后，将种根挖出来播种。一般每亩播种 100kg 种根。种根细的品种可适当减少，种根粗的品种可适当增加。

播种方法：以条播为好，行距 25～30cm，株距 8～10cm，播种深度以 12～15cm，把种子与少量干土或草木灰掺匀，播到预先准备好的苗床里，播种后耙平、压实，上面再覆草，若土壤干旱，要浇一次稳根水。亩保苗 3 万株左右，在根茎充足的情况下，提倡整根播种，一般亩用种 80～150kg。

2. 根茎繁殖

要适期播种，秋季播种比冬季播种好，更比春季播种好。

播种材料为地下根茎。种茎来源有：一是通过扦插繁殖的种茎，粗壮发达，白嫩多汁，黄白根、褐色根少，无老根、黑根，质量好。二是薄荷收获后遗留在地下的地下茎，剔除老根、黑根、褐色根，把黄白嫩种根和白根选出来，作播种材料。

一般秋播每亩用白色根茎 50～70kg 为宜，种根粗壮的要适当增加数量。夏种薄荷播种量以每亩 150kg 为宜。采用条播或开沟撒播。在整好的畦面上，按 25～33cm 的行距开沟，播种沟深为 5～7cm，干旱天气宜深，土壤黏重、易板结的要浅。

四、田间管理

1. 间苗、补苗

播种移栽后要及时查苗，薄荷幼苗高 15cm 左右，应间苗、补苗。补苗可以采取育苗移栽方法，也可以采取本块田内的移稠补稀方法，利用间出的幼苗分株移栽。5～6 月份，将地上茎枝切成 10cm 长的插条，在整好的苗床上，按行株距 7cm×3cm 进行扦插育苗，待生根、发芽后移植到大田培育。

2. 去杂去劣

与良种薄荷不同者即为野杂薄荷。去杂宜早不宜迟，后期去杂，地下茎难以除净，须在早春植株有 8 对叶以前进行。

3. 中耕除草

中耕除草要早，开春苗齐后到封行前要进行中耕除草，株间人工除草 2～3 次，以保墒、增（地）温、消灭杂草、促苗生长。封行后要在行前中耕除草 2～3 次。收割前拔净田间杂草，以防其他杂草的气味影响薄荷油的质量。"二刀"薄荷田间中耕除草困难，应在"头刀"收后，结合锄残茬，拣拾残留茎茬和杂草植株，清沟理墒，出苗后多次拔草。

4. 摘心

薄荷在种植密度不足或与其他作物套种、间种的情况下，可采用摘心的方法增加分枝数及叶片数，以弥补群体不足，增加产量。但是单种薄荷田密度较高的不宜摘心。

5. 追肥

薄荷施肥应注重氮、磷、钾平衡施用，薄荷是需钾肥较多的作物，且对钾肥较敏感，在缺钾或钾素相对不足的土壤施用钾肥，均能显著增产。

"二刀"薄荷生育期短，只有 80～90d。施肥原则与"头刀"不同，应重施苗肥，在"头刀"薄荷收割后，每亩施尿素 20kg，促苗发、苗壮。

"二刀"薄荷也有用饼肥做基肥的，饼肥养分全、肥效长，防早衰，但要在"头刀"薄荷收后把腐熟饼肥与土拌合撒施，并结合刨根平茬施入土中。

6. 排水灌溉

薄荷在生长前期干旱要及时灌水，灌水时切勿让水在地里停留时间太长，否则烂根。"二刀"薄荷前期正值伏旱、早秋旱常发生的季节，灌水尤为重要。薄荷生长后期，要注意排水，降低土壤湿度。收割前 20～30 天应停止灌水，防止植株贪青返嫩，影响产量、质量。

五、主要病虫害及其防治方法

1. 主要病害及其防治方法

（1）薄荷斑枯病。

薄荷斑枯病又称白星病，是薄荷常见病害。主要为害叶片，叶片受侵害后，叶面上产生暗绿色斑点，后渐扩大成褐色近圆形或不规则形病斑，直径 2～4mm，病斑中间灰色，周围有褐色边缘，上生黑色小点（分生孢子器），严重时引起叶片枯萎。

防治方法：实行轮作。选择土质好、容易排水的地块种植薄荷，并合理密植，使行间通风透光，减轻发病。收获后清除病残体，生长期及时拔除病株，集中烧毁，以减少田间菌源。发病期喷洒 1∶1∶160 波尔多液或 70％甲基托布津可湿性粉剂 1500～2000 倍液，7～10d 喷一次，连续喷 2～3 次。

（2）黑胫病。

黑胫病发生于苗期，症状是茎基部收缩凹陷，变黑、腐烂，植株倒伏、枯萎。

防治方法：可在其发病期间亩用 70％的百菌清或 40％多菌灵 100～150g，兑水喷洒。

（3）薄荷锈病。

薄荷锈病属担子菌亚门真菌。主要为害叶片和茎。叶片染病初在叶面形成圆形至纺锤形黄色肿斑，后变肥大，内生锈色粉末状锈孢子，后又在表面生白色小斑，夏孢子圆形浅褐色，秋季在背面形成黑色粉状物，即冬孢子，严重的病部肥厚畸形。

防治方法：发病初期喷洒 15％三唑酮可湿性粉剂 1000～1500 倍液，或 50％萎锈灵乳油 800 倍液、50％硫磺悬浮剂 300 倍液、25％敌力脱乳油 3000 倍液、25％敌力脱乳油 4000 倍液加 15％三唑酮可湿性粉剂 2000 倍液、70％代森锰锌可湿性粉剂 1000 倍液加 15％三唑酮可湿性粉剂 2000 倍液、30％固体石硫合剂 150 倍液、12.5％速保利可湿性粉剂 2000～3000 倍液、10％抑多威乳油 3000 倍液、80％新万生可湿性粉剂 500～600 倍液、6％乐必耕可湿性粉剂 1000～1500 倍液、40％杜邦新星乳油 9000 倍液，隔 15d 一次，防治 1 次或 2 次，采收前 5 天停止用药。

2. 主要虫害及防治方法

（1）小地老虎。

春季小地老虎幼虫咬断薄荷幼苗，造成缺苗断苗。

防治方法：每亩用 2.5％敌百虫粉剂 2kg，拌细土 15kg，撒于植株周围，结合中耕，使毒土混入土内，可起保苗作用。每亩用90％晶体敌百虫0.1kg与炒香的菜籽饼（或棉籽饼）5kg做成毒饵，撒在田间诱杀。清晨人工捕捉幼虫。

（2）银纹夜蛾。

幼虫食害薄荷叶子，咬成孔洞或缺刻。5～10月都有危害，而以6月初至头收获危害最重。

防治方法：用90％晶体敌百虫1000倍液喷杀。

第三节　薄荷的留种、采收及加工

一、留种

一般选择良种纯度较高的地块作为留种田。在"头刀"薄荷出苗后的苗期反复进行多次去杂，"二刀"薄荷也要提早去杂1～2次。一般"二刀"薄荷可产毛种根750～1250kg/亩或纯白根300～500kg/亩。在生产中，留种田与生产田的比例为1：（5～6）。

为了防止实生苗引起的混杂，采用夏繁育苗措施比较有效。在"头刀"薄荷收割前，现蕾至始花期，选择良种植株，整棵挖出，地上茎、地下茎均可栽插。繁殖系数可达30倍左右。

二、采收

薄荷收获期是否适当和产量有密切关系。薄荷一般以每年收割2次为好，个别地方收3次。第一次于6月下旬至7月上旬，但不得迟于7月中旬，否则影响第二次产量。第二次在10月上旬开花前进行。两次收获均可做药用，如果用来提薄荷油的，则选用头刀薄荷。在初花期，花开3～5轮时收割为合适。

薄荷中的薄荷油和薄荷脑含量在日照充足时含量高（连续晴天，叶片肥厚，边反卷下垂，叶面有蓝光，发出特有的强烈香气，此时，油、脑含量最高），连续阴雨天含量低。每次收获用镰刀齐地面将上部茎叶割下，留桩不能过高，否则影响新苗的生长。

收割时，选晴天在中午12时至下午2时进行，用镰刀齐地割下茎叶，地下落叶也拉起来提油或脑或者立刻集中摊放开阴干，无阴干条件也可暴晒，不能堆积，以免发酵。每隔2～3h翻动一次，晒2d后，扎成小束，扎时束内各株满叶部位对齐。扎好后用铡刀在叶下3cm处切断，切去下端无叶的梗子，摆成扇形，继续晒干。忌雨淋和夜露，晚上和夜间移到室内摊开，防止变质。数量少，晒7～8成干，捆成小把，悬挂阴干。有关材料报道，新鲜薄荷含油0.8％～1.0％，干的茎叶含 1.3%～2%。

三、加工

1. 薄荷油提取

薄荷是以原油销售为主的，因此，薄荷在收割后要经过产地加工即吊油。

目前用于薄荷的蒸馏方法有 3 种类型，即水中蒸馏、水蒸气蒸馏和水上蒸馏。其中水上蒸馏是目前生产上普遍采用的方法。

（1）水中蒸馏。

水中蒸馏又叫水蒸。蒸馏锅内预先放好清水，约为蒸锅容积的 1/2～1/3，然后将蒸馏材料装入蒸馏锅中，蒸馏材料要装均匀，周围压紧，盖好锅盖，先大火使锅内水分沸腾，然后稳火蒸馏，待蒸出的油分已极少，油花以芝麻大小时停止蒸馏。

（2）水蒸气蒸馏。

其有 2 种方式：一种是直接水蒸气蒸馏，即应用开口水蒸气管直接喷出水蒸气进行蒸馏；另一种是间接水蒸气蒸馏，即应用水蒸气闷管也就是闭口管，使蒸锅底部的水层加热生成水蒸气后进行蒸馏。

（3）水上蒸馏。

蒸馏过程大体与水中蒸馏相同，不同之处在于薄荷秸秆不浸在水中，而是在锅内水面上 16.5～17.8cm 处，放一蒸垫，即有孔隙的筛板，使之与水隔开，利用锅中生成的水蒸气进行蒸馏。这种蒸馏类型优点多，简便、易行，适合于广大农村使用。

2. 干燥

干燥薄荷主要作为药材。收割后的薄荷运回摊开阴干 2d，然后扎成小把，继续阴干或晒干。晒时经常翻动，防止雨淋。干薄荷草以具香气，无脱叶光杆，亮脚不超过 30cm，无沤坏、霉变为合格；以叶多、色深绿、气味浓者为佳。

第四节　薄荷的贮藏运输及等级标准

一、贮藏运输

1. 包装

薄荷药材用打包机打包。

2. 储藏

薄荷干药材贮藏挥发油会发生较大变化，在贮藏期间每经过一个高温季节仓库的自然温度升高,药材中的挥发油就大量自然挥发,因此薄荷药材不宜久存。

3. 运输

因薄荷叶片薄脆,搬运和码垛时均宜轻拿轻放,防止摔打、碰撞,以避免损耗。运输过程中保持干燥,应有防潮措施,同时不应与其他有毒、有害、易串味物质混装。

二、等级标准

1. 全草

一等标准:干货。除去根、老茎和杂质,茎多呈方柱型,有对生分枝,棱角处具茸毛(饮片呈不规则的段)。质脆、断面白色,髓部中空。叶对生,有短柄,叶片皱缩卷曲,展平后呈宽披针形、长椭圆形或卵形。轮伞花序腋生。味辛凉。无杂质、无虫蛀、无霉变。茎呈紫棕色或绿色,叶上表面深绿色,下表面灰绿色。揉搓后有浓郁的特殊清凉香气。叶不得少于50%。

二等标准:干货。除去根、老茎和杂质,茎多呈方柱型,有对生分枝,棱角处具茸毛(饮片呈不规则的段)。质脆、断面白色,髓部中空。叶对生,有短柄,叶片皱缩卷曲,展平后呈宽披针形、长椭圆形或卵形。轮伞花序腋生。味辛凉。无杂质、无虫蛀、无霉变。茎呈淡绿色,叶上表面淡绿色,下表面黄绿色。揉搓后清凉香气淡。叶含量在40%~50%之间。

2. 全叶

干货。叶对生,有短柄,叶片皱缩卷曲,展平后呈宽披针形、长椭圆形或卵形,微具茸毛。上表面深绿色,下表面灰绿色。揉搓后有浓郁的特殊清凉香气,味辛凉。无杂质、无虫蛀、无霉变。

第五节 薄荷的鉴别特征

一、性状鉴别

(1)本品茎呈方柱形,有对生分枝,长15~40cm,直径0.2~0.4cm;表面紫棕色或淡绿色,棱角处具茸毛,节明显,节间长2~5cm;棱角处有柔毛;质脆,断面白色,髓部中空。

(2)叶对生,有短柄;叶片皱缩卷曲,完整者展平后呈宽披针形、长椭圆形或卵形,长2~7cm,宽1~3cm;上表面深绿色,下表面灰绿色,稀被茸毛,有凹点状腺鳞。

(3)茎上部腋生轮伞花序,花萼钟状,先端5齿裂,花冠淡紫色。

（4）叶搓揉时有特异清凉香气，味辛凉。

二、显微鉴别

淡黄绿色，微有香气。腺鳞由头、柄部组成。头部顶面观球形，侧面观扁球形。小腺毛头部椭圆形，单细胞，内含黄色分泌物；柄多为单细胞。非腺毛完整者由1～8个细胞组成，常弯曲，外壁有细密疣状突起。叶片上表皮细胞表面观不规则形，垂周臂略弯曲；下表皮细胞垂周壁波状弯曲，细胞中常含淡黄色或橙色皮苷结晶；气孔直轴式。尚有茎表皮细胞、导管、木纤维等。

1. 叶横切面

上表皮细胞长方形，下表皮细胞较小，具气孔；上、下表皮有多数凹陷，内有大型特异的扁球形腺鳞，可见少数小腺毛及非腺毛。叶异面型，栅栏组织为1～2列细胞，海绵组织为4～5列细胞，叶肉细胞中常含针簇状橙皮苷结晶，以栅栏组织中为多见。主脉维管束外韧型，木质部导管常2～6个排列成行，韧皮部外侧与木质部外侧均有厚角组织；一般薄壁细胞及少数导管中有时可见橙皮苷结晶。

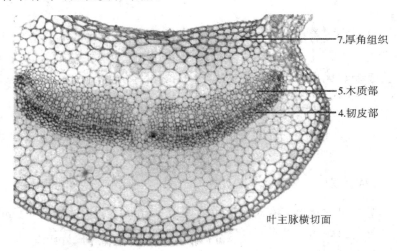

7.厚角组织

5.木质部

4.韧皮部

叶主脉横切面

2. 茎横切面

呈四方形。表皮为1列长方形细胞，外被角质层，有腺鳞、小腺毛及非腺毛。皮层薄壁细胞数列，排列疏松，四棱角处由厚角细胞组成，内皮层明显，形成层成环。木质部在四棱处发达，导管类多角形，木纤维多角形，射线宽窄不一。髓薄壁细胞大，中心常空洞。

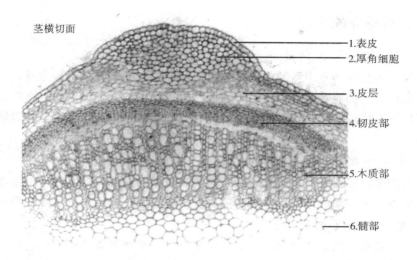

茎横切面

1.表皮
2.厚角细胞
3.皮层
4.韧皮部
5.木质部
6.髓部

第六节　薄荷的主要化学成分及药用价值

一、主要化学成分

茎、叶含挥发油（薄荷油）约 1%，干茎、叶约含 1.3%～2%。挥发油无色，呈淡黄色或黄绿色，有薄荷香气，味辛辣清凉。

薄荷油为新鲜叶、茎经水蒸气蒸馏，再冷冻，部分脱馏加工得到的挥发油（又称薄荷白油）。为无色或淡黄色的澄清液体，有特殊清凉香气，味初辛而后凉。存放时间长则色渐变深。薄荷油为芳香剂、驱风剂、调味剂，用于皮肤产生清凉感以减轻疼痛。

薄荷脑 为薄荷油中的一种饱和环状醇，为无色针状或棱柱状结晶或白色结晶性粉末，有薄荷醇的特异香气，味初灼热而后清凉。其功效同薄荷油。

1. 新鲜叶

油中主成分为薄荷醇（Menthol），含量约 77%～78%，其次为薄荷酮（Menthone），含量为 8%～12%，还含乙酸薄荷脂（Menthyl acetate）、莰烯（Camphene）等。

2. 干茎叶

含油 1.3%～2%。油中主要含 l-薄荷醇（l-menthol）约 77%～87%，其次含 l-薄荷酮（l-menthone）约 10%。另含异薄荷酮（isomenthone）、胡薄荷酮

（pulegone）等。

二、药用价值

1. 刺激和抑制神经的作用

薄荷产品具有刺激中枢神经的功效，作用于皮肤同时有灼感和冷感，它对感觉神经末梢又有抑制和麻痹的作用。因此，可用作抗刺激剂和皮肤兴奋剂。既对皮肤瘙痒具有抗过敏和止痒作用，又对神经痛和风湿关节痛具有明显的缓解和镇痛作用

2. 消炎和抗菌的作用

薄荷产品对蚊虫叮咬皮肤有脱敏、消炎和抗菌的作用，对上呼吸道感染亦有明显的止咳、消炎和抑菌作用，对痔疮、肛裂有消肿止痛、消炎抗菌的作用。

3. 健胃和祛风的作用

口含有薄荷产品的方剂对于味觉神经和嗅觉神经有兴奋的作用。它对口腔黏膜有灼热感和刺激作用，能促进口腔流涎、增进食欲、增加胃黏膜的供血量，改进消化功能。有益于治疗食积不化、解除胃脘涨滞感觉。也可治疗呃逆和痉挛性胃痛。此外，薄荷在肠道内亦有较好的驱风作用，能减轻肠充气、驰缓肠肌蠕动，具有减缓肠疝痛的作用。

4. 芳香和调味的作用

主要利用薄荷所特有的清凉润喉而芳香宜人的气味来掩饰和改善一些具有异味和难以吞服的药物的不适感。

三、入药方式

入药方式主要有三种：

（1）薄荷干叶或薄荷全草用于中草药煎剂或中成药方剂。

（2）薄荷脑晶体或薄荷锭用于中成药或西药配方。

（3）薄荷素油或精油用于中西药配方。

四、药物的分类

药物主要可分为内服、外用及注射液三类。

（1）内服药主要有：人丹、十滴水、霍香正气水、止咳糖浆、解痉镇痛酊、胃痛宁口服液、保喉片、润喉片等。

（2）注射液主要有：复方薄荷注射液、复方盐酸利多卡因注射液等。

（3）外用药主要有：清凉油、红花油、白花油、风油精、痱子水、止痒凝露、止痒水、痱子粉、炉甘石搽剂、无极膏、皮炎平膏、伤湿止痛膏、鼻嗅通嗅剂等。

第十六章　锁阳栽培技术

锁阳又名不老药、地毛球、锈铁棒、锁严子、乌兰高腰等，为锁阳科、锁阳属植物（*Cynomorium songaricum* Rupr.），多年生肉质寄生草本，多寄生于蒺藜科白刺属植物的根部。与白刺的分布系统相似，锁阳多生于干旱沙漠地带及荒漠区的湖盆边缘和洪积、冲积扇缘地带的盐渍化沙地。被列为名贵中药材的上品，素有"沙漠人参"之称。在我国内蒙阿拉善盟的沙漠地区有较为广泛的分布，主要分布于内蒙古、甘肃、宁夏、青海、新疆等省区，均为野生，甘肃河西走廊主产于酒泉瓜锁阳州县锁阳城，属于我国沙漠化区域范围内资源储量较为丰富的沙地植物资源之一，也是我国传统中药和蒙药的常用药材资源。锁阳为补肾壮阳的传统中药。始载于《本草补遗》。

现代研究表明，锁阳在抗肿瘤、调节人体免疫、延缓衰老和防治心血管疾病等方面也具有重要作用。除药用价值外，锁阳还可提炼拷胶，用于酿酒和饲料等，因此它具有重要的经济和药用价值。近年来，人们大量的毁灭性采挖野生锁阳，使得锁阳野生资源已处于濒临枯竭状态。为拯救和保护锁阳资源，结合生态恢复和盐碱地改造，在西北干旱地区进行人工种植锁阳已刻不容缓。

第一节　锁阳的主要特征特性

一、植物学特征

锁阳为多年生肉质寄生草本，无叶绿素，全株红棕色，高 15～100cm，大部分埋于沙中。寄生根上着生大小不等的锁阳芽体，初近球形，后变椭圆形或长柱形，径 6～15mm，具多数须根与脱落的鳞片叶。茎圆柱状，直立、棕褐色，径 3～6cm，埋于沙中的茎具有细小须根，尤在基部较多，茎基部略增粗或膨大。茎上着生螺旋状排列脱落性鳞片叶，中部或基部较密集，向上渐疏；鳞片叶卵状三角形，长 0.5～1.2cm，宽 0.5～1.5cm。肉穗花序生于茎顶，伸出地面，棒状，长 5～16cm、径 2～6cm；其上着生非常密集的小花，雄花、雌花和两性相伴杂生，有香气，花序中散生鳞片状叶。雄花：花长3～6mm；花被片通常4，离生或稍合生，倒披针形或匙形，长2.5～3.5mm，宽0.8～1.2mm，下部白色，上部紫红色；蜜腺近倒圆形，亮鲜黄色，长23mm，顶端有4～5钝齿，半抱花丝；雄蕊1，花丝粗，深红色，当花盛开时超出花冠，长达6mm；花药丁字形着生，深紫红色，矩圆状倒卵形，长约1.5mm；雌蕊退化，着生于雌蕊和花被之间下位子房的上方。雌花：花长约3mm；花被片5～6，条状披针形，长1～2mm，宽0.2mm；花柱棒状，长约2mm，上部紫红色；柱头平截，子房半下位，内含1顶生下垂胚珠。

果为小坚果状，多数非常小，1株约产2～3万粒，近球形或椭圆形，长0.6～1.5mm，直径0.4～1mm，果皮白色，顶端宿存有浅黄色花柱。种子近球形，径约1mm，深红色，种皮坚硬而厚。花期5～7月，果期6～7月。

锁阳是一种寄生植物，寄生于白刺的根部。白刺生于西部戈壁和沙漠。锁阳的繁衍过程不同于一般植物，与人和动物极为相似。每年五六月份，锁阳开始露出地面，至七八月份开始成熟。同株的雄性和雌性部分相互授粉、结籽。锁阳籽极小，显微镜下观察其形状似人体受精卵，千粒重仅为2g左右，1.5cm，先端尖。

二、生物学特性

野生锁阳不能够进行自养生活，其生长发育所需的养分完全依赖于白刺提供的有机物。野生锁阳的营养生长阶段不需要外部的光照，在其4～5年的生活史周期中，仅在最后一年的4月中旬至5月初出土，5～6月开花，8～9月籽实成熟后植株枯萎死亡，光照环境下的生长时间仅为4个月左右。

锁阳生于荒漠草原、草原化荒漠与荒漠地带。多在轻度盐渍化低地、湖盆边缘、河流沿岸阶地、山前洪积、冲积扇的扇缘地生长，土壤为灰漠土、棕漠土、风沙土、盐土。

锁阳寄生在白刺属植物的根部。寄生根系庞大，主侧根很发达，主根可深入2m以下，侧根一般趋于水平走向，四周延伸达10m以上，地上部枝很多，耐沙埋能力极强。株从被沙埋1m左右可抽出不定芽，形成新植株。锁阳寄生深度0.5～1.8m，一般在积沙量大的植株中寄生量多。这与寄主所处环境、寄主供寄能力有密切的关系。每窝有5～10株不等，每鲜重为0.5～1kg，含水85％。寄主根上着生的锁阳芽体生命力很强，只要不铲断寄生根，不伤芽体，及时填埋采挖坑，可以连年生长。锁阳在完成一个生命发育周期的过程中，整个植株大部时间都潜埋于地下，只有在开花时生于茎顶部的花穗才伸出地面，进行有性繁殖。种子成熟后地下茎枯朽腐烂，植株死亡，完成一个生命周期。

第二节　如何培育锁阳

一、基地选择

锁阳和寄主适宜生长的条件是干旱、风沙大、温差大、降水少、蒸发量大、日照时数长的荒漠环境，因此选择半流动沙丘、戈壁荒漠、新垦荒地做栽培基地，然后在基地四周种植防风林带或围栏，防止放牧或野生动物啃食白刺、锁阳植株。对有灌溉条件，但地面起伏较大的沙地或滩涂沟坡，可用工程措施将地面找平，以便于种植和管理，也可以选择自然生长白刺种群的地域进行接种。

二、寄主白刺育苗移栽

1. 选地育苗

在栽培基地附近，选择土层深厚、土壤肥沃、交通便利、四周无遮阴物，排灌方便的农田地做育苗基地，将采集的白刺种子层积处理后播种，经精细管理，病虫防治，使其实生幼苗生长健壮。也可以在第一年 6～7 月采集健壮白刺的新梢，剪成 15cm 长的插穗，扦插于全光照育苗盘，培育健壮的扦插无性苗做寄主。

2. 作畦、挖穴、定植

白刺定植可选择春季定植或秋季定植，对冬季漫长，春季气温低，劳动力紧缺的地域，采取秋季作畦挖穴定植。10 月底到 11 月中下旬，土壤封冻前，在基地按照旱塘宽 2m、沟深 50cm、沟宽 80cm 的间距作畦，用挖坑机在畦沟内以株距 1m，开挖直径 60cm、深度 80cm 的定植坑，在坑底施入腐熟有机肥和复合肥，将一年生健壮的白刺实生苗或扦插苗定植，迅速灌透坐水苗，然后再覆土踩实，使幼苗根系与土壤紧密接触。对于秋季劳动力紧张，春季气温回升快的地区，早春及早灌水，3 月中下旬地表泛白时挖穴定植，方法类同秋季定植。

三、锁阳种子收集处理

1. 锁阳种子收集

5～6 月，在野生锁阳分布区，标记生长健壮、植株高大的锁阳植株，在其四周和寄主上喷洒或投放杀虫毒饵，使其健壮生长。进入 7 月，收集充分干燥成熟的锁阳果穗，在室内搓揉，经风选精选，获取锁阳净种子，在 4℃下冷藏备用。

2．种子处理

取干燥的锁阳净种子，与含水量15％的湿沙混匀，置于0～3℃条件下冷藏50d，用0.8mm的尼龙纱布在水中搓揉种子和沙混合物，剔除种皮附属物，洗出锁阳种子，干燥后备用。

四、寄主接种

1．定植寄主接种

4月底5月初或9月底10月初，对定植成活的白刺进行接种处理后的锁阳种子，在旱塘上距植株40～60cm处挖定植沟，使沟宽30cm、深50～70cm，每10米施入腐熟有机肥10kg，覆土10cm，将种子参沙撒播，播种量为0.1g/m，然后回填适量细土，回填表土踩实后及时灌溉。

2．直接在野生寄主上接种

在野生寄主外根系密集区，挖长1m、宽30cm、深50～70cm的坑，施入腐熟有机肥1kg，覆土10cm，将种子掺沙撒播，播种量为0.1g/坑，然后回填适量细土，不可填满，以利于贮存灌水、雪水或雨水。回填表土采实后及时灌溉。

五、基地田间管理

1．水肥管理

白刺造林初期可适量进行灌水，但不宜多，能保证寄主的成活及生长即可。以后每年根据降雨量的多少，在畦的沟内适量灌水2～3次，防止水漫旱塘。施肥以农家肥为主，禁施化肥，以保证锁阳品质。

2．寄主保护

沙漠地带风大，寄主根经常被风吹得裸露，要注意培土或用树枝围在寄主根附近防风，寄主根部土壤保持湿润，以保证寄主健壮生长。

3．杂草防治

在荒漠地域，随灌溉和立地条件的改善，荒漠植物和农田杂草会侵入白刺基地，应及时人工拔除其他植物和杂草，防治草荒。

4．病虫鼠害防治

对白刺白粉病可用抗菌类生物制剂300倍液或25％粉锈宁4000倍液喷雾防治。对白刺根腐病，发生期可用50％多菌灵1000倍液灌根。对发生在锁阳出土后开花成熟期的锁阳种蝇，在为害发生期，用90％敌百虫800倍液或40％乐果乳油在地上部喷雾或浇灌根部。对啃食寄主枝条或根部的大沙鼠可用毒饵诱杀或捕杀，以防寄主死亡。

5. 严禁放牧或盗挖

在接种一年后的春季或秋季，锁阳会陆续出土，在此期间，严禁放牧或盗挖，以防牲畜啃食白刺或锁阳，或盗挖将锁阳寄生根破坏，影响产量和品质。

6. 培土起垄

在接种后 1～3 年的春秋季节，对提前有破土迹象的锁阳植株，及时培土压沙，防止抽薹而影响品质。

第三节　锁阳的采收与加工

一、采收

春秋两季均可采挖，以春季为宜。秋季采收水分多，不易干燥，干后质较硬。

4～5 月当锁阳（80%）露出地面，可及时进行采收，采挖时尽量保证单株锁阳的完整。为减少对寄主植物的破坏，在采挖时应选择锁阳与寄主相连的外围挖坑，挖至锁阳的底部，在不断挖白刺根，不断开锁阳与寄主的连接点的前提下，从连接点向上留 5～8cm 截取上部，然后回填土，填土时要防止碰断寄主根和连接点，回填土平整后稍加压实。

正确的采挖方法可以使锁阳接种 1 次，第二年开始进入丰产期，稳产期可达 3～5 年。

二、加工

加工方法：烘干或晾晒。

采收后除去花序避免消耗养分，继续生长开花，折断成节，摆在沙滩上日晒，每天翻动 1 次，20 天左右可以晒干。或半埋于沙中，连晒带沙烫，使之干燥。也可切片烘干，将采挖到的锁阳用大水冲洗干净，趁鲜时切片后置入 105℃ 的烘箱内杀青 30min，然后将锁阳片放置于清扫干净的水泥地面或凉席上晾晒，每天翻动 2～3 次，防治霉变，晒至完全干即可包装出售。

第四节　锁阳的鉴别特征

一、性状鉴别

干燥全草呈扁圆柱形或一端略细，一般细而稍弯曲，长 5～15cm，直径 1.5

～5cm。锁阳表面红棕色至深棕色，粗糙，皱缩不平，具明显纵沟及不规则凹陷，有的残存三角形鳞片，形成粗大的纵沟或不规则的凹陷。体重，质坚硬，不易折断，断面略显颗粒性，断面浅棕色或棕褐色，有的可见三角状或不规则的维管束，单个或2～5个成群，柔润，气微香，味微苦而涩。锁阳片为横切或斜切成的厚约1cm左右的片段，往往用绳穿串。以个肥大、色红、坚实、断面粉性、不显筋脉者为佳。

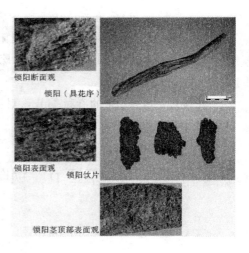

锁阳断面观

锁阳（具花序）

锁阳表面观　锁阳饮片

锁阳茎顶部表面观

二、显微鉴别

茎（直径2cm）的横切面：表皮多脱落，偶有残存。皮层狭窄，细胞中含有棕色物质。中柱宽广，其中维管束众多，分布不很规则，往往可见数个维管束排列成扇形、半圆形或成不整齐的外韧环状中柱样，导管木化。本品薄壁细胞均含有多数淀粉粒（图左）。

粉末浅棕色。主要特征：淀粉粒圆形，多为单粒，直径4～30μm，脐点明显，多为星状，也有人字形或V形，复粒偶见，由2～3个分粒组成。导管具网纹或螺纹，直径7～35μm。薄壁细胞内含棕色物质（图右）。

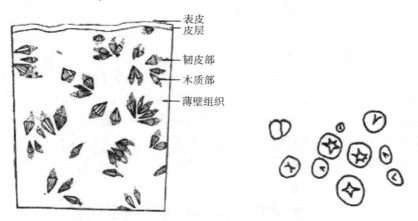

表皮
皮层
韧皮部
木质部
薄壁组织

图左：锁阳茎横切面简图（×2）　图右：淀粉粒（×140）

三、理化鉴别

取本品粉末1g，加水10ml，浸渍2h，滤过。滤液供下述试验和层析点样用。

（1）取滤液 1ml，加 α-萘酚试剂 3 滴，振摇后，沿试管壁加浓硫酸 0.5ml，界面呈紫红色。（检查糖类）

（2）取滤液 1ml，加斐林试剂 1ml，振摇后于沸水溶上加热 10 分钟，产生棕红色沉淀。（检查还原糖）

（3）取滤液 1ml，加 0.2％茚三酮乙醇溶液 2～3 滴，在水浴中加热 3 分钟，溶液呈蓝紫色。（检查氨基酸）

（4）薄层层析。

吸附剂：硅胶 H（青岛），加 1％CMC 溶液，湿法铺板。以脯氨酸、天门冬氨酸水溶液作对照。

展开剂：苯酚-水（75∶25），于 40℃烤箱内展开。展距 14cm。

显色剂：0.2％茚三酮乙醇溶液喷雾后于 105℃加热 5 分钟显色。

第五节　锁阳的主要化学成分及药用价值

一、主要化学成分

全草含锁阳萜（cynoterpene）、已酰熊果酸（acetylursolic acid）、熊果酸（ur-solic acid）。脂肪油中含链烷烃混合物（0.07％）、甘油酯（0.79％）。脂肪酸组成主要为棕榈酸（palmitic acid）、油酸（olic acid）、亚油酸（inoleic acid）、甾醇（0.01％）包含 β-谷甾醇（β-sitosterol）、菜油甾醇（campesterol）、β-谷甾醇棕榈酸酯（β-sitosterol palmitate）、胡萝卜甾醇（daucosterol）。还含鞣质（约 7％）及天冬氨酸（aspartic acid）、脯氨酸（proline）、丝氨酸（serine）、丙氨酸（alanine）等为主的 15 种氨基酸。

二、药用价值

1. 清除自由基作用

锁阳可增强小鼠血清和线粒体内超氧化物歧化酶（SOD）活性，可有效清除小鼠体内的自由基。另外，锁阳还能提高过氧化脂质酶活性，从而具有抗衰老作用。此外，还具有预防动脉硬化的作用。

2. 对免疫功能的影响

锁阳有增强动物免疫功能的作用。实验证明，其对阳虚及正常小鼠的体液免疫有明显的促进作用，其机理可能与增加脾脏淋巴结等有关。锁阳可使阳虚小鼠减少的中性粒细胞增加，从而增强机体的防御功能。

3. 耐缺氧、抗应激作用

锁阳总糖、总苷类、总甾体类能延长小鼠常压耐缺氧、硫酸异丙肾上腺素所致缺氧的存活时间，使小鼠静脉注射空气的存活时间延长，并可增加断头小鼠张口持续时间和张口次数。

4. 对糖皮质激素的影响

实验显示，锁阳提取物可使模型用药组小鼠血清皮质醇明显升高，且恢复到正常水平，而对正常小鼠血清皮质醇浓度无影响，这说明锁阳对糖皮质激素具有双向调节作用。

第十七章　肉苁蓉栽培技术

肉苁蓉（*Cistanche deserticolo* Y. C. Ma）为肉苁蓉属的多年生专性根寄生植物，别名苁蓉、大芸、察干高要（蒙古语），主要寄生在黎科植物梭梭（*Haloxylon ammodendron*（C. A. Mey）Bunge）和柽柳科植物红柳（*Tamarix ramosissima*）的根部。肉苁蓉肉质茎肥厚，所以称其为肉苁蓉。肉苁蓉以其肉质茎入药，性温、味甘、咸，是传统的补益中药，为中药肉苁蓉正品，具有补肾阳、益精血、润肠通便等功能，是使用频率最高的补肾中药。我国内蒙古西部主产的荒漠天然肉苁蓉为中药肉苁蓉正品，被《神农本草经》列为上品，由《中国药典》收藏，享有"沙漠人参"之美誉。

肉苁蓉为多年生，根部全寄生草本植物。苁蓉本身不能进行光合作用，依靠吸盘在寄主根部吸收养分而生存，寄生在红柳上的叫作管花肉苁蓉，寄生在梭梭上的称荒漠肉苁蓉，后者品质略胜一筹。肉苁蓉无自养独立根系，在自然条件下，肉苁蓉种子需要接受寄主植物根系分泌物的刺激才能萌发。肉苁蓉种子发育一是要有充足的养分和水分，二是寄主梭梭新生毛细根尖正巧延伸到肉苁蓉中脐部，释放某种化学激活素，刺激种胚分裂，发生寄生关系，很快发育成肉苁蓉。肉苁蓉生长特性与寄主有关，生长适宜温度为 6～8℃，土壤含水量为 3％～18％，含盐量 1.5％～3％，喜干旱少雨气候，抗逆性强，耐干旱。

肉苁蓉主要分布于我国西北地区的内蒙古、新疆、宁夏、青海、甘肃等省区。由于巨大的经济利益驱使，不少牧民对野生肉苁蓉进行盗采盗挖，这种破坏性的采挖使肉苁蓉野生资源极度减少，现已被列为国家二级保护植物并已经进入濒危物种行列。近些年来，随着人们对肉苁蓉重要经济价值和生态价值认识的增加，各地区开始大力推广肉苁蓉的人工栽培，随着几年的不懈努力，肉苁蓉的人工栽培在很多地方试验成功，其栽培技术已逐步完善。

第一节　肉苁蓉的主要特征特性

一、植物学特征

肉苁蓉为多年生寄生草本植物，根由初生吸器和吸根毛组成。茎肉质，圆柱形或下部稍扁，高度因生长年限的不同而异，一般为40～160cm，最大的肉质茎长达2m以上，单株鲜重几十千克。肉苁蓉的叶，分肉质茎鳞叶、苞片和小苞片三种。4～5月出土，5～6月开花，花黄色，花序穗状，管状钟形，花序密生多数花；种子6～7月成熟。果褐色，蒴果，椭圆形，果壳干缩纵向裂开为2瓣。种子多数微小，每个成熟的蒴果含有种子1000～2000粒，最少100多粒，种子极细小，椭圆形或球形，黑褐色，有光泽，外观呈等边六边形蜂窝状。种胚为球型原胚。珠柄突起处有种孔，直径约为200μm。成熟种子长度0.40～

肉苁蓉

1.45mm，直径0.3～1mm，千粒重为0.060～0.112g。种皮上有一层果胶质，可保持种仁水分，适于在干旱环境生长。

二、生物学特性

1. 肉苁蓉生长发育

肉苁蓉的一生，从播种到收获种子，经历接种寄生期、肉质茎生长期、现蕾开花期、裂果成熟期四个时期。全生育期2～3a。

（1）接种寄生期。

接种寄生期指从肉苁蓉接种至寄生到梭梭根上的时期，约30～50d左右。一般在4月上中旬至5月中旬。该时期决定肉苁蓉寄生时间的早晚和接种率高低，保持良好的土壤湿度诱导梭梭根系的生长，促进肉苁蓉与梭梭根接触和寄生，提高肉苁蓉接种率与寄生成活率是这一时期的主要任务。

（2）肉质茎生长期。

肉质茎生长期指从肉苁蓉寄生到梭梭根上至肉苁蓉出土高度达到3～5cm的

时期，约 2～3a。肉质茎生长期是肉苁蓉营养生长时期，此时期决定肉苁蓉生长的快慢和肉苁蓉的大小，应保持较低的土壤含水量及较好的土壤通气性。此外，提高梭梭光合作用强度、增强物质生产能力，满足肉苁蓉生长需要的肥水营养的供应，从而提高肉苁蓉产量和品质。

（3）现蕾开花期。

现蕾开花期指当肉质茎生长接近地表时，受温度、光照等外界条件的影响，肉质茎进入生殖生长的时期，约 30～40d 左右。一般在 4 月中旬至 5 月中旬。此时期肉苁蓉需要较强的光照和较高的温度以促进开花结实。孕蕾开花期的主要任务是采用人工辅助授粉技术，提高结实率。

（4）裂果成熟期。

裂果成熟期指从肉苁蓉花授粉结实至茹果开裂、种子成熟的一段时间，约 30～40d。一般在 5 月下旬至 6 月下旬。此时期光照条件和营养条件直接影响着肉苁蓉种子的质量。所以此时期的主要任务是保证寄主梭梭营养供应，提高肉苁蓉种子的产量和品质。

2. 肉苁蓉产量构成

肉苁蓉的产量主要由单位面积内梭梭的株数，每株梭梭上寄生的肉苁蓉数以及单个肉苁蓉肉质茎的重量构成。

肉苁蓉产量的提高必需从这三个方面着手。生产上可以通过合理密植提高单位面积内梭梭的株数，通过加大播种量或改良接种技术来提高单株梭梭上寄生的肉苁蓉个数，通过合理水肥以促进肉苁蓉的生长来提高单株肉苁蓉的重量等方式来促进肉苁蓉产量的提高。

3. 肉苁蓉种子特征与特性

肉苁蓉原产于干旱少雨、风大沙多、蒸发量大、温差较大的内蒙、新疆等西北沙漠地区。经过长期的自然选择、驯化以及主动适应，形成了特有的寄生生物学特性。

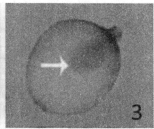

1. 荒漠肉苁蓉种子（×70）　2. 荒漠肉苁蓉种子的种孔（×70）　3. 球形胚

（1）肉苁蓉种子的特征与特性。

种子形态特征：环境扫描电镜下观察，成熟种子的果皮蜂窝状，蜂房直径 $1\mu m$ 左右，种孔直径约 $200\mu m$。种子长度 $0.40\sim1.45mm$，宽度 $0.30\sim1.12mm$，千粒重为 $0.086\sim0.094g$。解剖观察，肉苁蓉胚为球形胚，呈梨形，长度 $0.26\sim0.29mm$ 左右。

（2）种子的萌发特性。

休眠期长：成熟的种子尚未完成形态和生理后熟，胚发育处在球形胚阶段，在沙漠自然环境下，需要经过两个冬季，其胚才能完成后熟过程。

发芽率低：自然条件下，花序上成熟的种子大小不一，且无胚率较高。

吸水性强：肉苁蓉果皮蜂窝状，并含有丰富的胶质，具有很强的吸水性。在干旱沙漠的土层中，湿润的种子可以诱导具有趋水特性的梭梭根向肉苁蓉种子处生长，从而促进两者寄生关系的建立。

4. 肉苁蓉肉质茎生长特性

（1）专性寄生性。

肉苁蓉属专性寄生植物，专性寄生于梭梭或白梭梭根上，通过吸器与梭梭根维管束连在一起，建立起寄生关系。肉苁蓉在生长发育整个时期内所需要的全部水分、无机盐及其他营养物质全部由梭梭供给。

（2）地下生长习性。

肉苁蓉寄生后整个营养生长阶段都是在地下进行的，只有短暂的生殖生长阶段在地上完成。掩埋愈深，营养生长年限愈长，单株就越大。肉苁蓉一旦出土便会迅速抽蔓开花并完成其整个生命周期。

（3）分生性。

正常生长条件下，绝大多数肉苁蓉不分枝，但是当顶端优势去除时，如肉苁蓉顶部因病虫或人工损伤后，则会在肉质茎鳞叶的叶腋内长出多个分枝。因此，生产中常采用在肉苁蓉接种盘上方 $5\sim10cm$ 处进行平茬处理来促进肉苁蓉分支数目的增多，这是促进肉苁蓉再生高产的一项措施。

第二节　如何培育肉苁蓉

一、梭梭的栽培

梭梭是肉苁蓉的寄主，提供其生长发育所需的水分、无机盐以及其他营养物质。梭梭的长势及碳水化合物的供应量是肉苁蓉生长发育和获得高产的基础。因此，采用合理的栽培技术促进梭梭的生长是肉苁蓉高产的前提。

1. 梭梭育苗

梭梭种子极易发芽，对环境条件要求较低，种子含水量是影响其萌发的主要因素，保苗是目前存在的主要问题。

（1）梭梭育苗对环境条件的要求。

梭梭育苗期土壤和水分条件是决定梭梭能否成活和健壮成长的关键。一般应选择背风向阳、水源方便、地势较高、平坦的地块，土壤含盐量不超过 1％，以地下水位 1～3m 的砂土和轻壤土为宜，播种前对土壤进行浅翻细耙，并除去杂草，灌足底水。

梭梭育苗的生产要求是苗匀、苗齐、苗壮。其中壮苗的标准为第二年移栽时苗高 20cm，主根长 30cm 以上，根幅在 30cm 以上。

（2）栽培技术。

播前种子处理：为了防止梭梭根腐病和白粉病的发生，在播种梭梭前用高锰酸钾或硫酸铜水溶液浸种 20～30min 以减少病害的发生，苗期发生根腐病时应及时用 50％ 多菌灵灌根。

播期、播种量与播种方式：通常情况下春秋两季均可播种，但播种时间对梭梭的生长发育以及未来的移栽定植影响较大，苗高 20cm，主根长 30cm 以上，根幅在 30cm 以上的梭梭苗因为其代谢水平和保水能力适中而较易移栽成活。生产上梭梭育苗通常在 4 月土壤化冻湿度较好的时间进行，用种量为 6kg/亩，采用条播方式播种，播幅 20～30cm，沟深 1～1.5cm，播后覆土 0.5cm 左右，播后可酌情灌溉 1～2 次，直到出齐苗。

幼苗管理：播种后要保持苗床湿润，在风沙较大的地方应适当覆草以减少对幼苗的伤害。出苗后应结合气象条件和梭梭生长情况，在夏季灌溉 2～3 次，灌水量 5m³/亩，并及时松土、除草。同时梭梭幼苗在夏季容易受到白粉病的侵害，可用粉锈宁 400 倍液喷雾防治。

2. 梭梭移栽

梭梭的移栽可在春秋两季进行，但是春季梭梭移栽成活率较高。一般认为在早春 3 月中下旬至 4 月中上旬冰雪融化后，土壤水分较好时选用无病虫害的一年生健壮梭梭苗进行移栽成活率较高。

（1）梭梭移栽对环境条件的要求。

土壤的选择对梭梭移栽造林非常重要，应选择地势平坦、土壤含盐量不超过 2％、地下水位 3m 以上的砂土和轻壤最为宜。

（2）栽培技术。

起苗：早春 3 月下旬适合起苗，起苗前 1～2d 对育苗床进行小水缓灌，起苗时应尽量不损伤梭梭原有根系，并及时移栽。

移栽：梭梭移栽分穴植和缝植两种方式。栽植前首先用清水浸泡梭梭 24h，再用 ABT 生根粉蘸根处理以提高梭梭的移栽成活率。栽植按行距 2.0m 或 4.0m，株距 0.5m 或 1.0m 进行，深度以使梭梭苗根深充分伸展为宜，并应及时灌水，待水下渗后覆干沙保墒以提高成活率。

田间管理：梭梭移栽后水分管理非常重要，为确保成活率，定植后应立即灌水，然后结合降雨条件和土壤墒情每隔 15～20d 灌 1 次水直至移栽苗完全成活。在沙漠风沙较大的地方梭梭根经常被风吹后裸露，容易造成梭梭失水过多而死亡，所以要注意培土或用树枝围在梭梭根附近防风以减少风沙危害。梭梭极易受到病虫害的侵袭，每年的 7～8 月，降雨过后梭梭易发生白粉病，一旦发病应及时用粉锈宁 400 倍液喷雾防治。同时，梭梭还容易爆发性发生草地螟的危害，草地螟发生时应及时用 5％藜芦碱水剂 150 倍或 2.5％敌杀死乳油 3000 倍喷施，或选择 BT、灭幼脲等生物杀虫剂进行防治。除此之外，对梭梭危害较大的还有大沙鼠，大沙鼠常啃食梭梭的根部造成梭梭死亡，通常可以在 4 月中旬～5 月上旬以胡萝卜作为饵料将 C 型肉毒素药剂投放于大沙鼠洞口以减少危害。

二、肉苁蓉的栽培

1. 种子采收

肉苁蓉种子在 6 月中旬至 7 月初成熟。选择单株健壮，无病虫害的肉苁蓉作为采种母株，可借助棉球等进行人工异花授粉，授粉 1 周后种子开始发育，4 周后成熟，可持续约 20d。为防止早熟种子脱落，在整株花朵完全授粉后，要经常注意观察，待 80％以上的种子变褐变硬时开始采收。用尼龙布袋、特制布袋或高密度编织袋罩在果穗上，套住苁蓉头，下部用绳子扎住，待整株完全成熟后采收，阴干后放在阴凉、干燥、通风、低温条件下贮存备用。

2. 接种时间、地形、寄主

肉苁蓉种子具有较强的生命力，一般在自然条件下可保存 3 年左右。根据梭梭生长规律和苁蓉根部寄生特性，肉苁蓉种子接种一般多在春季和秋季进行，适宜的种植时间为 4～9 月。土壤以中性或偏碱性（土壤 pH 值为 7.5～9）、灌排良好、通透性强的沙质土、轻盐碱土为宜（土壤含盐量小于 10g/kg）。接种地点应在梭梭林中选择干沙层较浅且含水量较高、地势平坦、易灌溉的地方，寄主选择 3 年左右生长比较旺盛的梭梭植株。当年种植的梭梭小苗也可进行接种。

3. 种子处理

肉苁蓉种子要筛选粒大、饱满、褐色有光泽的。其处理方法：

（1）热水处理：肉苁蓉种子放在 50℃热水中浸泡，待水温降至室温后捞出，均匀平铺在垫有潮湿滤纸的培养皿中，在 4℃低温条件下放置 15d，然后接种。

（2）低温沙藏处理：将肉苁蓉种子均匀埋在装有含水 10％左右湿沙的容器

中，在温度 4℃条件下沙藏 30d 后接种，这对打破种子休眠、促进种子萌发、提高寄生率有一定的促进作用。

（3）激素处理：将肉苁蓉种子置于 0.5μg/ml 的赤霉素溶液中浸泡 10d 后捞出，均匀平铺于垫有湿润滤纸的培养皿中，在 4℃低温条件下放置 15～20d 后接种。

（4）药剂处理：播种前用 1～3g/L 高锰酸钾溶液浸种 20～30min，捞出后与沙土混合拌匀接种。无条件的可将头年采集的种子在室外沙地上曝晒 1～2 周，有利于种子发芽。

在生产实践活动中，由于种子处理技术掌握得不够娴熟，经验不足，一般对上年采集的种子不做任何处理；对当年采集的种子，须经过冬季自然冷藏后，次年便可使用；对于当年采集的种子，若当年播种，则需经过－10℃左右低温冷藏 30d 后方可使用。

4. 接种方法

最常用的 2 种接种方法：深沟撒播和机械打坑接种法。

（1）深沟撒播：首先在人工梭梭林生长整齐成行的植株一侧，按梭梭定植的行向，距植株 30～50cm 处利用机械开挖通直沟，而后人工整修，并将从沟内挖出的沙堆放在沟的一侧，沟深 40～60cm，沟宽 30～40cm，也可在植株两侧挖通直沟；其次是将 4～5g 肉苁蓉种子与约 10kg 湿润细沙混合均匀（一盆湿沙掺4～5g 种子），将混匀的种子均匀地撒在从沟内挖出堆放在沟一侧的沙堆的沙面上，即靠沙堆坡面均匀地撒满后，过沙堆顶土岭背坡面撒约 10cm 宽。再次是分层式添土，双手并齐，从靠沟沙堆坡面由下向上分 4 层往沟内刨沙土，使沟内的种子在各层次呈立体分布状，使其填入的沙土距地表 30cm 左右并踩实，最后浇水（关健），待水完全渗透后，覆土踩实，回填时不宜填满，沙土距地表 5～10cm 为宜，以便浇灌和存储雨水。若有条件可沟底覆盖腐熟羊粪与沙土按 4∶6 的比例配制的营养土约 3～5cm，这样更利于接种。

（2）机械打坑接种法：采用机引旋转式打坑机在梭梭两侧，距植株 30～50cm 处（根系分布区）进行打坑，深度 40～60cm；其次是将 4～5g 肉苁蓉种子与约 10kg 湿润细沙混合均匀（一盆湿沙掺4～5g 种子），将混匀的种子均匀地撒在旋出的沙面上；再次是分层式添土，使种子在垂直方向上均匀分布；使其填入的沙土距地表 30cm 左右并踩实，最后浇水（关健），待水完全渗透后，覆土踩实，做好标记。回填时不宜填满，沙土距地表 5～10cm 为宜，以便浇灌和存储雨水。若有条件可沟底覆盖腐熟羊粪与沙土按 4∶6 的比例配制的营养土约 3～5cm，这样更利于接种。

其余几种方法为：

（1）常规穴定植接种：在距选定的梭梭植株大树（定植 3 年以上）50～80cm（新树 50cm，老树 80cm）处挖深 40～60cm、宽 30～40cm 的种植坑 2～3

个，找到梭梭根系分布区，用手刨开根系周围沙土，选择健壮活根作为接种寄主根（破皮或断根处理），在根际周围浇水或旱地龙生长营养剂 500 倍液或保湿剂 500 倍液 5～10kg，待完全渗入土壤后，在梭梭根部放置 10～50 粒肉苁蓉种子（视种子净度而定），再放一些湿沙压在种子上，保持根际最近距离有一定数量的种子，然后将坑壁湿沙削下覆于根际，有条件的在上面覆盖腐熟羊粪与沙土，按比例配制的营养土约 3～5cm，埋沙土至坑深的 2/3 处踏实、灌水，待水完全渗透后覆沙回填，覆土回填时不宜填满，应留有 5～10cm 的坑，以便浇灌和存储雨水，做好标记，以便观测和识别。

（2）梭梭小苗定植时也可种植肉苁蓉：用铁锹挖见方为 50～60cm 深的种植坑，首先在坑的一侧放入肉苁蓉种子 10～50 粒左右，而后在上面覆沙土至坑深的 2/3 处；其次将梭梭小苗定植在坑的另一侧，覆土回填踏实、浇水、覆干沙保湿即可。这样种植的成功率较好，只是埋藏浅，产量较低。待小苗定植 3 年后，还能按大树的种植方法另行种植。

5. 田间管理

肉苁蓉接种后的抚育管理主要是通过对其寄主梭梭的抚育管理来实现，每年应根据降水量及梭梭林的生长状况，对梭梭林在干旱时保证浇水 1～2 次，一般在夏季炎热时灌水 1 次为好，并施入一定量腐熟的有机肥，切忌使用化肥，以保证肉苁蓉品质。同时，注意防治病虫鼠害，加强人工看护，防止人畜破坏。

6. 主要病虫鼠害及其防治方法

（1）梭梭白粉病。

7～10 月间大气湿润，梭梭白粉病容易发生，严重时同化枝上形成白粉层。

防治方法：发病时期，可用石灰硫磺合剂、多硫化钡药液喷洒，每隔 10d 喷一次，连续 3～4 次，或用 BO-10 生物制剂 300 倍液或 25％粉锈宁 4000 倍液喷雾防治。

（2）梭梭根腐病。

梭梭根腐病多发生在苗期。此时期雨水多、土壤板结、通气不良，易引发此病。

防治方法：选排水良好的砂性土种植，加强松土；发病期用 1：1：200 波尔多液喷洒，或用 50％多菌灵 1000 倍液灌根。

（3）梭梭锈病。

危害梭梭同化枝。在幼嫩同化枝上可见点状分布的锈孢子，在老枝条上常形成大的包状凸起，上面布满锈病孢子。

防治方法：发病期用 25％粉锈宁 4000 倍液喷雾防治。

（4）肉苁蓉根腐病。

病原菌为镰刀菌，发病时常使肉苁蓉肉质茎腐烂，尤其是春季采挖肉苁蓉的季节，温度逐渐上升，肉苁蓉肉质茎体积大、营养丰富、含水量较高，易引发此病害。

防治方法：生产上应注意控水，对发病株做彻底清理并进行土壤处理。

（5）棕色鳃金龟。

肉苁蓉寄生后，幼虫在地下啃食长出的小苁蓉。

防治方法：肉苁蓉接种时沟内撒施 3％辛硫磷颗粒剂 4～8kg/亩。

（6）草地螟（黄绿条螟）。

幼虫取食梭梭幼嫩的同化枝，发生严重时枝条绿色部分全部被吃光，仅剩下纤维化黄白色茎秆，严重影响梭梭生长。

防治方法：撒施 25％的敌百虫

棕色鳃金龟

粉剂或喷施 50％辛硫磷乳油 1000 倍液或 20％杀灭菊酯乳油 2000 倍液。

（7）肉苁蓉蛀蝇。

肉苁蓉出土开花季节，幼虫为害嫩茎，钻隧道，蛀入肉质茎，影响植株生长及药材质量。

防治方法：可用 90％敌百虫 800 倍液浇灌或 40％乐果乳油 1000 倍液于地上部喷雾根部。

（8）大沙鼠。

啃食梭梭枝条、根系。

防治方法：采用胡萝卜作饵料，用猫王（1∶150）或肉毒杀鼠素（1ml）在洞口投药，投药时间应选在春季（4月中下旬），投药方式采用有效洞口投药法，距洞口 5～10cm 处，投毒饵 10～20g 在大面积梭梭林地。也可将梭梭嫩枝用盐水浸泡后，在嫩枝上撒磷化锌或大隆毒饵，然后将其插在洞口前 30cm 处诱杀。

第三节 肉苁蓉的采收与加工及药材品质标准

一、采收

一般情况下，接种 2～3 年后即可采挖。春秋两季均可采收，以 4～5 月采收为佳。当穴面出现裂缝时，要及时采挖。采挖时肉苁蓉若花序已形成，应及时切除，否则会致使茎体中空，失去药用价值。采挖的方法有 2 种，无论哪种采挖方法最后都应对采挖坑进行及时回填，以减少土壤水分散失。

1. 直接采挖

采挖时，选用非金属（木制或塑制）锹，距肉苁蓉植株30～50cm处挖坑，尽可能不要伤及梭梭根系，将干湿沙土分开堆放，挖至底部块状吸盘时，要特别小心，用手刨开肉苁蓉周围沙土，以充分暴露肉苁蓉植株，从已选定的苁蓉寄生盘10cm以上处水平切下，然后将寄生盘底部沙土适当刨出，将寄生盘下放一些，以促进培育壮苗，增加精蓉的产量。研究表明，留下10cm高的吸盘，通过再生的侧根可提高肉苁蓉产量5～10倍。采过肉苁蓉后，可在坑内适量施入肥料，浇少量水或稀释后的抗旱保水济、杀菌杀虫剂等，然后将原坑土回填整平。每年可采收2次，春季3月下旬至4月下旬，秋季10～11月。

2. 去头埋藏法

将肉苁蓉挖出，从距地表10cm处去头，摘除其顶端优势，限制生殖生长，集中营养生长，然后覆土埋藏，第2年采挖，埋藏后的单株产量可增加数倍，这是一种培育高产商品蓉的方法，但要考虑短期效益。

二、加工

1. 传统加工方法

清除肉苁蓉表面的杂质后用80℃热水或盐水将其浸泡5min左右或切除变色头，防止其继续进行生殖生长。然后将肉苁蓉放置于通风干燥的地方晾制，由于肉苁蓉肉质茎含水量高达80%左右，所以在晾制过程中一定要每天翻动2～3次，防止霉烂。为了提高有效成分含量，最好采取快速烘干法。待晾至完全干（含水量在10%以下）后，当茎体由黄色变为肉质棕褐色时，分级包装，收集存放即制成甜大芸。注意保持外型平直，较长的植株不应折断，否则会降低商品等级。制干后仍易发霉、虫蛀，在保存中，应置于通风、干燥处，勤翻晒防止生虫，切忌浸水、雨淋。也可将肉苁蓉处理后直接投入盐湖中腌1～3a，制成咸大芸。或用酒炖或酒蒸法制取酒从蓉。

2. 现代加工方法

现代加工方法采用真空冷冻干燥技术制作成真空包装或将肉苁蓉中的有效成分进行提取制成从蓉饮料、从蓉酒等深加工产品。现代加工方法的优缺点如下：

优点：含水率低，脱水彻底；保持鲜活时的形态和颜色；表面不会硬化；复水性好；有效成分损失少。在低温、真空条件下干燥，营养成分和生理活性成分损失率最低。

缺点：因冻干后呈多孔海绵状疏松结构，体积大，运输中易破碎，生产成本相对较高；储存、包装需隔湿防潮，或真空、充氮，包装费用较高。

三、药材品质标准

加工好的肉苁蓉药材呈稍扁的圆柱状，一端略细，稍弯曲，表面灰棕色或棕褐色，密被覆瓦状排列的肉质鳞片。质坚实，多有韧性，肉质而带油性，不易折断，断面棕色，有花白点或裂隙，气微弱，味微甜。以条粗肉厚、棕黄色、皮薄鳞细、柔嫩、油性大者为佳。另按干燥品计算，含松果菊苷（$C_{35}H_{46}O_{20}$）和毛蕊花糖苷（$C_{29}H_{36}O_{20}$）的总量不得少于 0.30%；管花肉苁蓉按干燥品计算，含松果菊苷（$C_{35}H_{46}O_{20}$）不得少于 1.0%。

第四节　肉苁蓉的留种技术

一、梭梭留种技术

梭梭种子成熟期一般在 10 月下旬至 11 月上旬，果实变为黑褐色即成熟。成熟的种子，易脱落而被风吹走，应及时采收。

采种时用采种布单或麻袋，置于树下，摇动树枝或以棒击打树枝，使种子落下。新采集的种子要及时摊开晾干，经风选和筛选，除去果翅及混杂物，使种子纯度达到 70%～80% 以上，含水量降至 5% 以下。

二、肉苁蓉留种技术

1. 间留种苗

选择寄主梭梭生长旺盛的多年生健壮肉苁蓉植株留作种株，用于生产种子。春季 4～5 月，保证种株获得充足的养分，选留的肉苁蓉陆续出土，若每穴出土多株肉苁蓉，可选留 3～4 株作为种株，其余肉苁蓉可从穗下 10～15cm 处去头。

2. 人工辅助授粉

肉苁蓉是异花授粉植物。花期进行人工辅助授粉，用羊脂纸袋采集花粉，然后用毛笔蘸取成熟花粉及时涂抹到花的柱头上。

3. 种子采收

肉苁蓉种子在 5 月下旬至 6 月中旬初成熟，要注意观察，待 80% 以上的种子变褐变硬时开始采收。用特制布袋或高密度的纺织袋罩在果穗上，从基部绑紧，然后挖坑，从果穗下 10～15cm 处用非金属刀具割断，放于光照充足的地方自然后熟。

第五节　肉苁蓉的包装、贮藏与运输

一、包装

肉苁蓉一般用麻袋包装，每件 40kg 左右。

二、贮藏

肉苁蓉干品吸湿性强，易生霉，应在干燥、清洁、阴凉、通风、无异味的专用仓库贮藏。

为害本品的仓虫主要有药材甲、烟草甲、锯谷盗等。贮藏期间，要定期检查，发现受潮、轻度虫蛀应及时拆包摊晾，或用热气蒸透。摊晾后，重新包装贮藏。量大时可密封抽氧充氮保护或用磷化铝熏杀。

三、运输

运输工具必须干燥、清洁、无异味、无污染。运输中应防雨、防潮、防曝晒、防污染，严禁与可能引起肉苁蓉质量改变或污染的其他物品混装运输。

第六节　肉苁蓉的主要化学成分及药用价值

一、主要化学成分

从 20 世纪 80 年代开始，国内外对肉苁蓉的化学成分进行了大量研究，其中日本起步较早，随着分离提取和检测技术的飞速发展，已分离出多种类型的物质，主要可分为苯乙醇苷类、环烯醚萜类、木脂素类、多糖、生物碱等。

苯乙醇苷类是肉苁蓉中主要活性成分，具有壮阳、抗氧化、增强记忆力等多种功能。对这一成分的研究也比较深入。目前共分离得到 22 个苯乙醇苷类成分，包括 1 个单糖苷、14 个双糖苷和 7 个三糖苷。其中，松果菊苷和麦角甾苷是肉苁蓉中苯乙醇总苷的主要成分，其含量分别为 0.10%～0.53%、0.06%～0.46%。有文献报道以绿原酸为内标，采用高效液相色谱法测定肉苁蓉总苷中松果菊苷的含量，作为肉苁蓉质量控制的指标之一，结果可靠。

肉苁蓉中还含有环烯醚萜类、木脂素类、生物碱、单萜苷、多糖等多种有效成分。从盐生肉苁蓉中分离得到了 7 种化合物：β-谷甾醇、香草酸、丁二酰亚胺、丁二酸（琥珀酸）、胡萝卜苷、2，5-二氧-4-咪唑烷基-氨基甲酸和半乳糖醇。

其中香草酸和丁二酰亚胺为肉苁蓉属中首次分得。研究表明荒漠肉苁蓉提取物中还含有苁蓉素、梓醇、丁香苷、甜菜碱等成分。此外，肉苁蓉还有挥发性成分、氨基酸、无机微量元素等。

二、药用价值

1. 免疫作用

肉苁蓉属于一种能兴奋垂体、肾上腺皮质或有类似肾上腺皮质激素一样的作用，能调节机体免疫功能的名贵中药。多糖在其提取物中含量较高，多糖成分的免疫增强作用在肉苁蓉的强壮和补益效用中可能发挥着主要的影响。

2. 抗衰老和抗氧化作用

衰老与自由基引起的生物膜脂质过氧化有密切相关。肉苁蓉总苷主要成分是苯乙醇苷类，苯乙醇苷能显著抑制血清、脑 SOD 活力的降低，对降低肝脏、血清 MDA 含量亦有一定作用。这说明苯乙醇苷可通过增强机体抗氧化能力而抗衰老，其机理可能与苯乙醇苷的自由基清除作用有关。

3. 保护肝脏

松果菊苷对大鼠急性肝损伤的保护作用及机制：大鼠注射 CCl_4 后，血清 ALT、AST 水平和组织 MDA 含量明显升高，SOD 活性则显著下降；同时伴有组织 caspase-3 活性增强和 TNF-α 水平升高，HE 染色证实有严重肝损伤表现。采用松果菊苷后，大鼠肝组织损伤程度大为改善，表明松果菊苷对 CCl_4 诱导的急性肝损伤有很好的防治作用。

4. 补肾壮阳

肉苁蓉是名贵的补药，具有补肾、壮阳、强肝肾、益精气等作用。肉苁蓉中起补肾壮阳的有效成分是苯乙醇苷类成分，如松果菊苷、洋丁香酚苷类等。肉苁蓉的补肾作用与一般补肾药如淫羊藿、巴戟天等不同，肉苁蓉补肾而不伤阴，长期服用一般不会出现上火、口干等症状，故《本草纲目》谓其"补而不竣，故有从容之兮"，其意为从容补肾。肉苁蓉补肾男女皆宜，故其既可治疗男子阳痿，也可治疗女子不孕。由于肉苁蓉确切的补益作用，成为历代医家处方中最常用的补益药之一。

5. 肉苁蓉的神经保护作用

迄今为止，约有近 70 种化合物从肉苁蓉属植物中分离出来，主要包括苯乙醇苷类、环烯醚萜及其苷类、木脂素及其苷类以及生物碱和糖类等其他成分。其中，具有神经保护作用的单体有 4 个，即麦角甾苷（acteoside）、松果菊苷（echinaco2side）、管花苷（tubuloside）B 和紫葳新苷（campneo2side Ⅱ）。可能含有上述单体成分的非单体成分如肉苁蓉总苷、苯乙醇苷类和多糖类等也显示出神经保护活性。

衰老既是人体神经系统功能退行性改变的一个重要方面，也是许多神经系统疾病的初始阶段。衰老的机制十分复杂，除了与细胞凋亡、自由基损害等密切相关外，血管病变、神经胶质细胞结构和功能的异常等也是导致其发生发展的重要因素。因此以肉苁蓉提取物为主要成分的抗衰老制剂在人体实验中，也显示出明显改善人体神经系统衰老症状的作用。

6. 通便作用

肉苁蓉类药物的水煎剂具有明显的通便作用，可改善肠蠕动，抑制大肠的水分吸收，缩短排便时间。对老年习惯性便秘、体虚便秘和产妇产后便秘疗效显著。

7. 其他作用

苯乙醇总苷作为肉苁蓉提取物的主要活性成分还具有镇痛、消炎作用，另外，肉苁蓉苷类化合物还有镇静作用。多糖除了具有增强免疫力、抗衰老作用外，在创伤愈合中亦有重要作用，能明显促进纤维细胞的生长。肉苁蓉也有抗肿瘤和抗肝炎的作用。

第七节　肉苁蓉的发展前景与展望

肉苁蓉为国家二级保护植物，具有极好的药用价值，是我国中西部地区著名的中药材之一。我们应对其药理作用的有效成分及其作用机理进行深入研究，在保证药效的前提下，改进中药传统制剂，提高质量控制水平，发展疗效确切、使用安全、质量可控的中药新产品。另外，为保护资源，开发利用及提高中药材的质量，一方面，应建立肉苁蓉及其寄主植物（护沙植物）产业化栽培基地，既可解决肉苁蓉资源的紧缺问题，实现肉苁蓉产业的可持续发展，又可大面积治理盐碱地，最终实现经济、生态、社会效益的统一。另一方面，利用组织培养手段获得商品肉苁蓉的研究亦需同时进行。目前，这方面工作仍很薄弱，如何进一步改善品种，提高产量，并使其优良品种迅速推广，以保护资源，开发利用及提高中药材的质量，是生物技术工作者急需解决的问题。随着科技的发展和人们对肉苁蓉认识的加深，这一宝贵资源一定会有可观的发展前景。

第十八章　红花栽培技术

红花（*Carthamus tinctorius* L.）又称草红花。双子叶植物，菊科，干燥的管状花，长约 1.5cm，橙红色，花管狭细，先端 5 裂，裂片狭线形，长 5～7mm，雄蕊 5 枚，花药黄色，联合成管，高出裂片之外，其中央有柱头露出。

性温，味辛，味微苦，具有活血通经、散瘀止痛的功效。以花片长、色鲜红、质柔软者为佳。中国栽培红花历史悠久，自魏至今的 1700 多年间，河南省作为主要红花产区而保持至今。全国有 25 个省市（自治区）均有分布，新疆、河南、四川和浙江等地为主要产区，主要用于治疗活血通经，散淤止痛，用于闭经，痛经，恶露不行，症瘕痞块，跌扑损伤，疮疡肿痛等疾病。

第一节　红花的主要特征特性

一、植物学特征

红花为一年或两年生草本植物，高约 30～80cm，茎直立，上部多分枝。叶长椭圆形，先端尖，无柄，基部抱茎，边缘羽状齿裂，齿端有尖刺，两面无毛；上部叶较小，成苞片状围绕状花序。头状花序顶生，排成伞房状；总苞片数层，外层绿色，卵状披针形，边缘具尖刺，内层卵状椭圆形，白色，膜质；全为管状花，初开时黄色，后转橙红色。花期 5～7 月，果期 7～9 月，高 30～90cm，叶互生，卵形或披针形，质地坚硬，两面光滑无毛，边缘有刺齿，头状花序，全部为两性的管状花，花冠橘红色，含红花素（carthamine）。瘦果椭圆形或倒卵形，种子白色、灰色或暗色条纹等。冠毛无或鳞片状。

二、生物学特性

1. 土壤条件

红花喜温暖和稍干燥的气候，耐寒，耐旱，适应性强，怕高温，怕涝。红花为长日照植物，生长后期如有较长的日照，能促进开花结果，可获高产。红花对土壤要求不严，但以排水良好、肥沃的砂壤土、油沙土或紫色夹沙土最为适宜。

2. 气候条件

对温度的要求：种子容易萌发，5℃以上就可萌发，发芽适温为15～25℃，发芽率为80%左右。红花属于长日照植物，短日照有利于营养生长，长日照有利于生殖生长。对于大多数红花品种来说，在一定范围内，不论生长时间的长短和植株的高矮，只要植株处于长日照条件下，红花就会开花。北方地区，冬季需覆盖草帘等物防寒。第二年春季注意浇水，促使新球茎膨大。次年夏季进入休眠期，植株地上部干枯，整个生长期为7个月左右，生产上往往通过调整播种期，延长红花处于低温、短日照条件下的时间，以延长红花的营养生长期，有效地增加红花的一次分枝数和花球数，从而获取高产。

3. 对水分和湿度的要求

红花的生长要求比较苛刻，对水分和湿度的要求比较高，宜在疏松肥沃而又排水畅通的沙质壤土，pH值5.5～6.5的环境中生存。忌土壤黏重，积水久湿，雨后注意及时排水，秋旱时要松土浇水，保持土壤湿润以利生根。

第二节　如何培育红花

一、选地、整地

红花适应性较强，在海拔2100m以下均可种植，喜温暖干燥、阳光充足的气候，耐旱、耐寒，忌高温高湿，以肥力中等、排水良好的砂质土壤为宜。不宜在低洼积水的粘土上种植。前茬作物以玉米、棉花、黄豆、花生、烤烟、水稻为好。作物收后马上翻地18～25cm深，随时耙碎，清除枯枝杂草，做到土碎地平即可；施底肥每公顷2500～3000kg，隔数日后再犁耙一次，播种前又耙一次，使土壤细碎疏松。作畦，便于排水。水稻田可采取免耕种植的方式。

二、良种选育

栽培红花，应当建立留种地。收获前，将生长正常，株高适中，分枝多，花朵大，花色橘红，早熟及无病害的植株选为种株。待种子完全成熟后即可采收。播种之前，须用筛子精选种子，选出大粒、饱满、色白的种子播种，要求种子纯度 95% 以上，净度 96% 以上。

三、种子处理与播种

1. 种子处理

为获得高产稳产，需保证齐苗壮苗是关键，对此，种子需用清水浸泡 6～8h 让其充分吸水，保证出苗。

2. 播种

播种时间：在河西走廊山区，最佳播种时间为入秋后种植，深秋开花，花期为 10 月至 11 月，至第二年的四五月间地上部分枯萎，整个生育期约为 210d 左右。

播种量：红花播种量应按种子发芽率、混杂度而定，在河西地区大田用种量一般亩用种量为 1～2kg。

播种方法：株距按 60～70cm，行距按 90～100cm，塘深度 20～30cm，每塘播种 3～4 粒，保证每亩有 10000～13000 搪，但也要依据以下几个条件做适当调整：

（1）确定是旱地还是水浇地，旱地宜稀植，特别是缺雨年份，太密可能会减产。

（2）播种期播种晚，宜密植，早播种，宜稀植。

（3）每隔 4 行须空出半行，以便进入地里采花。

播种时需要特别注意的是底肥种子必需分开放。底肥每亩可用 15kg 复合肥或 5kg 尿素（为保证出苗，一般不施用化肥作底肥，待苗齐后用作追肥）。覆盖土层深度不超过 2cm，原则上要求盖土时适当振压，这样更利于苗出土。

四、田间管理

1. 间苗、定苗和补苗

红花播后 7～10d 出苗，当幼苗长出 2～3 片真叶时进行第一次间苗，去掉弱苗，第二次即定苗，按株距 60～70cm，行距 30～33cm 的规格种下，待苗齐后，每塘仅留 2 株，拔除病弱苗或过大过小株，保留中间株。留苗距太密时，花小，叶片不肥厚；苗距过大，产量也会降低。

2. 中耕除草

一般进行三次，第一、二次与间苗同时进行，除松表土，深 3～6cm，第三次在植株郁闭之前进行，结合培土。

3. 灌水追肥

红花耐旱怕涝，一般不需浇水，幼苗期和现蕾期如遇干旱天气，要注意浇水，可使花蕾增多，花序增大，产量提高。雨季必须及时排水。追三次肥，在两次间苗后进行，每公顷施人畜粪水 6000～11250kg，第二次追肥每公顷应加入硫酸铵 150kg，第三次在植株郁闭、现蕾前进行，每公顷增施过磷酸钙 225kg。

五、主要病虫害及其防治方法

1. 主要病害及其防治方法

（1）根腐病。

5 月初，开花前后，如遇阴雨天气，发生尤其严重。先是侧根变黑色，逐渐扩展到主根，主根发病后，根部腐烂，全株枯死。

防治方法：发现病株要及时拔除烧掉，防止传染给周围植株，在病株穴中撒一些生石灰或快喃丹，杀死根际线虫，用 50% 的托布津 1000 倍液浇灌病株。

（2）钻心虫。

对花序为害极大，一旦有虫钻进花序中，花朵死亡，严重影响产量。

防治方法：在现蕾期应用甲胺磷叶面喷雾 2～3 次，把钻心虫杀死。在蚜虫发生期，用乐果 1000 倍喷雾 2～3 次，可杀死蚜虫。

（3）锈病。

高湿有利于锈病的发生，孢子随风传播，以冬孢子堆在病残体上越冬，在春末夏初当低温或中等温度而湿度较高时浸染叶面，引起叶片枯死。

防治方法：①种子处理。用 15% 粉锈宁拌种，用量为种子量的 0.2%～0.4%；清洁田园，集中烧毁病残体，实行 2～3a 以上的轮作。②药剂防治。发病初期及时喷施杀菌剂，7～10a 喷一次，连续 2～3 次，可用 20% 粉锈宁乳油 0.1% 溶液，波美 0.3° 的石硫合剂等药剂交替喷施。

（4）枯萎病

枯萎病也称根腐病，病菌主要为害根部，初发病期，根茎部呈现褐色斑点，茎基表面呈现粉红色的粘质物，最终导致基部皮层及须根腐烂，引起植株死亡。发病轻者损失 1～2 成，发病重者可全田毁灭。

防治方法：要严格做到轮作不重茬，保持土壤排水良好；及时拔除病株烧毁，病穴用石灰消毒；清除田间枯枝落叶及杂草，消灭越冬病原；用 50% 多菌灵、50% 敌克松 0.17%～0.20% 的溶液等灌根。

第三节　红花的采收与加工及性状鉴别

一、采收与加工

8～9月开花，进入盛花期后，应及时采收红花，每个花序可连续采摘2～3次，可每隔2～3天采摘1次。红花满身有刺，给花的采收工作带来麻烦，可穿厚的牛仔衣服进田间采收，也可在清晨露水未干时采收，此时的刺变软，有利于采收工作。

采回的红花放阴凉处阴干，如遇阴雨天，也可用文火焙干，温度控制在45℃以下，未干时不能堆放，以免发霉变质。一般亩产干花30～40kg，高产可达50kg，种子15kg。

二、性状鉴别

干红花为弯曲的细线状，暗红棕色，柱头红棕色、橙红色，有时带有部分橙黄色的花，带有花柱部分黄棕色。质轻松，无光泽及油润感。柱头常单独存在，但有时每3个与1个短花柱相联。花柱橙黄色。入水浸泡，柱头膨胀，呈长喇叭状，水被染成黄色。气清香、味微苦。

湿红花常呈疏松团块，由众多扁平的柱头压集而成。柱头红棕色，有油润光，细长线形，长约3cm，基部较窄，向顶部逐渐变宽，内有一短裂缝，顶端边缘为不整齐的齿状，其余同干红花。

三、等级标准

极品红花：粗壮红花蕊、全红、无黄根、全为柱头顶端部分。

特级红花：全红无黄根、全为杠头顶端部分。

一级红花：全红加黄根，即带有一点黄色的花杆。

二级红花：黄根部分占整体重量大约三分之二，黄根的要用价值非常小。

第四节　红花的留种技术

作为留种用的植株，一定要进行选择，要选花色、花形、株形都比较美观，生长健壮、无病虫害且能体现品种特性的植株作为留种母株。从选种的角度看，同一单株不同部位的花序或小花所产生的种子，其保留品种典型性程度也不同，能比晚开的花产生更好的种子后代，如花期早、花朵大、花色艳等。对于某些花卉着生于主枝和侧枝上的品种，每个果实中的种子重量一般都是由下而上递减，发芽率也由下而上递减。

第五节　红花的主要化学成分及药用价值

一、主要化学成分

花柱含数种番红花甙及番红花酸二甲酯（Crocetindimethylester）、番红花苦甙（Picrocrocin）等，另含挥发油 $0.4\%\sim1.3\%$，油中主要含番红花醛（Safranal）。味甘，性平。主要功效：活血祛瘀、散郁开结、凉血解毒。主治痛经、经闭、月经不调、产后恶露不净、腹中包块疼痛、跌扑损伤、忧郁痞闷、惊悸、温病发斑、麻疹。

二、药用价值

（1）用于血瘀诸证：番红花有活血祛瘀功效，临床常用于血瘀所致的痛经，经闭，月经不调，产后恶露不净，腰腹疼痛，腹中包块疼痛，跌扑损伤肿痛，可单味煎服，如常与其他活血药配用以增强药力。如治痛经、经闭，配益母草、丹参等同用。治产后恶露不尽，配当归、赤芍等同用；本品活血之中又有散郁开结功能，可用于各种痞结之证。由忧思郁结所致胸膈满闷，惊恐恍惚，单用本品冲汤服有效，或配郁金同用。

（2）用于温病热入营血、发斑、发疹：番红花能凉血解毒，可单用，或配清热解毒之品，如大青叶、板蓝根等同用。治麻疹热盛血郁、疹透不快或疹出过密，疹色晦暗不鲜者常与紫草、赤芍配伍同用。

第十九章　黄连栽培技术

黄连（*Coptis chinensis* Franch.）属毛茛科黄连属，多年生草本植物，喜冷凉、湿润之处。黄连也是一种常用中药，最早在《神农本草经》中便有记载，因其根茎呈连珠状而色黄，所以称之为"黄连"。主要用于治疗清热燥湿，泻火解毒。主产于四川、甘肃、湖北；贵州、陕西亦产，主要为栽培，药材名味连、川连、鸡爪黄连。长江南岸、四川石柱及湖北来凤等地的称南岸味连，产量大；长江北岸、甘肃、四川巫溪及湖北房县等地的称北岸味连，质量佳。三角叶黄连主要栽培于四川峨嵋与洪雅，药材名雅连、峨嵋连、刺盖连。云连主产于云南德钦、维西、碧江及西藏察隅等地，药材名云连。

第一节　黄连的主要特征特性

一、植物学特征

黄连属多年生草本，根茎黄色，常分枝，密生多数须根。叶全部基生；叶柄长 5～16cm；叶片坚纸质，卵状三角形，宽达 10cm，3 全裂；中央裂片有细柄，卵状菱形，长 3～8cm，宽 2～4cm，顶端急尖，羽状深裂，边缘有锐锯齿，侧生裂片不等，2 深裂，表面沿脉被短柔毛。花葶 1～2，高 12～25cm，二歧或多歧聚伞花序，有花 3 朵；总苞片通常 3，披针形，羽状深裂，小苞片圆形，稍小；萼片 5，黄绿色，窄卵形，长 9～12.5mm；花瓣线形或线状披针形，长 5～7mm，中央有蜜槽；雄蕊多数，外轮雄蕊比花瓣略短或近等长；心皮 8～12，离生，有短。蓇葖果 6～12，长 6～8mm，具细柄。种子 7～8 粒，长椭圆形，长约 2mm，宽约 0.8mm，褐色。花期 2～4 月，果期 3～6 月。

二、生物学特性

1. 土壤条件

黄连对土壤的物理性状和酸碱度要求严格，土表必须疏松肥沃，土层必须深厚，排水和透气性必须良好，土壤粘重及地势低洼易积水之地不宜种植，富含腐殖质的壤土最适宜，土壤酸碱度以 pH5.5～6.5 为适，呈微酸性。

2. 气候条件

一般分布在 1200～1800m 的高山区，需要温度低、空气湿度大的自然环境。怕高温和干旱。不能经受强烈的阳光，喜弱光，因此需要遮荫。

第二节　如何培育黄连

一、选地、整地

1. 选地

选择土层深厚，疏松肥沃，富含腐殖质，排水力强，通透性能良好，土壤微酸性至中性的土地。忌连作。

2. 整地

播种前翻耕 20cm，耙细；若选择熟地，结合耕翻亩施厩肥及土杂肥 4000～6000kg；耙细。然后作 1～1.5m 宽的高畦。

熏土：选晴天将表土 7～10cm 的腐殖质土挖起，用土块拌和落叶、杂草等点火焚烧，保持暗火烟熏，见明火即加土。经数日，火灭土冷后翻堆。如腐殖质层厚，只将地表腐殖土挖松，不必熏土，即为"本土栽连"。

翻地：深至不动底土层为限。遇有树根、宿根性杂草，必须拣净，耙细整平。

作畦：一般畦宽以桩距减畦沟宽为准，以横桩位于畦的中间作畦，畦沟宽一般不少于 33cm，深 15cm 左右。每畦两端需开横沟，以便排水。

铺土：把熏好的土或腐殖土铺在畦上，厚 15～20cm。栽种前把熏土耙细，拣净草根、石块等，畦面成弓形。

二、良种选育

栽移第 4a 所结种子数量大（每亩可产 10kg 左右），子粒充实饱满，发芽率高，最适合作种。立夏前后，当果实变成黄绿色并出现裂痕，种子变黄绿色时，晴天采收，采收后，经 2～3d 果实全部开裂后，抖出种子，摊放室内湿润处，厚约 1cm，每日翻动 1 次，以防发热霉变，一般可保存半个月左右。若贮藏较长时间，可于室外树下湿度适宜处挖穴，或选条件适宜的岩洞，将种子与 3～5 倍的细砂或砂质腐殖土（含水量 25%～30%）拌匀，放入摊开，厚约 1～2cm，上面薄盖一层湿沙或腐殖质土。封好洞口，稍留缝隙通气。定期检查，湿度不够应淋水。

三、种子处理与播种

1. 种子处理

黄连种子有胚后熟和休眠的特性。种子收获时期的种胚尚未发育好，需贮藏于 5～10℃ 低温处经 180～270d，可使种子的胚慢慢发育长大，完成胚的分化。从外形上看，种子已裂口，此阶段称形态后熟，但这时播种仍不能发芽，必须在 0～5℃ 低温贮藏 30～90d，才能完成生理后熟阶段，种子才能正常发芽。在自然气温下的湿种子（干燥的种子就失去发芽力），需经 150～180d 的自然温度，90～120d 的自然低温（冬季），才能完成胚的后熟阶段，种子播后才能正常出苗。

2. 播种时间

春播或夏季播，否则造成减产而且黄连的品质也会下降。

播种量：河西地区播量 2.5～3kg/亩。

播种方法：直接采收后的种子可在夏季播种。播种前用细腐殖质土 20～30 倍与种子拌匀，按量撒播畦面，可覆盖 1cm 微细土。冬季干旱地区，播后盖一层落草，以保持土壤湿润。翌春解冻后，揭去盖草，以利出苗。苗床土质不需播撒化肥和农家肥、除草剂等化学物质，让其自然出苗，出苗有三片叶后，可以但不建议在雨天微量喷洒农家肥追苗。苗床除草保肥。

四、田间管理

1. 间苗、定苗和补苗

栽后前 3 年，应及时补苗。一般补苗 2 次，第 1 次在当年秋季，第 2 次在翌年雪化后未发新叶前。

2. 中耕除草

栽种当年和次年，及时除草松表土，每年除草 4～5 次，也可用化学除草剂进行灭草，每亩用 50% 扑草净 150～300g，或 25% 的敌草隆 200～300g，或 10% 的除草醚 125g，效果明显。移栽 3～4a 的黄连，每年除草 3～4 次，第 5 年 1 次。第 3～5 年除草时应结合松土。

3. 灌水追肥

栽后 2～3d 用稀薄猪粪水或腐熟菜饼水灌苗，也可用细碎堆肥或厩肥按每亩 1000kg 左右撒施。当年 9～10 月，第 2～5 年采种后和第 2～4 年 9～10 月各施肥 1 次，前后共 8 次。春季追肥每亩用人粪水 1000kg 或腐熟菜饼 50～100kg

（加水 1000kg），也可用尿素 10kg 和磷酸钙 20～30kg，与细土或细堆肥拌匀撒施。秋季追肥以农家厩肥为主，兼用草木灰、油饼等肥料，撒施畦面，厚约 1cm。亩施量 1500～2000kg。斜坡上部和畦边易受雨水冲刷处，适当多施。对于黄连，第 2～4 年秋季追肥后还应培土，用细腐殖质土撒于畦面。第 2～3 年培土约 1cm 厚。第 4 年 1.5cm。对于雅连，第 2、3 年春季各除草施肥 1 次，每亩用油枯 100kg，尿素 2.5kg 与 600kg 细腐殖土混合均匀，撒在畦面上，培土覆盖。除栽种当年不培土和收获之年春季培土 1 次外，其余各年春、冬季除了除草松土外都应培土，厚约 3cm。对于云连，每年夏初和晚秋各进行 1 次追肥。海拔高的地区，每亩施森林山积土 5000kg，同时拌草木灰 250kg，撒于畦面。

五、主要病虫害及其防治方法

1. 主要病害及其防治方法

（1）白粉病。

白粉病由真菌中的一种子囊菌引起。发生于 5 月下旬，6～7 月较重。主要为害叶片。

防治方法：实行轮作，用庆丰霉素 80 单位喷洒 2～3 次，或用 50％或 70％甲基托步津 1000～1500 倍液喷洒 3～4 次。在发生初期防治一次，发生后期防治 2～3 次。

（2）炭疽病。

5 月初发生，5 月中旬至 6 月上旬严重。为害叶缘，呈椭圆形浸水状斑。

防治方法：实行轮作；苗床和 1 年生苗用 1：1：（100～150）波尔多液或用代森铵 800 倍液加洗衣粉 0.2％，在发生初期和盛期防治 3～4 次。发病叶片上产生油渍状小点，逐渐扩大成病斑，边缘暗红色，中心灰白色，有时形成穿孔，叶柄基部发生红色病斑。严重时叶片凋萎，植株虽不死亡，但生长发育受到影响。防治方法：采取高山低山秧苗互换栽培；勤除杂草，注意排水；发病前选晴天用 1：1：200 的波尔多液或 65％代铵锌可湿性粉剂 800 倍液喷洒。

（3）白绢病。

6 月初发生，6 月下旬至 7 月中旬危害较重。

防治方法：实行轮作；选无病植株作种，栽种前用 50％退菌特 1000 倍液浸秧苗根部 3～5min；整地时每亩用 1.5～2.5kg 五氯硝基苯进行土壤消毒；挖除病株和病土，并用石灰消毒，再用 50％退菌特 500 倍液加石灰 5％及尿素 0.2％灌病株周围健株，防止蔓延。

2. 主要虫害及防治方法

主要虫害为蛞蝓，3～11 月危害较重，早、晚咬食嫩叶，甚至全部吃光。

防治方法：冬季翻晒土壤，栽种前每亩用 40～50kg 菜子饼作基肥，发生期于畦面撒石灰粉或喷洒 3% 石灰水，或用毒饵诱杀。

3. 鼠害

地老鼠为害黄连根，1 年 4 季均有发现。

防治方法：人工捕杀或用毒饵诱杀。

第三节　黄连的采收与加工及性状鉴别

一、采收与加工

黄连一般在移栽后 5 年收获，宜在 11 月上旬至降雪前采挖。采收时，选晴天，挖起全株，抖去泥土，剪下须根和叶片各分装，即得鲜根茎，俗称"毛团"。鲜根茎不用水洗，应直接干燥，干燥方法多采用就地土炕，注意火力不能过大，要勤翻动，干到易折断时，趁热放到槽笼里撞去泥沙、须根及残余叶柄，即得干燥根茎，分别存放统货黄连、槽笼漏下的灰砂。须根、叶片、灰砂经干燥去泥沙杂质后，亦可入中药材，亦可作兽药。

二、性状鉴别

（1）味连。药材多数聚集成簇，常常弯曲，形如鸡爪，习称"鸡爪连"，其单枝根茎长 3～6cm，直径 0.3～0.8cm。表面粗糙，有不规则结节状隆起，有须根及须根残基。节间表面平滑如茎杆，习称"过桥"。其上部多残留褐色鳞叶，顶端常留有残余的茎或叶柄。表面灰黄色或黄褐色。质硬，断面不整齐，皮部橙红色或暗棕色，木部鲜黄色或橙黄色，呈放射状排列，髓部有时中空。气微，味极其苦。

（2）雅连。药材多为单枝，略呈圆柱形，形如"蚕状"，微弯曲，长 4～8cm，直径 0.5～1cm，"过桥"较长，1～3cm。顶端有少数残基。以身干、粗壮、无须根、形如蚕者为佳品。

第四节　黄连的等级标准

一、味连规格标准

一等：干货。多聚成簇，分枝多弯曲，形如鸡爪或单支，肥壮、坚实，间有过桥，长不超过 2cm。表面黄褐色，簇面无毛须。断面金黄色或黄色。味极苦。

无不到 1.5cm 的碎节、残茎、焦枯、杂质、霉变。

二等：干货。多聚成簇，分枝多弯曲，形如鸡爪或单支，条较一等瘦小，有过桥。表面黄褐色，簇面无毛须，断面金黄色或黄色。味极苦，间有碎节，碎渣、焦枯。无残茎、杂质、霉变。

二、雅连规格标准

一等：干货。单枝，呈圆柱形，略弯曲，条肥状，过桥少，长不超过 2.5cm。质坚硬。表面黄褐色，断面金黄色。味极苦。无碎节、毛须、焦枯、杂质、霉变。

二等：干货。单枝，呈圆柱形，略弯曲，条较一等瘦小，过桥较多。质坚硬。表面黄褐色，断面金黄色。味极苦。间有碎节、毛须、焦枯。无杂质、霉变。

第五节　黄连的留种技术

黄连移栽后 1～2a 就可开花结实，但以栽后 3～4a 生的植株所给种子质量为好，数量也多。一般于 5 月中旬，当果由绿变黄绿色，及时采收。采种宜选晴天或晴天无雨露时进行，将果穗从茎部摘下，盛入细密容器内，置室内或阻凉地方，经 2～3d 后熟后，搓出种子。再用 2 倍于种子的腐殖细土或细沙与种子拌匀后层积保藏。

第六节　黄连的主要化学成分及药用价值

一、主要化学成分

黄连根茎含多种生物碱，主要是小檗碱，又称黄连素（Berberine），约为 5%～8%，其次为黄连碱（Coptisine）、甲基黄连碱（Worenine）、掌叶防己碱（巴马亭，Palmatine）、药根碱（Jatrorrhizine）、非洲防己碱（Columbamine）。还含黄柏酮（Obakunone）、黄柏内酯（Obakulactone）、木兰花碱（Magnoflorine）、阿魏酸（Ferulic acid）等。叶含小檗碱 1.4%～2.8%。此外，黄连中还含有多种微量元素。从三角叶黄连中分离鉴定了黄连碱、小檗碱、掌叶防己碱和药根碱。

二、药用价值

黄连研究表明，小檗碱口服不易吸收，肠外给药，吸收入血后迅速进入组织，血浓度不易维持；人类口服 0.4g 盐酸小檗碱后 30 分钟血浓度为 $100\mu g\%$（体外杀菌浓度大约为 $20mg\%$）。随后逐渐减少，即使重复给药，每 4 小时 0.4g，血浓度亦不见增高。在体内，几乎所有组织均有小檗碱的分布，而以心、肾、肺、肝等为最多，它在各组织中贮留的时间甚为短暂，24 小时后仅有微量，主要在体内进行代谢，也有少部分（6.4%）经肾排出。口服后，亦能吸收，并能在血中停留 72 小时，尿中亦有排泄，组织中以心脏中浓度最高，胰、肝次之。大鼠口服，吸收甚微，注射给药，则主要进入心、胰、肝、大网膜脂肪，24 小时后仅有胰、脂肪中仍可查见相当量的小檗碱，仅少量（1%）自尿排出。

第二十章　天麻栽培技术

天麻为兰科天麻属多年生寄生植物。干燥的块茎入药。生药称天麻，又名赤箭、定风草、独摇芝等，为名贵中药材，《神农本草经》列为上品，在我国入药已有两千多年历史，有追风镇静作用，治头晕目眩，中风惊痫，语言不遂，瘫痪，风寒湿痹等症。近代研究天麻主要成分为天麻甙、天麻素、香草醛和维生素A 等物质，临床用来治疗高血压、冠心病、神经衰弱、血管性头痛和抑郁性神经症等。

天麻是一种较为特殊的异养型植物，无根也无绿色叶片，它的生活史中大部分时间在地下度过，它既不需要从土壤中吸收无机矿物元素，也不能利用阳光进行光合作用。它的营养物质来自真菌，依靠同化侵入的真菌，提供营养生长。其生活史全过程可分为有性繁殖和无性繁殖两个阶段。有性繁殖阶段是从箭麻栽培后，抽薹开花、人工授粉、果实形成天麻种子，用共生萌发菌拌播天麻种子，种子发芽形成原球茎的过程；无性繁殖是原球茎接上蜜环菌后，不断生长发育形成种麻（米麻、白麻）和商品麻（箭麻）的过程。无萌发菌天麻种子不会发芽，无蜜环菌天麻不能生长。

第一节　天麻的主要特征特性

一、植物学特征

天麻（Gastodia elata Blume）为多年生异养草本，无绿叶，茎高 50～150cm。地块茎横生，长圆形或椭圆形，肉质肥厚，无根，具节，节上轮生膜质鳞片。茎单一，直立，圆柱形，黄褐色。叶退化成鳞片状，淡黄褐色，膜质，披针形，长约 1cm，基部呈鞘状包茎。花茎直立，花黄赤色，萼片与花瓣合成壶状，口部歪斜，基部膨大；总状花序长 30～40cm，通常具花 30～50 朵，每朵花的基部有一膜质苞片，花黄绿色，花梗长 2～3mm；萼片与花瓣合生成歪斜的花筒，顶端 5 枚裂片，外轮萼片 3 枚，内轮两枚花瓣裂片着生于中萼及侧萼之间，

在花筒基部长出的化为唇瓣，顶端 3
裂，中裂片舌状。蕊柱由雌蕊和雄蕊
合生而成，花药着生于蕊柱顶端，花
药二室，花粉块黄色，在蕊柱顶端前
方有一圆形的蕊喙，有两个能育柱头，
侧生于唇瓣及蕊柱基部。子房下位，
倒卵形，子房柄扭转。蒴果长圆形至
长倒卵形，有短柄，成熟时由缝线处开
裂。种子呈纺锤形，平均长 0.97mm，
直径 0.15mm。种子由胚及种皮构成，
无胚乳。种子多而小，粉尘状。花期
5～7 月，果期 6～8 月。

二、生物学特性

1. 生长发育

天麻是高度退化的植物，无根也无绿叶，天麻全生育期需 2～4a 时间。天麻
全生育期中，约 90% 的时间在地下生长，从箭麻的芽出土到果实成熟，只需
45～65d。天麻块茎由于发育阶段不同，在新生麻中有两种类型的天麻块茎。

（1）箭麻。

箭麻是发育成熟的天麻块茎，
比较大，顶端有一个突出显著的
红褐色芽嘴，像"鹦哥嘴"，能抽
薹开花结果。茎杆似箭，故称
"箭麻"。其块茎中的物质积累达
到最高阶段，加工成商品成品率
高，是商品天麻的主要来源。

（2）白麻。

白麻块茎比箭麻小，芽嘴较
短，不能抽薹；初夏由顶芽生长
出白色粗壮的幼芽，故称"白
麻"。个体较小的白麻称"米麻"，
通常米麻生长发育一年可长成白

药用部位

麻；白麻再生长一年成箭麻。白麻和米麻繁殖能力较强，能分生出较多的子麻。
白麻和米麻是栽培最好的种麻。

（3）天麻的生长发育周期。

天麻一生要经过原球体、米麻、白麻、箭麻、禾麻五个阶段。前三个阶段可称为营养生长期，后二个阶段可称为生殖生长阶段。箭麻具混合芽，越冬后于次年夏天抽薹开花后形成禾麻（抽薹出土后的地上植株）。禾麻是天麻一生中最重要的、短暂的地上生活时期。

天麻种子很小，肉眼看呈粉末状，很难分辨。每个种子的种子数目一般有2～3万粒。种子无胚乳，只有一个卵圆形的胚，发芽无自身营养来源，需依赖于外界环境。种子萌发需接种萌发菌（紫箕小菇）后才能萌发，种子萌发后形成的原球茎需接种蜜环菌后才能继续生长发育。现代试验研究证明，天麻种子可以无菌萌发，其所需营养是由种子本身贮存物质的分解和周围溶液的渗入所提供。

2. 天麻生长与蜜环菌的关系

天麻无根无叶，失去自养能力，它生长所需的营养物质靠与蜜环菌共生，由蜜环菌供给养料。

蜜环菌（*Armillaria mellea*（Vahl. ex Fr.）Quel）是白蘑科蜜环菌属的一种真菌。在高山树林里，初期腐烂的树桩、树根及倒地的树干及枝桠上常发现野生蜜环菌的生长，尤其是溪沟两边湿润的地方最多。凡有野生天麻生长的地方都有野生蜜环菌。

三、地理分布与主产区

1. 地理分布

天麻主要分布于贵州山原山地，四川盆地盆周山地、川西南山地，陕西汉中盆地、秦巴山地，湖北鄂西北、鄂西南山地，湖南湘西雪峰山及武陵山山地，云南滇西中山盆地、滇东山原，豫西、皖西山地及西藏东部一带。

2. 主产区

以贵州、陕西、四川、云南、湖北、湖南、西藏等省区为主，甘肃、安徽、河南、江西、甘肃、青海、江西、浙江、福建、台湾、广西、河北、河南、山东、辽宁、吉林、黑龙江等省、区也有分布。贵州是国内外最为著名的天麻主产区。

四、生长环境

1. 地势

天麻在我国西南一带分布于海拔 700～2800m 范围内；集中分布于 1400～1700m 海拔之间，野生于高山林间和竹林地中。一般在海拔 800～1800m 之间引种栽培，但以海拔 1100～1600m 地区较为合适。如能控制土壤温度和湿度，低海拔地区也可引种栽培。如海拔 154m 的桂林地区和海拔 50m 的北京郊区都已引种栽培成功。

2. 气候

喜凉爽气候、湿润环境。以夏季温度不超过 25℃ 的凉爽条件和年降雨量 1000～1600mm、空气相对湿度 80%～90%、土壤含水量 40% 左右的湿润条件，天麻生长良好。

对温度的要求：温度的高低直接影响天麻的生长、产量和质量。天麻喜凉爽环境，最适宜生长温度 10～25℃，8℃ 开始萌动生长，30℃ 就会停止生长。超过 30℃ 时蜜环菌和天麻生长受到抑制。

对水分和湿度的要求：天麻喜湿润，它适宜生长在疏松的沙质土壤中，一般腐殖土含水量达 50%～60%，天麻生长良好。种植天麻要求平均相对湿度在 80% 左右，在生长旺季时，湿度少于 60% 不利于天麻生长，大于 80% 又容易引起块茎腐烂。因此要格外注意土壤水分和湿度。

3. 土壤条件

天麻从种到收，阳光对其影响不大，适宜室内栽培。院外培育天麻种子，箭麻出土后，太阳光直接辐射会灼伤茎秆，需搭棚遮荫避光防风。土壤质地不同对天麻生长影响很大，天麻及蜜环菌适宜在较疏松的沙质土壤中生长，需含有较多的腐殖质，透气性良好，具有良好的土壤结构和排水性能。在黏土（如死黄泥）中，生长不良。一般生长在微酸性土壤中，其酸碱 pH 值 5～6。黏重的土壤排水性差，易积水，影响透气，导致块茎死亡，沙性过大的土壤保水性能差，易引起土壤缺水，同样影响块茎和蜜环菌生长。

第二节　如何培育天麻

一、有性繁殖技术

1. 制种技术

（1）种子选择。

选择箭麻：要求芽头饱满，麻形短粗，无损伤和病虫危害斑痕，单个鲜重

150～250g。选好后埋于沙中过冬眠期。也可到小满前后在山上挖出苕野箭麻。培育种子要经过培土育麻、抽薹、开花授粉、打顶摘果。主要是授粉，杂交或异花授粉最好，天麻花是从下向上依次开放，开一朵授粉一朵。授粉后17～19d朔果成熟，成熟的朔果上面有6条突起的黑线，用手摸感觉微软，眼观透明即可采收，果成熟一个采摘一个。天麻种子寿命短，应当天摘当天种。特殊情况不能及时播种，将果晾2～3h，用牛皮纸袋包好放于4℃冰箱恒温贮藏。另外可将种子拌入萌发菌内保存，最长不超过5d就要播种。

（2）种子处理。

天麻种子十分细小，生命力极弱，寿命也很短，对播种时沙和树叶干湿度要求十分严格，过干或过湿均可在短时间内使麻种致死，不少种植者对这一点不够重视，干湿度把握不好，造成失败。

播种时间：播期原则主要考虑温度，应选在天麻种已进入休眠而蜜环菌可以继续萌发生长的阶段：在河西地区即日平均气温已降到10℃以下，5℃以上为最佳播期。天麻有性繁殖最佳播期：浅山区（海拔800m以下）在3～4月；高寒山区（海拔800m以上）在4～5月。无性繁殖最佳播期：浅山区在11月，高寒山区在4月，超过3月底海拔1500m以下地区不能种植。

（3）播种。

播种量：天麻有性繁殖每穴需蜜环苗100g，萌发菌1包（400～500g），天麻人工授粉成熟朔果8～10个，长3～6cm、粗50cm阔叶杂木（栎类即柞树棒最好）10根，干栎（柞）树叶1kg，长3～6cm的细树枝1kg，净沙100kg左右。

播种方法：种子采收后，立即挖开已培养好的菌床，揭去上层菌棒，将下层菌棒之间缝中的土壤铲掉，在两棒之间垫入一薄层（压实后0.5cm厚）潮湿的壳斗科树种的树叶，将种子从果中抖出，轻轻撒在树叶上。撒时手应紧贴树叶，防止风吹走种子，大风天不能播种；最后将果皮也一块播入菌床，填土后播种上层。如果用大坑培养的菌材伴播，或菌床中蜜环菌生长旺盛，也可将下层菌棒也揭起，垫树叶和细碎树枝后撒入种子，将原菌棒按原来的摆放方法放入菌床，然后盖一薄层土壤，以填好棒间缝隙并与棒平为合适，在土壤上再垫一层树叶，用同法播种上层，最后覆土10cm左右。

（4）栽后管理。

天麻栽后要精心管理，严禁人畜踩踏。越冬前要加厚覆土，并加盖树叶防冻；6～8月高温期，应搭棚或间作高秆作物遮荫，雨季到来之前，清理好排水沟，及时排除积水，以防块茎腐烂。春、秋季节，应接受必要的日光照射，以保持一定的温度。

为了提早播期，避开高温和"三夏"大忙，室内栽培箭麻可加温培育。当栽培地的温度在14～15℃时，箭麻顶芽开始萌动抽薹；当温度18～22℃，空气相

对湿度在 $70\%\sim75\%$ 左右时，花苔生长迅速，大约每天可生长 $5\sim6cm$ ，$20d$ 左右完成抽薹，随即开始现蕾开花。天麻花为无限花序，当花苔抽高到 $1\sim2m$ 左右时，将顶端 $3\sim5$ 朵花蕾摘掉，使营养集中，形成大果。

2. 人工辅助授粉

（1）授粉时间。

箭麻育好后 $30d$ 可开花，开花的当天花粉已发育成熟，即可进行授粉。天麻的开花期既是天麻授粉期。凡在开花后 $1\sim3d$ 内授粉，其授粉和座果率均在 $95\%\sim100\%$ 。开花五天后授粉，其授粉有效率为零。每天授粉时间为上午 $9\sim12$ 时，下午 $4\sim6$ 时。一株天麻花苔平均每天开花 $3\sim5$ 朵，遇到突然升温到 $25℃$ 左右，并持续 $5\sim7d$ ，最多一天可开放 10 朵左右；反之，突然降温（$<20℃$ 以下），开花朵数随之减少。但不论何时开花，应及时授粉。当土壤干旱时应在地面和畦面以及筐（箱）面洒水，注意勿将水洒入花内。

（2）授粉操作技术。

授粉时，用左手无名指和小指稳住天麻秆，用大拇指和食指捏住花的下部，右手拇指和食指拿住针或牙签，将天麻花的舌片压下或拿掉，用授粉针轻轻挑起雄性花药（花粉团），去掉花粉团上覆盖的花帽，将花粉团准确地放在雌蕊柱头区上，用针头稍压，使花粉团散开，扩大授粉面，这有利于形成大果。天麻人工授粉是个非常细致的工作，必须随开随授粉，否则会影响授粉效果。

3. 天麻蒴果的成熟与采收

（1）采果期。

天麻花的子房从授粉的第二天起就逐渐膨大。河西地区需 $25\sim30d$ （时间在6月下旬至7月初），海拔 1000 以上地区由于气温过低，当年7月份播种，当年只能形成原球茎，较低点地区也只能形成一级侧芽，生长发育季节向后推迟一年，一般从播种到形成新生种麻需要一年半，形成箭麻需二年半时间。因此在这类地区需建立土温室栽培箭麻，将播期提早到5月中旬左右，这样一年即可收获箭麻和大量种麻，缩短生长周期一年。

（2）果实成熟度的鉴别。

一般授粉 $18\sim20d$ ，用手摸果实由硬变软，颜色由深红变浅，果缝泛白色，打开果实后天麻种子可自然散开，颜色呈灰浅褐色，镜检其种子含胚率在 85% 以上即为合格种子。用放大镜看果实下端果缝已有三分之一裂口，而整个果实处于即将裂口而尚未裂口，应及时采收。如采摘裂口种子，种子易飞散，且播后的发芽率相对降低 64% 左右。采收后将果实带回放纸盒内（留通气空隙），置室内干燥阴凉地方暂放，即可下种。

（3）果实采收与贮存。

天麻果实因授粉先后不同，分批成熟采收，最好随采随播。如遇雨天不能及时播种，可先将天麻种子抖出与共生萌发菌拌匀装在塑料袋内可暂存 3～5d（放阴凉通风处，防止发烧生杂菌）。外调果子应在冷藏箱内保存运走。不能及时播种的果子可放冰箱保鲜层，温度控制在 2～5℃暂存，应注意的是，入冰箱前应将果子上部残存的花萼部分清除，以免在冰箱时果实发霉。大批量天麻果子最好是将天麻种子抖出装入玻璃瓶内，用脱脂棉封口后入冰箱保鲜层保存，既保证种子不霉烂，又节约地方，但都不可久存以免降低发芽率。

二、天麻种子与菌种伴播技术

1. 播种期

一般在 5 月至 6 月上旬播种，海拔 800 米以下的秦巴山区（及平川室内），当年 11 月即能形成米麻和白麻。在海拔较高地区，如能将播期提前到 5 月上中旬，适当采取一些增温措施，当年冬或第二年春也可收到新生种麻。

2. 播前准备

（1）树棒。天麻果子的成熟采收期即是最佳播种期。天麻种子在 15～28℃之间都能发芽，但发芽最适温度为 20～25℃。播前 3～5d，砍伐直径为 6～8cm 粗的杂木树杆，截成 50cm 长的短节，在棒节的 2～3 面砍成鱼鳞口，每窝准备树棒 10～12 根。

（2）树枝。将 1～2cm 粗的桦栎树枝条斜砍成 8～10cm 长的短节（每窝按 2.5kg 准备）。

（3）树叶。桦栎树干落叶，每窝约需 0.5kg。

（4）浸泡。播种前 1d，用 0.25% 硝酸铵溶液将树枝浸泡 30min。用清水将干树叶浸泡 1d 捞出备用。如用已干燥的树棒，应在水中浸泡 24h。但新砍的树棒不需浸泡，直接使用。

（5）拌种。将天麻种子共生萌发菌种用手撕成单片菌叶，放在脸盆内，将天麻果子瓣开抖出种子（应在室内无风处操作），将种子倒入播种器，均匀地撒播在萌发菌叶上，要多次播种，反复拌匀，使每片菌叶上都均匀地粘上天麻种子。

每播种 1 窝天麻，需用天麻果子 10 个，天麻共生萌发菌种 1 瓶，蜜环菌种 1.5～2 瓶。

3. 室外播种技术

（1）选地。粗砂土或砂壤土最好，死黄泥不宜播种。

（2）挖坑。在选好的地内挖播种坑，一坑为 1 窝，坑长、宽 70cm×60cm，深 30～40cm，坡地坑底随坡顺水，呈缓坡形式，平地人为将坑底铺成缓坡状，以防水浸和积水。

（3）播种。

坑底土壤干燥时，一定要灌水，待水浸干后播种，干土不能播种。先在坑底铺一层浸湿的落叶，压实厚 1cm。将拌好天麻种子的萌发菌叶先取出 1 半，均匀地撒在铺好的树叶上，即是播种层。取备好的树棒 5 根摆放在播种层上，棒间距离 3～4cm。将蜜环菌菌枝摆放在鱼鳞口处和树棒两头和两侧，必须与树棒紧密靠接，才能加快传菌。摆放树枝方法：将准备好的树枝短节均匀地夹放在菌枝的空隙处，按平压实，粗细搭配。填土：用细砂土将坑内树棒间和四周空处填实，高出棒面 3cm。至此，第一层播种完毕。按照上述顺序方法播种第二层。播后用沙土覆盖，厚 10～15cm，上面加盖一层杂草树枝落叶等，防晒、保墒和防雨水冲刷。

4. 室内播种技术

（1）栽培料土的配备。

选用清洁的砂壤土或中粗度河砂（不要用山上白砂，含碱性），与杂木锯末，按体积 1：1，或 2（砂）：1 的比例（砂粗用 1：1，细砂用 2：1），充分合匀，然后用清水拌料，或用"天麻真菌营养液"（每袋 25g，加清水 10kg，充分搅拌溶解）拌料更好，促进蜜环菌迅速发菌。料土含水量不宜过湿，以 19～21%，即捏能成团，落地散开为度，拌料后堆闷 6～8h 后使用。

（2）播种方法。

用砖砌成 70cm×60cm×（40～50）cm 栽培坑，坑底铺 7～8cm 厚的砂砾或小石子形成利水层，再铺 10cm 的栽培料或砂土，再在其上放一层树叶及一层拌过种的萌发菌叶，再放 5～6 根 6～8cm 粗的树棒，棒间距 3～5cm。摆好后加栽培料或砂土压实，浇水。再播第二层，其上盖沙保湿。室内有条件的尽量采用挖坑播种，这是因为坑的四周封闭不存在垮畦，而且坑内的温度相对稳定，底层不易积水，上、下土壤通气性好，产量较高。

5. 播种后管理

（1）室内播种后管理技术。

室内播种后的管理主要是人为调控培养室内的温度、湿度。

控制温度：夏季最热月室内温度通常保持在 18～28℃之间，不能超过 28℃。

控制湿度：只要配料时湿度适宜，一般只在 7～9 月，每隔 15～20d 补水一次即可。因室内蒸发量小，浇水时轻浇浅灌，防止大水漫浸，导致筐底湿度过大烂麻。

（2）室外播种后的管理。

抗旱保墒：麻种子萌发必须吸水膨胀，未吸胀的种子不具备吸收消化天麻共同萌发菌的能力，因而种子不会发芽形成原球茎。同时萌发菌和蜜环菌的生长发育离不开水分供给，特别是形成原球茎后，长时间缺水，蜜环菌停止生长，原球茎不能及时接上蜜环菌就会干枯死亡，最后导致形成空窝。天麻播种时正值伏夏高温和干旱，播种时坑内浸水，只能维持种子发芽所需水分，播后半个月内无雨，应及时补水。7～8月高温干旱季节，每半个月灌水一次，从天麻栽培坑的上端开口，挖掘至栽培层后将水灌进，保证水分为坑内天麻栽培层吸收，坑面加厚覆盖，这是夺取高产、减少空窝的重要技术措施。

控制温度：室外播种受自然界温度的变化影响更大，故要更严格地控制温度。适宜的温度要求基本与室内相同，温度高要降温，温度低要升温。低浅山区夏季搭建荫棚遮荫，或增厚覆盖层降温，高寒山区冬季应加盖塑料薄膜增温，这些都是保持其适宜生长温度的重要措施。

防洪排涝：天麻刚播种后的15～20d内，依靠播种时的浸水完全可以完成种子萌发的需要，如果这时大水漫灌和浸渍，会使已萌发的种子腐烂，形成空窝。因此，播种后立即用树叶覆盖，大雨时要用薄膜遮盖（雨停即取），同时检查被雨冲掉的覆盖物，重新盖好，并将坑面造成龟背形，窝子的下坎挖开排水口，防止积水。

越冬管理：当气温低于－10℃时，即会发生天麻冻害，使上层天麻冻烂。因此，在霜降之后要普遍加厚盖土和覆盖树叶，海拔千米以上地区，霜降节后在天麻栽培窝上盖塑料薄膜，待第二年清明节前去掉，既可防冻，又可延长和提早天麻生长期，实践证明该法是高寒山区天麻增产的一项重要措施。

6. 种麻收获和分栽

通常天麻种子从6月份播种到来年的11月采收，同时分栽，需一年半的时间。在播种当年秋季或次年春季，利用天麻休眠期，提前进行分栽，产量及商品率分别提高15％～20％，使生产周期提前一年进入商品麻生产阶段，同时可扩大有性繁殖种植面积，每一窝平均分栽2～3窝。海拔800m以下，含平川丘陵及室内，气温较高，无霜期长，天麻播后当年生长期达到150～180d，最大白麻体长可达5～7cm，重10g以上，大部分白麻长3cm以上，重2g以上，完全可以做无性繁殖材料，当年11月即可分栽。但海拔高，播种期晚于7月份，当年白麻数量少，不宜分栽。

由于其他原因影响，室内栽植或窝栽，麻少且小，也不必分栽。

7. 种麻的贮藏保管

天麻随收随栽较为理想，栽不完或收购外运的大批量种麻需保管贮藏。方法是选用新鲜清洁的杂木锯末，用清水拌成潮而不湿的程度，含水量约在15％左右，不能过湿。藏种时先在室内地面铺10～15cm的湿沙，其上撒一层拌成的锯末料，厚3cm，将种麻均匀地摆放一层，种麻之间留一小缝，使料能灌进去，相互隔开，上面盖一层锯末，厚3cm，以此分层摆放4～5层，上用锯末盖10cm，最上面用青枫树叶覆盖。贮藏室温度控制在2～5℃，不能在室内生火，使麻种在低温条件下安全越冬。贮藏期间应定期检查，如锯末太干，可将料重新拌潮，湿度仍不能大，再依次将种麻埋上。绝不能用水从上灌浇，否则种麻与水浸渍会逐渐腐烂。如此贮藏可至来年春季栽培，损失较小。暂时贮放，也可用此法较为安全。严防冬翻时将挖的麻种随便堆放，易受冻害腐烂，造成经济损失。

种麻在分栽及贮藏前必须认真挑选，将有损伤、无生长点和染病的种麻挑出，尤其是麻体有黑斑和腐烂的更应挑出，切忌相混，否则引起黑斑病菌感染造成种麻腐烂。只要发现麻体表面有黑斑者，其体内组织已开始腐烂，绝对不能做种。如需较长时间贮藏或贮藏越冬麻种，经挑选后先晾 1～2d，使部分水分散失，避免贮藏后霉烂损失，但以不受冻害为宜。

三、无性繁殖栽培技术

所谓天麻无性栽培，就是利用天麻有性栽培繁殖出来的米麻、白麻，配上无杂菌的老菌柴、新菌棒、新菌枝、蜜环菌直接下穴栽培。天麻无性栽培期，即从天麻开始进入休眠期的 9 月底开始，到第 2a 天麻萌芽开始进入生长期的 3 月中旬止。其中如花生米大小以下的米麻栽培周期为 2a，个体大于花生米长度，小于 5cm 的为白麻，栽培周期为 1 年。天麻无性栽培时，所用的鲜菌棒、鲜桦栎树枝同有性栽培处理。

天麻制种、培育种麻在室内进行比室外优越。但人工栽培商品麻的生产，利用天然的山林比室内栽培产量高，箭麻多且个体大。因此我们提倡室内培育种麻，室外栽培商品。

1. 选择栽培场地和土壤

（1）生态环境。

人工栽培天麻应根据当地具体气候条件选定栽培场。即使在同一地区，高山低温多雨，气候冷凉阴湿，生长期短，应选择阳坡或林外栽培天麻；低山夏季干旱少雨，气温高，就应选择温度较低，湿度较大的阴山栽培天麻；中山区就应选择半阴半阳稀疏林下栽培。山体的坡度应为 5～10 度平坦的缓坡，陡坡密林不宜栽培天麻。

（2）土壤土质。

土壤质地对天麻生长有密切的关系。天麻喜生长在疏松透气沙壤土中，才能满足蜜环菌好气的特性。沙壤土既保墒又利水透气，避免纯沙土天旱不保墒和黏土不透气引起天麻干腐或湿腐危害。土壤酸碱度 pH 值在 5～6 为宜。

2. 选择优质种麻

种麻的质量好坏直接影响到栽培后天麻的产量。有性繁殖的种麻以及栽后 1～3 代繁殖的种麻均是优质种麻，超过第 4 代每年平均以 17％的速率退化，连续再种，将有种无收。因此应每年繁殖有性种麻，使种麻永远保持优良种性，是天麻夺取高产和持续健康发展的技术保证。在栽培前还应对种麻进行严格的挑选：应挑选颜色黄白，前端三分之一为白色，形体长圆，略呈锥形，且有多数潜伏芽的种麻。种麻不宜太大，一般以手指头粗细，重量在 10g 左右为好。种麻表面无蜜环菌缠绕浸染，无腐烂病斑和虫害咬伤，注意检查有无负泥虫和介壳虫危害。生长锥（白头）饱满，生长点及麻体无撞伤断损情况，凡有断裂及伤口在栽培后首先形成色斑，继而全部腐烂，且相互传染，不可忽视。凡是种麻生长点（白头）已经萌发生长者，不能再栽。

3. 栽培方法

天麻的分栽方法各地报道较多，但有的方法增产不明显，已逐渐被淘汰。这里主要介绍"菌棒加新棒""固定菌床"栽培两种方法，实践证明这两种方法是目前增产效果明显的栽培技术。

（1）菌棒加新棒栽培方法。

这种方法既能使天麻同蜜环菌较快地建立接菌关系，又能保证蜜环菌稳定持续地为天麻提供营养，而且新棒又可在下一年用来栽培天麻，一举三得，是目前大面积栽培天麻常用的方法。

在选好的栽培场地挖深 30～40cm，长 70cm，宽 60cm 的栽培坑，坑底土壤挖松 10cm，上铺浸湿的青枫树落叶 1cm 厚，将菌棒、树棒相间排列，棒间距离 6～8cm，填半沟土压实，将种麻紧靠在菌棒两侧及两头（新棒不放种麻），每根棒放种麻 8～10 个（两头各放 1 个，两侧各放 3～4 个），如有小米麻可撒在中间。在棒间空隙处斜着夹放树枝节数根（如菌棒发菌不旺，还可夹放 2～3 节蜜环菌菌枝），用土覆盖，棒面保持土厚 5～6cm，按上法再栽一层，栽完盖土15～20cm，坑顶用落叶或杂草覆盖，盖好后再撒土压实即可，这样可以防止被风吹走，且更能防晒保墒。

（2）固定菌床栽培法。

冬季栽培天麻时，将预先培养好的菌床挖开，取出上层菌棒，下层菌棒不动，只将棒间土按 10cm 远挖一个斜孔，将麻放在下种孔里，棒上盖土厚 3～5cm，撒一层树叶，厚 1cm，将上层菌棒加新棒相间排列，填土半沟，将种麻紧靠菌棒两侧和两端，每棒放 8～10 个，棒间斜夹 4～5 根树枝节，盖土厚 15～20cm，坑顶龟背形，用树叶（或玉米杆）覆盖即可。将上层未用完的菌棒再加新棒就地可另栽一窝，避免菌棒远距离背运，节省劳力。

4. 栽后管理

（1）防旱、防涝。

根据天麻生长习性，春季天麻刚萌动生长需水量小。6～8 月是天麻生长旺盛时期，需水量大。9 月下旬以后天麻生长减慢逐步趋向定型，处于养分积累阶段，不需要大的水分，这时所需要的是昼夜温差大，天麻个体迅速膨大，阴雨连绵、低温高湿是造成天麻腐烂多、产量低的主要原因。要提前开好排水沟，并加厚覆盖物防雨。反之，丰产不能丰收，天麻越大，烂的越多，损失严重。因此，夏季适时浇水、遮阴，防暑降温和秋后防涝是夺取高产的关键。

（2）防冻害。

一般来说，在河西地区，特别寒冷年份，冻害发生较多。尤其是骤然低温，当栽培层温度降到−10℃以下时，就会发生冻害，处于上层天麻首先冻坏，生长点变黑进而腐烂，而且栽培的白麻越大，冻害越严重；冬季10～11月突然降温比第二年春季1～2月低温冻害严重；冬栽后窝子未覆盖树叶的比覆盖的冻害严重；冬季栽的天麻窝子比未翻动的窝子受冻害严重。因此，在海拔千米以下地区尽量赶在上冻前将天麻栽完，栽后覆盖。千米以上地区除栽后覆盖外，还应用塑料薄膜覆盖。同时建议高寒山区在春季栽培天麻，以减少冻害损失。

5. 主要病虫害及其防治方法

（1）乱根病。

主要在蜜环菌材和天麻块茎上发生。在菌材或天麻表面呈片状或点状分布，部分发黏并有霉菌味。菌丝白色或其他颜色，影响蜜环菌生长，破坏了天麻营养供给。

防治方法：杂菌喜腐生生活，应选用新鲜木材培育菌材，尽可能缩短培养时间。种天麻的培养土要填实，不留空隙，保持适宜温度、湿度，可减少霉菌发生。加大蜜环菌用量，形成蜜环菌生长优势，抑制杂菌生长。小畦种植，有利蜜环菌和天麻生长，如感染霉菌损失较小。

（2）生长期雨水过多使天麻乱根。

主要为害天麻块茎，染病块茎皮部萎黄、中心腐烂、有异臭，有的块茎内充满了黄白色或棕红色蜜环菌索。染病块茎有的呈现紫褐色，有的手捏之后渗出白色浆状浓液。

防治方法：选地势较高，不积水，土壤疏松，透气性好的地方种植天麻；加强窖场管理，做好防旱、防涝，保持窖内湿度稳定，提供蜜环菌生长的最佳条件，以抑制杂菌生长；选择完整、无破伤、色鲜的初生块茎作种源，采挖和运输时不要碰伤和日晒；用干净、无杂菌的腐殖质土、树叶、锯屑等做培养料，并填满、填实，不留空隙。

选择排水良好的地栽天麻。菌材无杂菌感染，菌材间隙要填好。经常注意排水。

（3）蛴螬。

幼虫咬断茎秆或咀食大麻根，造成断茎和根部空洞。并在菌材上蛀洞越冬，毁坏菌材。

防治方法：铜绿金龟1年发生1代，幼虫越冬。越冬幼虫3～4月开始为害，

5～6月化蛹，成虫发生在5～8月，有趋光性，7～9月幼虫为害旺盛，10月以3龄幼虫越冬。因此可设置黑光灯诱杀成虫。

（4）蝼蛄（金龟子幼虫的总称）。

成虫和若虫危害天麻茎并在地下做隧道，被害天麻断面处呈麻丝状。

防治方法：用灯光诱杀成虫，或用90％敌百虫1000倍或75％辛硫磷乳油700倍液浇灌。毒饵诱杀，用0.025千克氯丹乳油拌炒香的麦麸5千克加适量水配成毒饵，于傍晚撒于田间或畦面诱杀。

（5）蚧壳虫。

粉蚧群集天麻块茎及菌材上，使天麻块茎生长停滞，瘦小。

防治方法：天麻生长在土中防治不便，可在天麻收获时进行捕杀，将危害严重的菌材烧毁。

第三节　天麻的采收、贮藏与加工

一、采收

1. 采收时间

天麻的采收时间一般在深秋至初冬（即10～11月）。这时天麻已停止生长，此时采收既便于加工，又利于收获后及时栽培，而且天麻产量高、质量好。

2. 采收方法

采收天麻时注意不要损伤麻体。首先要小心地将表土扒去，取出土上层菌材以及填充料，然后轻轻地将天麻取出，这样一层一层地收获。

取出的天麻要进行分类，箭麻和大白麻需及时加工，小白麻和米麻做种用。做种用的小白麻和米麻要特别注意妥善贮藏以免造成烂种。

二、贮藏

先用手捏能成团、松手可散开为度的湿润细土撒在平地上，以5～10cm厚为宜，然后将天麻种单层摆在上面，上面再撒5cm厚的细湿润土，放种时要小心轻放。但是这样贮藏的时间也不能过长，否则会造成烂种。最好是采收和栽培同时进行，先备好新菌材和木段。

三、加工

一经收获的箭麻和大白头麻应及时加工，以保证质量。

1. 分级

根据天麻个体大小可分级，以便于加工。一般可分为三等。重量在150g（3两）以上者为一等，75～150g（1.5～3两）为二等，75g（1.5两）以下及挖断的天麻为三等。

2. 清洗

将分级后的天麻分别用清水洗净泥土，除去缠绕在天麻表皮的蜜环菌索和鳞片，无特殊要求的商品天麻不必去皮。要边清洗，边煮麻，不能在水中浸泡过夜，否则加工的商品天麻烘干后易变为暗黑色，影响商品等级和药用。

3. 煮、蒸麻

（1）蒸制法。

麻少时也可采用蒸制法，即将洗净的天麻，按不同等级分别放在笼屉上蒸，小天麻蒸12～15min左右，大天麻园气后蒸20～25min左右，中天麻蒸15～20min，以蒸透为宜，即对着光看不见黑心（天麻块茎还留有一条细白心为度）。此法天麻素损失量少，但大量蒸制困难较大。天麻煮好后及时捞出，投入冷水中突然冷却，随即捞出。这样处理的好处是将煮沸过程中天麻体上粘附的不清洁东西漂出。蒸好后，取出放在事先备好的烘烤架上进行烘烤，并用少量硫磺熏蒸1次，一般每10kg鲜天麻放硫磺5g。烘烤时要经常翻动，开始火可旺点，当烘烤至麻体开始变软时，即转为文火烘烤，以避免麻体形成离层，出现空心，影响质量。

一旦麻体表皮生泡，要用竹针扎破。当烘烤至6～7成干时，取出用木板压扁，压扁后再烘烤至全干即成商品天麻。这样加工的天麻色泽鲜艳、质量好。蒸后也可放在阳光下曝晒，但所需时间长，不利于提高质量。也可白天放在阳光下曝晒，夜晚进行烘烤，这样能节省部分燃料。

（2）水煮法。

一锅水只可连续煮三次麻，如再继续煮水质变浑浊，且白矾数量不足，影响天麻加工后的色泽和质量。煮前先将水烧开，按每50kg水中投放100g白矾，待溶解后，再将天麻投入锅中。一等天麻煮10～15min，二等天麻煮7～10min，三等天麻煮5～8min。天麻量少也可先煮一等天麻，过3～4min再放入二等天麻，再过3～4min放入三等天麻，一锅煮好后同时捞出。煮时，水深应超过天麻，用木棍不断翻搅，使其受热均匀。快到煮好时，应勤检查，将天麻用竹签插入，拿起对着阳光或在暗处往亮处照看，只要看见透明的天麻中间还有一条笔杆粗细的暗影，即可出锅。也可用手用力捏住天麻，若发出"喳喳"的响声，则说明煮沸时间合适。大量加工天麻时，只要白心占天麻直径1/5以下即为合适。天麻不能煮得太过，太过天麻素损失多，干货率也降低，在烘烤过程中易出现破皮或断裂，损失太大，也影响药效。煮透后捞出烘烤，烘烤方法与笼蒸方法相同。采用水煮法会造成麻体内部养分流失，所以质量次于笼蒸法。

第四节　天麻的鉴别方法及等级标准

一、鉴别方法

（1）外表呈椭圆形，稍扁，也就是人们常说的短小饱满。

（2）表面灰黄色或浅棕色，有纵向皱折细纹，习称"姜皮样"；表面有时可见点状横纹及膜质鳞叶。

（3）有明显棕黑色小点状组成的环节，习称"芝麻点"。

（4）一端略尖，有时尚带棕红色的干枯残芽（习称"鹦哥嘴"）或残留茎基，另端有圆脐状疤痕，习称"肚脐眼"。

（5）松香断面，质坚硬，不易折断，断面平坦，半透明革质，白色或淡棕色，体重质结实，无空隙（冬麻）或有空隙（春麻）。

（6）气特异，味甘、微辛。

二、等级标准

加工后的天麻按商品质量规格进行分级，不同等级商品价格相差悬殊，一般可分4个等级，具体如下：

一等标准：天麻干货，块茎为扁平长椭圆形，扁缩弯曲；去净粗栓皮，表面黄白色，有横环纹，顶端有残留茎基或红黄色的枯芽，末端有圆盘状的凹脐形疤痕；质坚实，半透明，断面角质、牙白色；味甘微辛；每千克26支以内，无空心、枯炕、杂质、虫蛀、霉变。

二等标准：天麻干货，呈椭圆形，扁缩弯曲；去净粗栓皮，表面黄白色，有横环纹，顶端有残留茎基或红黄色的枯芽，末端有圆盘状的凹脐形疤痕；质坚实，半透明，断面角质、牙白色；味甘微辛；每千克46支以内，无空心、枯炕、杂质、虫蛀、霉变。

三等标准：天麻干货，呈椭圆形，扁缩弯曲；去净粗栓皮，表面黄白色，有横环纹，顶端有残留茎基或红黄色的枯芽，末端有圆盘状的凹脐形疤痕；质坚实，半透明，断面角质、牙白色或棕黄色，稍有空心；味甘微辛；每千克90支以内，大小均匀、无枯炕、杂质、虫蛀、霉变。

四等标准：天麻干货，每千克90支以外；凡不符合一、二、三等的碎块、空心及未去皮者均属此等；无芦茎、杂质、虫蛀、霉变。

三、贮藏

加工好的商品天麻，如不能及时出售，就必须妥善贮藏好。

贮藏方法：用无毒塑料袋或其他既密闭又不易吸潮的器具密封后放在通风、干燥处保存，防止回潮霉变，以免影响质量，30～45d要检查翻晒。加工的商品天麻在夏季还会遭虫蛀，所以在入夏前要结合翻晒用硫磺熏1～2次，可有效地防止虫蛀。

第五节　天麻的留种技术

天麻品种很多，一般选用"米麻""白头麻"等优良品种。翻窖时，将"米麻"和"白头麻"分窖栽种，便于收获。注意"白头麻"要年年换新窖，防止杂菌感染，以免烂窖。

第六节　天麻的主要化学成分及药用价值

一、主要化学成分

近年来，国内外学者对天麻的化学成分进行了较为系统的研究，揭示天麻中主要含有酚类及其苷、有机酸类、甾醇类、含氮类以及多糖类化合物，还含有多种氨基酸以及人体所需要的微量元素。

天麻中含量较高的主要成分是天麻苷（gastrodin），也称天麻素，其化学组成为对-羟甲基苯-β-D-吡喃葡萄糖苷；另含天麻醚苷、对-羟基苯甲基醇、对羟基苯甲基醛、4-羟苄基甲醚、4-（4'-羟苄氧基）苄基甲醚、双（4-羟苄基）醚、香草醇、枸橼酸、枸橼酸甲酯、胡萝卜苷、蔗糖等。

初生球茎含有一种抗真菌蛋白以及几丁质酶、β-1，3-葡聚糖酶。还含有具有增强免疫作用的天麻多糖以及多种微量元素，其中以铁的含量最高，氟、锰、锌、锶、碘、铜次之。从新鲜天麻中分离得到酚性成分：天麻苷、对-羟基苯甲醇、对-羟基苯甲醛、3，4-二羟基苯甲醛、4，4'-二羟基二苯甲烷、对羟苄基乙醚。

二、药用价值

1. 镇痛作用

用天麻制出的天麻注射液，对三叉神经痛、血管神经性头痛、脑血管病头痛、中毒性多发性神经炎等有明显的镇痛效果。经一些医疗单位1000多例患者的临床试用，有效率达90%。

2. 镇静作用

有的医疗单位用合成天麻素（天麻甙）治疗神经衰弱和神经衰弱综合症病人，有效率分别为89.44%和86.87%。且能抑制咖啡因所致的中枢兴奋作用，还能加强戊巴比妥纳的睡眠时间效应。

3. 抗惊厥作用

天麻对面神经抽搐、肢体麻木、半身不遂、癫痫等都有一定疗效。还有缓解平滑肌痉挛，缓解心绞痛、胆绞痛的作用。

4. 降低血压作用

天麻能治疗高血压。久服可平肝益气、利腰膝、强筋骨，还可增加外周及冠状动脉血流量，对心脏有保护作用。

5. 明目、增智作用

天麻尚有明目和显著增强记忆力的作用。天麻对人的大脑神经系统具有明显的保护和调节作用，能增强视神经的分辨能力，已用作高空飞行人员的脑保健食品或脑保健药物。日本用天麻注射液治疗老年痴呆症，有效率达81%。

第二十一章　红景天栽培技术

红景天（*Rhodiola rosea* L.），别名蔷薇红景天、扫罗玛布尔（藏名）等，是景天科多年生草木或灌木植物。生长在海拔 1800～2500m 高寒无污染地带，其生长环境恶劣，如缺氧、低温干燥、狂风、受紫外线照射、昼夜温差大，因而具有很强的生命力和特殊的适应性。为亚洲地区常用传统药材，可作药用，性味甘，苦，平，归肺、心经。功效是补气清肺，益智养心，收涩止血，消瘀散肿，主治气虚体弱，气短乏力，肺热咳嗽，跌打损伤，烫火伤，神经症，高原反应。亦有很大的美容效果，可作护肤品，也可食用。

已确认的红景天超过二百个品种，当中大约二十多种为亚洲传统医学的常用药，例如小花红景天、大花红景天、蔷薇红景天、圣地红景天等。尤其是蔷薇红景天，已被广泛研究。20 世纪 60 年代苏联科学家发现，它可以协助身体回复稳态。也就是说，红景天能提高身体对抗各种来自化学、生物或物理因素的刺激。有关红景天的研究，除了传统的抗压功能外，科学家还专注一些新发现，包括抗癌及抗糖尿病等。

第一节　红景天的主要特征特性

一、植物学特征

红景天的常见品种有小丛红景天、高山红景天、长鞭红景天、狭叶红景天、圣地红景天、大花红景天、小花红景天、库叶红景天、深红红景天、吉氏红景天、四裂红景天、对叶红景天、蔷薇红景天等。

1. 小丛红景天 （*Rhodiola dumulosa*）

俗名雾灵景天、凤尾七，景天科红景天属。多年生草本，常成亚灌木状，生于海拔 1600～2000m 高山山坡及高山梁的石隙中。株高 15～25cm，无毛。主干木质，基部被残枝，枝簇生。叶互生，密集线形，先端尖或稍钝，全缘无柄，绿色。花序顶生，聚伞状，4～7 两性花；萼片 5，线状披针形，先端急尖；花瓣 5，淡红或白色，批针状长圆形；雄蕊 10，较花瓣短；花期 6～8 月。蓇葖果，直立或上部稍展开。种子长圆形，具狭翅。果期 6～8 月。分布于东北、华北、内蒙古、西北、西南、华中。茎状根可入药，有补肾、养心、安神、调经活血、明目之效用。

红景天

2. 高山红景天 （*Rhodiola sachalinesis*）

俗名库页红景天，景天科红景天属。多年生草本，株高 15～35cm。根粗壮，直立或倾斜，长 20～50cm，粗 1～4cm，幼根表面淡黄色，老根表面褐色至棕褐色，常具脱落栓皮，断面淡黄色；根茎主轴短粗，顶端分枝多，被多数棕褐色膜质鳞片状叶；花茎直立，丛生，不分枝。叶无柄，长圆状匙形、长圆状菱形或长圆状披针形，长 1～4cm，宽

5～15mm，先端急尖至渐尖，边缘上部具粗锯齿，下部近全缘。花为聚伞花序，花密集；雌雄异株或杂性异株；萼片 4，少 5，披针状线形，长 2～3mm，先端钝；花瓣 4，少 5，淡黄色，线状倒披针形或长圆形，长 3～6mm，先端钝；雄蕊中雄蕊 8，较花瓣略长，花药黄色；具 3～4 枚不发育的心皮；雌花中雌蕊心皮 4，花柱外弯，柱头钝。果实为蓇葖果，披针形，直立，长 6～8mm，喙长约 11mm，向外弯曲；种子长圆形至披针形，棕褐色，长约 2mm。库页红景天分布于吉林和黑龙江，尤其吉林的长白山是其主要分布地。库页红景天多生长在长白山区 1800～2300m 的高山冻原带和岳桦林带；在山顶部的溪流两侧、山坡沟谷、岩石缝及石塘内群生。

生境：冬季严寒漫长，夏季凉爽短暂，年平均气温 −5～2℃，高山冻原带 1 月平均气温 −24℃，7 月平均气温低于 10℃，年降雨量 800～1000mm，冬季积

雪很厚，无霜期 70～100d。

用途：抗缺氧、抗疲劳、抗菌、抗辐射、镇痛之效用。

3. 长鞭红景天（*Rhodiola fastigiata*）

多年生草本。地上多年生茎伸长，可达 50cm，粗约 1～1.5cm；花茎生于多年生茎的顶端，长可达 20cm。叶互生，线状长圆形或线状披针形。伞房花序长 1cm，宽 2cm；瓣红色，花期 6～8 月。喜凉润，喜肥，畏炎热，也耐瘠薄。常生于海拔 3300～5400m 的山坡草地、高山灌丛、石砾草坡、冰缝石滩等处。产于西藏喜马拉雅、念青唐古拉山区，云南、四川西部以及沿喜马拉雅诸国也产。具有抗疲劳、抗菌、抗辐射、益气活血、通脉平喘等作用。

4. 狭叶红景天（*Rhodiola kirilowii*（Regel）Maxim.）

俗名土三七。多年生草本，高 10～20cm。地下块根粗大，形状不一，多为长圆形，外表淡青色或乳白色，被膜质鳞片，三角形，大小不齐。茎多数由基部分枝，直立或微斜生，圆柱形；有不明显的沟纹，淡黄色，光滑无毛。叶互生，线形或线状披针形，长 1～2cm，宽 0.2～0.4cm，先端渐尖，两面绿色，无毛，微肉质，沿边缘全缘或有稀疏的不整齐的齿。花为头状散房花序，着生在茎及枝的顶端，单性，雌雄异株，有花梗，很短；花萼 5 个，三角形，卵形，长 1.5～2mm，褐色，顶端钝；雌花花瓣 5 个，黄色或红色，狭长圆状，长 2～3mm，先端钝，基部离生；雄蕊 12 个，2 轮，外轮与花瓣等长；内轮着生于花瓣中部或近基部，花药黄色，近球形；鳞片 5 个，近长方形，黄色；心皮 5～6 个，近直立，褐色，基部合生，先端尖锐，花期 5～6 月。蓇葖果，上部开裂外展；种子有翅，先端喙状，果期 8～9 月。生长在山地草甸的阴坡及森林下的石质坡地上。具有止血化瘀、调经作用，主治跌打损伤、腰痛、吐血、崩漏、月经不调等症。

5. 圣地红景天（*Rhodiola sacra*（Prain ex Hamet）S. H. Fu）

俗名圣景天、全瓣红景天、扫罗玛尔布。多年生草本，主根长 7～35cm，上部粗达 1cm，向下渐狭，具少数侧根和纤维状细根，褐色；根颈直立，长 1～3

（6）cm，粗 0.5～1.5（2）cm，具 2～4 分枝或不分枝，先端生 1～6 花茎，上部密盖鳞片状基生叶；鳞叶长三角形或披针形，长 3～6mm，宽 2～4mm，先端急尖，全缘，锈色，纸质；花茎上升或直立，长 7～20cm，粗 1～1.5mm，不分枝，圆柱形，绿色，有时带红色，通常具乳突或平滑，整个疏生叶。叶互生，稍肉质，倒卵形、倒卵状长圆形、椭圆形或倒披针形，长 1～2.5cm，宽 0.6～2cm，先端圆或钝，基部渐狭，边缘具圆齿、锯齿或有小裂片，表面绿色或黄绿色，背面稍淡，厚纸质，中脉和侧脉微突起且有时稍带红色，叶柄短而扁平或无。聚伞花序顶生，长达 3cm，宽达 3.5cm，有 4 至多花，排列密集；苞片叶状，较小；花梗长 1～4mm，具乳突或平滑。花两性；萼片 5，狭三角形，长 3.5～5mm，基部宽 1～1.2mm，先端圆，绿色，有时带红色；花瓣 5，狭卵状长圆形，长 5～9mm，宽 1～2mm，先端钝或具短尖，边缘全缘或上部略啮蚀状，白色、淡红色或淡黄色；雄蕊 10，与花瓣近等长或稍短，花丝钻形，压扁，淡黄白色，花药卵状心形，紫红色，成熟时黄色；鳞片 5，近正方形，长不足 1 毫米，上部微缺或平截，红橙色；雌蕊长 4～6mm，白色，心皮 5，狭披针形，花柱细，长约 1.5mm；花期 8～10 月。蓇葖果直立，长 5～6mm。种子长圆状披针形，长约 1mm，褐色。果期 8～10 月。

生境：生于海拔 2700～4100m 的山坡石缝。

产地：德钦、中甸，西藏有分布。尼泊尔也有分布。

用途：补气清肺，益智养心，收涩止血，散瘀消肿。主治气虚体弱；病后畏寒、气短乏力、肺热咳嗽、咯血、白带腹泻、跌打损伤、烫火伤、神经症、高原反应。

6. 大花红景天（*Rhodiola crenulata*（Hook. f. et Thoms.）H. Ohba）

俗名宽瓣红景天、宽叶景天、圆景天。多年生草本，高 10～20cm。根粗壮，圆锥形，肉质，褐黄色，根颈部具多数须根。根茎短，粗状，圆柱形，被多数覆瓦状排列的鳞片状的叶。从茎顶端之叶腋抽出数条花茎，花茎上下部均有肉质叶，叶片椭圆形，边缘具锯齿，先端尖锐，基部楔形，几乎无柄。聚伞花序顶生，花红色。7～9 月采收。

生境：高寒地带终年积雪的向阳坡上，海拔 3000～6000m 特殊环境。

产地：西藏、云南西北部、四川西部。

用途：具有抗疲劳、抗衰老、耐缺氧、抗寒冷、抗微波辐射等多种功能，而且有提高工作效率、延缓机体衰老等作用。

二、生物学特性

1. 土壤条件

土壤贫瘠、气候冷凉、无霜期短、夏季昼夜温差大等条件造就了红景天喜温暖凉爽气候、抗严寒、耐低温、耐干旱、怕水涝、忌夏季高温多湿气候的生长习性。生于高山冻原、山坡林中、石坡等，土壤多为山地苔原土及山地生草森林土，土壤 pH5～5.5，土层较浅，有机质含量较少。

2. 气候条件

（1）对温度的要求。

种子具不完全休眠性，不经处理的种子发芽率 10％～15％，适宜的发芽温度 15～20℃，种子在常温下储存 1a 后多数失去发芽能力，在 0℃以下环境中储存一年后仍保持良好发芽率，幼苗初期生长缓慢，耐低温，喜湿润，怕强光直射，生长后期喜光照，耐干旱。

（2）对水分和湿度的要求。

生长在水分充足、土层较厚的草丛或岳桦林下的红景天，由于光照不足，植株较高，长势细弱，主根细长，须根较多，根茎少且为细长形，虽然春天出苗后的花茎少，结的种子也少。但由于岳桦林光照弱，湿度大，种子不易被风吹跑，因此由种子繁殖的苗比较多。移栽后的成株喜光照，耐干旱，怕水涝，特别不适应夏季的高温多雨天气，因此雨季要注意挖好水沟，排水防涝。

3. 分布

红景天大多分布在北半球的高寒地带，大多数都生长在海拔 3500～5000m 左右的高山流石或灌木丛林下。在我国主要分布在东北、甘肃、新疆、四川、西藏及云贵等省。我国有 73 种，其中西藏占有 32 种，2 个变种，但至今仍未有很好的开发利用。

第二节　如何培育红景天

一、选地、整地

红景天对土壤要求不十分严格，应选择海拔较高、气候冷凉、无霜期较短、夏季昼夜温差较大的山区栽培,低海拔的平原地区、夏季高温多雨、无霜期长的地区不适宜栽培。具体栽培地应选择含腐殖质多、土层深厚、阳光充足、排水良好的壤土或砂壤土,可以利用山区的森林采伐地或生荒地栽培,在西北地区也可以栽培。育苗地最好选上质肥沃疏松、离水源较近的地块,移栽地尽量选择排水良好、土壤含沙略多的山坡地,黏土、盐碱土、低洼积水地不适合栽培。

二、良种选育

1. 根茎繁殖

采集野生根茎或者在采收时将大的根茎剪下作种栽,剪成 3～5cm 的小段,在阴凉处稍晾 1～2d,使种栽表面伤口愈合。春栽 4～5 月;秋栽 9～10 月,以秋栽为宜,按行珠距 (20～25) cm×(10～15) cm,斜栽,覆土,稍加镇压。

2. 种子处理与播种

育苗移栽法。种子细小,千粒重 0.13～0.15g,适宜发芽温度 15～20℃,贮存 1a 丧失发芽力。

种子处理:春季播种时种子要进行水浸处理,具体方法是:选成熟饱满的新种子,将种子集中放入干净的布袋内,将布袋放入常温水中浸泡 40～50h,每天换水 2～4 次,浸完的种子在阴凉通风处晾去表面水分,待种子能自然散开时立即播种。

播种时间:选新鲜成熟的红景天种子于春季或秋季播种,春播时间 3 月下旬至 4 月上旬,秋播在 9 月中旬至结冻之前。秋季播种出苗早、苗全,种子不需要处理。

播种量:红景天的播种量按种子千粒重、发芽率、混杂度而定,在河西地区,大田用种量一般为每平方米播种 1.5～2.0g。

播种方法:播种时先用木板将育苗床表面土刮平,按行距 8～10cm 横畦开沟,沟深 3～5mm,将种子均匀撒在沟内,盖筛过的细土 2～3mm,用手或木板将上压实,然后在床面上盖一层稻草或松枝保湿。

三、田间管理

1. 间苗、定苗和补苗

出苗后三到五天进行第一次间苗,疏去弱苗和过密的苗,留壮苗,苗距 4～5cm,若缺苗严重,应及早移栽补苗;幼苗生长 1 年后可移栽,移栽时期与播种育苗相同,将苗全部挖出,按大小分等栽植。先在做好的畦上按 20～30cm 的行距开沟,沟深依种根长短而定,按株距 15～25cm,将根苗倾斜放入沟内,芽头向上,覆土深度以盖过种芽 2～3cm 为宜,秋季移栽覆土要适当加厚,若土壤干旱,栽后要浇透水以利成活。

2. 中耕除草

幼苗出土初期生长缓慢,出土 20a 的幼苗仍只是 2 片子叶,植株很小,而此时杂草生长较快，应及时除去田间杂草。苗期要经常保持床上湿润，干旱时要随时用细孔喷壶向床面浇水。开始出苗时，在早晨或傍晚逐次将床面盖的稻草除去，使幼苗适当接受光照。长出地上茎之后，根据出苗情况，间出过密的幼苗，或补栽于别处。

3. 灌水追肥

移栽地全部生长期内要经常松土除草，保证田间无杂草。移栽后的第二年应根据生长情况适当追施农家肥，尤其在开花期前后适量追施草木灰或磷肥，以促进地下部分生长。高温多雨季节一定要注意田间排水，有条件时可在床面上搭棚遮荫防雨，或在床面上部的植株行间盖枯枝落叶防雨降温。入冬之前，向床面盖2～3cm 的防寒土以利越冬。

四、主要病虫害及其防治方法

红景天在适宜的环境下栽培，生长期间病虫害较少，气候干旱季节偶有少量蚜虫为害幼嫩茎叶，可以用 40% 乐果乳油 1500～1800 倍液防治。其次是有时少量蛴螬、蝼蛄为害地下部分，可以人工捕杀或用毒饵诱杀。3～4 年生苗在高温多湿季节多有根腐病发生，有时严重影响植株生长及药用部分的产量，发病初期，叶片首先变黄，慢慢全株枯黄，地下部的根和根茎先出现褐色病斑，后期全部腐烂变成褐色或黑色，最后全株死亡。防治方法主要是按要求进行选地，移栽前最好将土壤做消毒处理，若在田间发现病株应及时拔出烧毁，病穴用石灰消毒，发病初期可用 1000 倍代森锰锌或多菌灵药液浇灌根部或喷撒，每 10a 一次，共喷 3～4 次。

第三节　红景天的采收与加工及性状鉴别

一、采收与加工

用种子繁殖生长 4 年后采收，根茎繁殖生长 2 年后采收，采收季节在秋季地上部分枯萎后，先除去地上部枯萎茎叶，将地下部分挖出，去掉泥土，用水冲洗干净，在 60～70℃ 条件下烘干，或者将洗干净的药材上钢蒸 7～10min 之后，在阳光下晒干或在干燥室内烘干，待药材达到七八成干时，将根和根茎整顺取直，顶部对齐，数个根茎捆成小把，再烘至全干。

二、性状鉴别

根粗壮，圆锥形，肉质，褐黄色，根颈部具多数须根。根茎短，粗壮，圆柱形，被多数覆瓦状排列的鳞片状的叶。从茎顶端之叶轴抽出数条花茎，花茎上下部均有肉质叶，叶片椭圆形，边缘具粗锯齿，先端锐尖，基部楔形，几乎无柄。聚伞花序顶生，花红色。蓇葖果。

三、等级标准

红景天的品质取决于有效成分的种类及含量。红景天的有效成分主要有红景天苷及苷元酪醇、多糖类、黄酮类、挥发油类、氨基酸和微量元素。

第四节　红景天的留种技术

种子在七月中旬以后开始成熟，3～4a 生苗结实较多，要随熟随采，当果实表面变成褐色，果皮变干，果实顶端即将开裂时即可采收种子，先将果穗剪下，放阴晾处晒干后，用木棒将种子打下，除去果皮及杂质，放在阴凉通风干燥处保存。

第五节　红景天的主要化学成分及药用价值

一、主要化学成分

大花红景天主要成份为红景天甘（Salidroside）及其甘元酪醇（Tryosol）、6-氧-没食子醯基红景天苷、1，2，3，4，6-五氧-没食子醯基-β-D-吡喃葡萄糖、草质素-7-氧-α-L-吡喃李糖甘、草质素-7-氧-（3-氧-β-D-吡喃葡萄糖基）-α-L-吡喃李糖甘，另外还含有黄酮苷、没食子酸、山奈酚、槲皮素、酪萨维（Rosavin）、酪生（Rosarin）、酪萨利（Rosin）等结构。红景天根中含有黄酮甘 Rhodionin、Rhodiosin、Rhodiolin，约有 30 种挥发油，其中 Sosaol 含量最高，占约 26%，还有 β-石竹烯、α-橄香烯等。

红景天不同种的植物中红景天苷的含量相差较大，经由 HPLC 等不同的方法测定了 10 种红景天植物中的红景天苷和百脉苷含量，其中以狭叶红景天、吉氏红景天、四裂红景天、对叶红景天所含红景天苷和百脉苷为高含量。

二、药用价值

1. 抗缺氧、抗疲劳

红景天能迅速提高血红蛋白与氧的结合能力，提高血氧饱和度，降低机体的耗氧量，增加运动耐力，恢复运动后疲劳。

［实验］选取雄性小白鼠（体重20g左右），经训练后用0.4mg/g比重腹腔注射，对照生理盐水组，记录爬杆时间，结果显示有显著性差异。观察小白鼠负重游泳试验，结果表明用药组优于对照组。

2. 抗菌作用

红景天内含有多量具有抗菌消炎成分的东莨菪碱、山柰酚等；鞣质含量也最多，具收敛性，在黏膜表面起保护作用，制止过多的分泌、停止过量的出血，对肺部炎症引起的咳嗽、咳痰及妇女白带增多有疗效。

3. 镇痛作用

［实验］采用小鼠抖笼法，取小鼠活动架及杠杆，开动记纹快鼓，以描记小鼠活动。腹腔注射红景天苷（400mg/kg）和生理盐水（对照组）。结果表明用药组具有明显抑制小鼠活动能力的作用（$p<0.001$）。

4. 抗辐射作用

红景天能明显抑制辐射引起的心和肝脏LPO（过氧化脂质）的产生，对脂质和细胞膜起到保护作用。

5. 延缓衰老作用

红景天能显著提高机体SOD（超氧化物歧化酶）的活性，清除自由基，抑制过氧化脂质生成。

6. 对内分泌系统的双向调节作用

红景天能双向调节肾上腺激素、性激素等的分泌。

第六节　红景天的开发利用前景

红景天作为近年来新发现的适应原样补益药，在国外已进行较为深入的研究，俄罗斯保健部药理委员会将红景天列为人参型兴奋剂及"适应原"样药，临床应用于抗疲劳，提高体力和脑力劳动功能、神经官能症、张力减退综合征、糖尿病和贫血等病症。

目前，国内对红景天的研究还远远不及对人参、刺五加等那么透彻、深入，对其有效成分的研究，亦仅限于红景天苷及其苷元的研究。

根据上述机理，红景天的功用包括抗氧化、抗糖尿病、抗缺氧及抗癌等。它是传统医学中功效较显著的草药之一，它的价值应该得到更多临床数据证明及支持。

第二十二章　甜叶菊栽培技术

甜叶菊（*Stevia rebaudiana* Bertoni）又名甜菊、甜草、甜茶，系多年生菊科草本植物，原产于南纬22°～24°、西经55°～56°的巴拉圭东北部与巴西接壤的阿曼拜山脉，当地的印第安土著居民以此为甜草当作甜味剂使用已经有几百年的历史。1977年开始从日本引入中国，并在全国各地开始种植推广。甜叶菊所含的甜菊糖甙，俗称甜菊糖，系以甜叶菊的叶片为原料，运用现代生物工程技术提取、精制而成的一种纯天然、高甜度、低卡路里的新型高档甜味剂，甜度为蔗糖的200～400倍，卡路里仅为蔗糖的1/300。甜菊糖甙产品广泛应用于饮料、食品、医药、酿酒、烟草和日用化工等用糖领域之中，也是糖尿病、肥胖症、心脑血管病、高血压和龋齿等忌食糖者以及当今世界追求绿色、健康、美丽的人们最理想的代糖品，被誉为"最佳天然甜味剂""第三糖源"等。

第一节　甜叶菊的主要特征特性

一、植物学特征

1. 根

甜叶菊的根系由细小的、条状的不定根、侧根和须根组成。甜叶菊根系主要分布在土壤上层，土壤深层分布较小。主要根群活动范围在30cm的土层内。甜叶菊根的功能为吸收、输导水和营养物质，并对已合成的养分进行贮藏和固定。甜叶菊根由初生根和次生根组成。初生根包括主根和侧根，均细小、不发达、生存时间短、功能弱，很快被次生根代替。次生根发生于根基部，由粗根和细根组成。粗根直径1.2～2.3mm，垂直向下或斜向生长，入土深度28～36cm。

2. 茎

甜叶菊茎比较柔软，直立或半直立，一年生一般为单株型；两年生或多年生为多茎丛生型。株高90～150cm，在茎上着生叶的部位称之为节，茎秆上有20～

30 个节。每节着生二枚对生叶子。每节上的腋芽长出对生侧枝，在侧枝上还可再生出一对侧枝，通常一株甜叶菊约有 12～24 个节。节与节之间称节间。节间的长度从茎基部到顶端逐渐增加，而节间粗度则逐渐细弱。甜叶菊的茎到组织分化成熟以后，便不能继续增粗。茎部维管束是植物的根与叶、花和种子之间的运输管道。茎为绿色，密生茸毛，中实质脆，极易折断。

茎

3. 叶

甜叶菊不同部位的叶分三种，有子叶、真叶和苞叶。真叶对生，个别互生，由叶柄、叶片组成。叶片正反面均有茸毛，茸毛由表皮毛和腺毛构成。苞叶（每个头状花序 5 枚）披针形，密生茸毛。甜叶菊叶片宽叶型略带苦味，窄叶型苦味少。

甜叶菊叶的排列是一个节中有二枚叶对生，但是叶子着生部位有别于其他植物。甜叶菊叶的着生位置，随着每一个节的增加，

叶

可看到半旋转的位置上，有所谓的互生叶着生。甜叶菊生育前期叶为对生，生育后期为互生。叶呈宽披针形，一般长 4.5～9.5cm，宽 2～5cm。叶缘有较浅的纹齿。叶的反、正面有短茸毛，类型的不同，茸毛的多少也不同。甜叶菊为单叶，具有叶柄，原始叶之基部，发育形成托叶，起着保护幼芽的作用，托叶与叶柄连接。叶片中央纵贯一条主脉（或中脉），中脉二侧分布着许多小的侧脉。

叶色以绿色类型为最多，少数有浅黄、浅绿类型。主茎上叶片的数目，因品种类型和栽培环境不同，对叶片数目影响很大，一年生单株有叶片 400～700 片，多达 1200 片。甜叶菊叶和其他植物叶有同样的功能。可以起到光合作用，蒸腾作用、吸收作用、呼吸作用。

甜叶菊的经济利用部分主要是叶子。甜叶菊各部分叶子中含甜菊糖甙的多少按一定层次分布。同一品种，甚至同一植株，不同水平部位叶子的含甜菊糖甙量是不同的。甜菊叶以中层部位为最多，并且糖甙的含量最高。顶端没展开的叶与下位老叶的含量低。主茎叶片含甜菊糖甙的量和侧枝叶片中含糖甙的量相差无明显的区别。

4. 花

甜叶菊的花为完全花，但自花授粉率很低。甜叶菊的花是由 4～6 朵小花集成的头状花序，着生在茎和枝的顶端，呈伞房花序排列。小花为两性花，有雌蕊和雄蕊，聚药雄蕊。花冠细长犹如针状，顶端 5 瓣，呈白色，基部联合，呈淡紫色或白色，管状花。花期 15～20d。

5. 果实和种子

果实为瘦果，黑色或黑褐色，顶端有冠毛，成熟后易随风飘扬。果皮组织疏松，易透水透气而丧失发芽力，常温下寿命不超过一年。

花

甜叶菊的种子很小，外形细长，一般 2～3mm。成熟的果皮为褐色或黑褐色。种子外表有棱线，呈浅灰色线条。种子顶端，胚的周围生有冠毛，呈灰色。种子千粒重为 0.3～0.4g。从种子的横切面看，有种皮、内膜和胚。甜叶菊种子无明显胚乳，贮藏养份主要靠子叶。胚位于种子的顶端，胚由胚芽、胚轴、胚根所组成。种子无休眠期。

种子

二、生物学特性

甜叶菊全生育期约 140d 左右。

1. 出苗期

种子无休眠期，成熟种子得到适当的温度、水分时，经 5～10d 即可发芽成苗。

2. 苗期

种子出苗后，生长非常缓慢。

3. 分枝期

一级分枝发生于主茎节 5～6 节位，每株总分枝在 40 个以上，两年生植株多枝丛生。二级分枝发生于主要枝条中部。

4. 现蕾开花期

现蕾时甜叶菊的产叶量和糖甙（苷）含量都已达到最高峰，是收割营养体（叶片）的最佳时期，也可称为生物成熟期。现蕾、开花期的早晚受日照长短影响很大。

5. 结实期

（1）长江以北地区，由于秋季气温下降，在下霜前只能收到一部分种子，成熟度差，下霜后只开花不结籽。

（2）东北及西北地区，由于生育期短，温度低，甜叶菊只开花，不能正常结实。

三、环境条件

1. 温度

适宜的温度是甜叶菊生长发育的必要条件。在不同的生育期内，甜叶菊对温度的要求不同。甜叶菊原产于亚热带地区，喜高温，北方栽培甜叶菊应特别考虑低温的影响。$20\sim25℃$ 是甜叶菊发芽的适宜温度，全生育期需要 $\geq10℃$ 积温 $4600℃$，$\geq15℃$ 的活动积温为 $4100℃$。低于 $15℃$ 或高于 $30℃$ 均对种子发芽不利，日平均温度低于 $24℃$ 时，甜叶菊生长很慢；平均气温高于 $25℃$ 时甜叶菊生长十分迅速，秋季日平均气温降到 $15℃$，甜叶菊停止生长。甜叶菊在幼苗期如遇持续 1 个月的 $8\sim12℃$ 低温，叶片及地上部干物质重就会明显减少。甜叶菊生长的适宜温度为 $25\sim29℃$，如果日平均气温低于 $24℃$，甜叶菊就会生长缓慢；日平均气温高于 $25℃$，甜叶菊生长就会十分迅速；秋季日平均气温降至 $15℃$，甜叶菊则停止生长。

2. 光照

光照可促进种子发芽。故播种时盖土不宜厚。甜叶菊属短日照作物，其临界日照 12h。在我们北方种植甜叶菊，由于属于长日照地区，开花时间显著推迟或不开花，不能正常采种，只能收叶。临界日照为在短光照处理（<12h）条件下，营养生长期缩短，播种后大约58d就开花，在纬度较高地区光照条件有利于营养生长期的延长，但温度已成为限制因子。

3. 水分

耐湿性强，抗旱力较弱，根系分布浅，故抗旱力差。

水分是甜叶菊生长最重要的因素之一。甜叶菊发芽需要充足的水分，田间持水量不能低于80%，而且近地表空气湿度要大。在近地表空气湿度过小、蒸发过快的情况下，即使土壤湿度很大，种子也难于发芽扎根。土壤湿度小，近地表空气湿度小，会使种子发芽率明显降低，发芽出苗后也会造成死苗严重的现象。但是，田间持水量超过 85%，甜叶菊种子发芽率也会下降，无根苗增多，烂子严重。甜叶菊生育期内的总耗水量因品种特性、群体大小、气候条件、土壤性质、栽培技术和产量高低等而有较大差别。甜叶菊在 1 年的生长周期中，总耗水量变化范围为 $4500\sim9000m^3/hm^2$。

4. 土壤

甜叶菊对土壤种类，肥力要求不十分严格，适应范围较广。但较适应于排灌方便、土壤肥沃的沙壤土或壤土种植。在 pH3.8～9 的范围内均能生长，并具有一定的耐瘠性。甜叶菊还具有较高的耐盐能力，其耐盐限度与耐盐较强的向日葵相当。要求土壤有机质大于 1.2%，速效氮大于 90ppm，速效磷大于 23ppm，速效钾大于 150ppm。不耐连作，多年生栽培以 3 年更新为佳。甜叶菊前茬忌瓜、菜、向日葵等作物。

5. 甜叶菊营养特性与需肥规律

甜叶菊一生中需要吸收氮、磷、钾和微量元素，以满足生长发育的需要。甜叶菊对肥料三要素的需求量以钾肥最多，氮肥次之，磷肥最少。每获得 50kg 干叶，需要吸收氮（N）2.68kg，磷（P_2O_5）0.83kg，钾（K_2O）3.8kg，钾多于氮，氮多于磷。其三要素比例为 1：0.30：1.42。

（1）氮素。

甜叶菊对氮素反应极为敏感，氮素供应必须适量。甜叶菊在花蕾形成期对氮的吸收量可达 78%，以后逐渐下降。氮素过多时，会导致茎叶徒长、节间拉长、生长嫩弱、叶片薄、容易倒伏和严重感染病害，下部叶片过早霉烂，致使叶片产量、风干率以及叶片与茎枝比例下降，品质降低。甜叶菊缺氮时，植株生长受到抑制，植株细弱，茎叶生长缓慢，叶片数、叶面积减少，叶片呈黄绿色，淡而无光，下部叶片首先发黄，叶片变黄先从叶尖开始。

（2）磷素。

甜叶菊对磷素的需求量次于氮和钾，在植株体内的含量占干物重的 0.3%～0.5%。磷能促进种子萌发和根系发育，增强幼苗代谢和抗逆能力，促进开花、结实和种子成熟。甜叶菊生长前期施适量磷肥，地上部和根系发育均能得到改善。磷素过多时，会增加植株体内无机磷化物的积累，导致甜叶菊新陈代谢失调，使叶片产量下降。甜叶菊缺磷时，幼苗根系发育细弱，生长缓慢，叶片呈紫红色。严重缺磷时，叶片发黄，其症状与缺氮时的变黄症状相似，必须通过对植株测定才能确定是缺氮还是缺磷。

（3）钾素。

钾是甜叶菊体内含量最多的营养元素，约占干物重的 1.5%～4.0%。钾能促进甜叶菊碳水化合物的合成和转移，提高叶片继续光合作用的能力。甜叶菊在高氮的情况下，增施钾肥比增施磷肥对提高产量更有效。钾素过多时，会影响植株对钼、镁的吸收，同样会出现不良反应，如植株各部位风干率低，开花率和种子产量下降。甜叶菊缺钾时，幼苗生长缓慢，叶片黄绿或黄色，叶片边缘及叶尖干枯。植株缺钾和幼苗缺钾相似，下部老叶发黄，并逐渐向中部发展。严重缺钾时，植株细弱，根部发育不良，容易倒伏。

第二节　如何培育甜叶菊

一、繁殖方法

甜叶菊的繁殖技术分为有性繁殖和无性繁殖两种方法。有性繁殖（种子繁殖）有砂培育苗、露地育苗、塑料薄膜覆盖育苗等方法。无性繁殖有扦插、分株、组织培养等方法。现就适宜河西地区使用的方法介绍如下。

1. 播种育苗

（1）甜叶菊种子特性。

①甜叶菊种子不实率高，甜叶菊自花不孕，主要靠风和昆虫传粉受精。种子不实率为 15%～30%，如在授粉时遇阴雨低温等不利条件，种子不实率可达 60% 以上，再加种子细小，顶端带有冠毛，易相互沾附，不实种较难分离出来，因此种子净度较低。

②种子细小，极易失去发芽力，甜叶菊种子千粒重仅有 0.3～0.4g，贮藏养份很少，再加外皮组织疏松，易透入水分和空气，使呼吸作用增强而失去发芽力。收获的种子在室内袋藏，至第二年春播种时，发芽率多在 23%～78% 之间，放到 8 月，即全部丧失发芽力。但闭贮一年发芽力保持 90% 以上，因此干燥贮藏种子，是保持发芽率的有效措施。

③发芽早晚差别大，幼苗生长缓慢。

在适宜条件下，播种 4～5d 即可出苗，可延续 15～25d 才能结束，出苗后 40～60d 才能长到 6～9 对真叶，达到移栽标准，前期幼苗细嫩，遇高温、干旱或喷肥浓度稍高，都会导致幼苗死亡。

（2）影响种子发芽和出苗的环境条件。

①种子盖土厚度。甜叶菊种子细小，胚轴伸长力弱，幼芽顶土能力差，播种时盖土稍深，就会严重影响出苗率，据山东淄博农科所试验，不盖土出苗率为 62.7%，盖土 1～2mm 出苗率为 29%，盖土 5mm 出苗率为 22.3%。

②土壤水分。因甜叶菊种子播种在土壤表面，因此表土湿度是影响种子发芽出苗和幼苗成活的重要条件，出苗期间土壤含水量保持在 60% 时（呈饱和状态）

发芽率为最高；随土壤水分的下降，种子发芽率也相应下降。

③苗床温度。甜叶菊种子在 10～28℃范围内，发芽期随温度的升高而提前，20～25℃最佳。

④播种期的影响。采用中、小棚育苗，在适应的温度范围内，播种越早，出苗率和成苗数越高，播种过晚，苗床温度过高，水分蒸发快，使土壤表面干旱、板结，即影响种子发芽，也会使小苗枯死。

（3）苗床地选择及苗床制作。

①育苗地的选择。

育苗要选择背风向阳的平坦或缓坡地，距水源近，交通方便，土质肥沃，保肥保水力强，排灌方便，以呈中性或微酸性的壤土、砂壤土地为宜，砂土、盐碱地、瓜、菜和重茬甜叶菊地不能做育苗地，有条件时应在播前夹好风障。

②苗床制做。

做床时间：一般在播种前 7～10d 完成，规格以宽 1.2～1.8m，长 10～15m 为宜，过宽过长不利于管理，过短过窄降低苗床利用率。

作床：将确定的苗床位置内的土清出深度 10cm，床内放入碎秸草（碎稻草、豆秸、落叶等）或马粪厚 10cm，加水浸湿，再覆土 12～14cm，整平耙细，床四周培土踏实，播种前灌足水，床面再铺 2～4cm 厚的营养土，营养土是甜叶菊育苗成败的关键。

营养土配制：一般是用肥沃的壤质土和腐熟有机肥混合而成，营养土要细。配制方法：腐殖土 30％，细砂 5％，腐熟堆肥 35％，腐熟厩肥 30％配成。根据条件可因地制宜采用不同配制方法。

制做苗棚：育苗棚可用大棚和小拱棚，小拱棚脊高 60～100cm，做完床后及时覆盖棚膜，增加床温。

土壤消毒和杀虫：为防止甜叶菊苗期病虫的危害，保证幼苗的健壮生长，要在播前对苗床土壤进行药剂处理。在播前用敌克松消毒，配成 800～1000 倍喷洒床面。在有蝼蛄、蛴螬、蚯蚓危害的地方，每平方米苗床用 50％辛硫磷乳油 1g，拌细土 100g，撒施床面混入表土内。

（4）适时播种。

①播种时期。

甜叶菊的适宜播期具有明显的季节性。河西地区以 4 月上旬播种为宜。基本原则是覆膜后苗床内表土最低气温稳定达到 1～3℃以上，即可播种，在温度条件满足范围内，播期越早，出苗率和成苗率越高。

②播种量。

适宜播量是培育壮苗的重要条件，过多，苗弱易感病，过少增加育苗成本。一般以每平方米苗床培育成苗 800～1500 株为标准，栽 1hm² 地需苗床面积 100～

150m²。种子质量是决定播量的主要因素，甜叶菊种子粒数、净度、发芽率都有差异，目前生产上使用的甜叶菊种子净度在50%～60%，1g种子成熟粒数为1000～1800个，发芽率为30%～50%，每500g种子发芽粒数20～30万左右，确定播种量最好在播前15～20d做好种子发芽试验。掌握每平方米床面播1500～2500粒有发芽力的种子为宜。成苗率与育苗技术水平、环境条件有直接关系。

（5）种子处理。

播前进行种子处理，可提高出苗率，出苗齐，防止苗期病害，达到培育壮苗的目的。

①晒种去冠毛。

通过晒种可增强种子发芽率，杀死部分种子表面虫卵和病菌，有利于去掉冠毛。种子带有冠毛播后与土壤接触不良，影响吸水发芽，必须结合晒种用手轻揉搓，去掉冠毛。

②种子精选。

一般采用风选和水选法。

风选法：用自然微风或电扇等将空瘪种子吹出即可。

水选法：结合播前浸种进行，将已搓去冠毛的种子浸入清水中，搅拌约10～15min，再静置1～2h，捞出不实种等杂物，收取饱满下沉的种子进行催芽处理后再播种。

③种子消毒。

甜叶菊种子上附有多种病菌，播前药剂处理，可防止病害传播。消毒用药剂与浓度可任选以下一种：50%多菌灵250倍液、高锰酸钾5000倍液、50%代森500倍液、1%硫酸铜溶液、1%福尔马林溶液。消毒方法：将种子装在纱布袋内，先用清水浸湿，淋去浮水，然后放入配好的药液中，浸泡10～15min，取出后用清水将药剂冲净，可直接播种，或再进行浸种催芽。

④浸种、催芽。

经过消毒处理的种子可直接播种，也可再进行浸种催芽。

浸种：将种子放在冷水或25℃温水中浸泡12～18h，捞出，淋去浮水，即可播种或再进行催芽。

催芽：将浸泡的种子放在20～25℃温度条件下，保持湿润，每天早晚各翻动一次，使温湿度均匀一致，经2～3d，待种子有半数开始露白时即可播种。

（6）播种方法。

先将苗床灌足底水，待水渗下后，再用细土填平浇水时冲陷处，保持床面平整，湿度一致。将处理过的种子加入适量的细土和锯末，拌匀，分多次均匀撒在苗床上。撒完种子，再用细筛盛细砂土，均匀筛撒覆土，至种子半露半埋为宜，再用木板轻压一下，使种子和土壤紧密接触，然后喷细水，使覆土湿透。

2. 扦插育苗

以茎顶端和中部粗壮嫩枝条扦插成活率高。

一般将茎或分枝剪成带 2～3 个节，长 8～10cm 的插条，去掉下端叶片，将上端叶片剪去一半左右。扦插后遮阴，经常喷水保湿，但要防止土壤过湿造成插条腐烂。

在土壤温度 20～25℃条件下，10d 左右便开始生根。30d 后就可以移栽，成活率一般在 85% 以上。

3. 苗期管理

甜叶菊幼苗细弱，生长缓慢，育苗期长，加强苗期管理是培育壮苗的关键。

（1）苗期水分管理。

从播种到幼苗 2～3 对真叶时，是抗旱能力最差的阶段，必须每天早晚检查苗床墒情，稍干就应及时浇水，使表土始终保持湿润状态（用手指捏一点床土，以不黏不散、不滴水为适当）。用细孔壶浇水，以免冲出种子或幼苗。长出 3 对真叶之后，根系已下扎，可适当减少浇水次数，仍保持根层土壤湿润。育苗中后期，如幼苗出现徒长现象应控制浇水，加强通风降温等措施，炼苗促壮。移栽前 5～7d，控制浇水，揭膜炼苗，使幼苗适应大田条件，提高栽后成活率。起苗移栽前一天，浇小水湿润根层，以便于起苗。

（2）苗期温度管理。

甜叶菊播种出苗期间，保持地表温度 20～28℃为适宜，幼苗生长期间，白天 18～25℃、夜间 12～16℃为适宜，10℃以下生长趋于停止，但可耐 2～3℃低温；30℃以上不利于出苗生长。

育苗前期气温低，采用小拱棚育苗的苗床，夜间应在薄膜上盖草帘保温防寒，白天揭去，以利于接收阳光增温。育苗中后期，在晴暖的白天，应注意检查床温，当床温超过 28℃时，就应采取遮光通风等降温措施，放风口由小逐渐加大。当幼苗长到 2～3 对真叶，平均气温稳定在 12℃以上时，可逐步揭去薄膜，开始早揭晚盖，到移栽前 7～10d，夜间也不再盖膜。

（3）合理施肥。

甜叶菊幼苗长到 2～3 对真叶后开始追肥，第一次追肥后隔 7～10d 可再追一次，徒长苗不追或少追肥，移栽前 7～15d 停止追肥。可用尿素，氮、磷、钾复合肥，磷酸二铵做追肥，一般每 10m² 苗床用肥 30～50g，兑水 15～25kg 溶解后均匀喷洒，追完后用清水冲一遍，不宜在烈日下进行追肥。

（4）间苗、除草、假植。

为保证甜叶菊苗数，往往以增加播种量来增加成苗系数，而出现出苗密度过大时，如不及时疏苗，易长成细高老化苗或徒长苗，影响移栽成活和叶片产量，间苗分二次进行，第一次在 1 对真叶时间去过密的苗，同时结合除草；第二次间苗在幼苗出现 2～3 对真叶时，剔去过密处小苗、弱苗、病苗，苗密度以苗距2～2.5cm 为宜，可将第二次间出的苗假植备用。

假植苗根系发达、移栽后成活率高，采用假植，要预先做好假植床，假植行距 3～5cm，假植初期保持床土湿润，以后酌情浇水和施肥。

（5）防治病虫害。

发现病株立即拔除烧毁，可用 50％多菌灵可湿性粉剂 1000 倍液，全部喷洒幼苗，每隔 7 天一次，连续 2～3 次。发现地下害虫用 50％辛硫磷 1000 倍液在危害处浇灌。

二、移栽

1. 移栽时间

移栽是甜叶菊大田生产工作的开始，也是甜叶菊栽培过程中重要环节之一，甜叶菊是喜温作物，如果移栽时期温度不够，土壤温度低，甜叶菊根生长缓慢，吸收能力弱，延长缓苗日期。当土壤 10cm 深处的温度达到 10℃以上时，日平均气温稳定在 12～15℃，不再有晚霜危害时应适时早栽，可以增加作物生育期。有利于保墒，增加产量、提高品质。河西移栽时间在 5 月下旬至 6 月上旬为宜。

2. 选地、整地

（1）选地。

甜叶菊对土壤类型和肥力要求不十分严格，适应范围较广。甜叶菊属野生植物，根系浅，喜湿不耐旱，原产地以沙壤土为主，土壤肥力较低，人工栽培后，宜选用水源充足，土层深厚，有机质含量丰富的壤质土壤栽培。但从干叶产量和根系生长来看，还是在肥沃、疏松的土壤上长势较好。土壤肥沃、疏松，有机质丰富，保水、保肥能力强，通气良好，有利于根系、植株生长和有机物质的积累。土壤 pH 值以中性为佳，pH 值小于 5.5 或大于 7.9 均不适宜。不宜选择低洼的涝地和连作地块。前茬作物忌瓜、菜、向日葵和使用过量长效除草剂的地块。

（2）整地、覆膜。

移栽前整地要求平、细、碎、松，并作成 1.5～2m 宽的畦。作畦前结合整地施足底肥，底肥最好每公顷施入优质农家肥 30～50m³、磷酸二铵 250kg、钾肥 100kg。整地结束后，为有效防止杂草，减少中耕除草用工，每公顷用 96％金都尔乳油 750ml 或 72％1500ml 怡夫（异丙甲草）兑水 400～500kg 进行畦面喷雾。有条件的可采取地膜覆盖（地膜最好为黑色），覆膜前应先浇水，后喷除草剂。膜边用泥土压紧压实，膜面上散落一些细土待栽。

甜叶菊地膜覆盖优点：

提高地温，减少杂草生长，促进前期生长。提高肥料利用率，明显减少了因雨水对肥料的渗漏、流失和蒸发。改善土壤结构和甜叶菊的根际环境，避免了因雨水造成的土壤板结。避免了因雨水直接溅打垄面，溅起泥土沾在下部叶背而造成枯黄落叶。能有效地防止植株倒伏。有明显的增产效果，增产幅度一般在20％以上。

3. 移栽方法

（1）起苗。

一般采用挖垛和拔苗两种方法。

挖垛起苗法：一般是在移栽前一天将苗床浇一次透水，便于竖日挖垛，挖垛起苗是用平底锹将苗连根带土挖起，根部土垛呈立方体，这就叫挖垛起苗法。挖垛起苗由于根带土多，根毛损伤少，幼苗也没有捏伤，根上带有相当数量的营养土，能增加大田肥力，因而成活率高、缓苗快、生长也旺盛。

拔苗法：在拔苗前，苗床必须充分浇水，不仅使苗饱吸足水，而且可使表土松润，拔时伤痕少，带土多。其做法是：用手轻捏苗叶部，不捏或极轻捏苗茎部，避免伤着幼苗。

起苗不伤根。起苗要结合选苗，要选择生长整齐、根系强大的壮苗，移栽时苗龄，以5～7对真叶，苗高8～12cm为宜。严格剔除病苗和弱苗。过小、过嫩的栽在一起，过大的栽一起，以免影响大田生产的整齐性。

运苗当中要做好保湿遮荫的工作，不可让烈日直晒或堆积太厚，以免磨擦使幼苗受伤或者使幼苗由于失水而降低成活率。

（2）移栽密度。

一般为一年生1～1.2万株，多年生0.8万株左右。

株行距为：行距50cm，株距10～15cm。采用双行种植，带内12～15cm，带间80cm，株距10～15cm。

（3）移栽方法。

栽苗时间选早晚或阴天，避免栽后暴晒。

不用地膜的地块，在先打好的畦上开一条沟，按一定的密度要求，摆好苗，因甜菊叶子较小，栽苗时不把底叶埋入土中，更不要把生长点埋在土下，要使苗垂直地面、不压心、不伤底叶、不窝根。一般覆土至根颈部为宜，将土压实、随即浇足定根水。也可先在沟内滤水后迅速摆苗，待水渗完覆土。用地膜覆盖的地块，采用锋利竹签或削利的小木柱扎洞定植，用湿土盖严，以利保温。栽苗时要使苗垂直地面，定植深度应为苗高的1/2，不压心，不伤底叶，不窝根。栽苗时间宜选早晚或阴天，切忌大晴天的正午，也可选择在小雨天进行移栽。栽后浇足定根水。2～3d后再浇一次缓苗水，促进根系生长。

移栽后5～7d要进行查苗补苗，如发现死苗要立即补栽。补栽要选壮苗在下午移栽，最好在阴天或雨后补栽，这样容易缓苗，并能提高成活率。土壤比较干燥时，移苗之前，可在预备苗的根际浇一些水，使移苗时根部土壤不脱落，移栽成活率高。

三、田间管理

1. 施肥

施肥以基肥为主，约占 70％～80％，施用有机肥和磷钾肥。一般土壤肥力下，氮肥用量以每亩不超过 15kg 纯氮为宜。

甜叶菊定植全部缓苗后，再进行追肥。应根据土壤肥力、天气状况和苗情灵活掌握。一般追肥 2 次，第一次在栽后的 15～20d，每公顷施尿素 200～250kg，并喷施 0.2％磷酸二氢钾。第二次结合中耕时进行施肥，每公顷施尿素 500kg、氯化钾或硫酸钾 200kg，施肥距根 5～8cm，以防止烧根。生长盛期每天的生长速度低于 1cm 时应及时追肥。追肥最好用腐熟的人畜粪尿，如用尿素，一般每次亩用 3.5～4kg 液施。分枝盛期在傍晚或阴天用 1％的尿素加 0.1％的磷酸二氢钾进行叶面喷施。另外，叶面喷施 0.1％的硫酸锰或 0.05％的钼酸铵等微量元素溶液，也有增产作用。封行前结合培土施肥，防止倒伏。收获前 10d 停止使用氮肥。

甜叶菊对氨气特别敏感，在施用氨水、碳酸氢铵时，要离苗稍远一点，并注意不要沾到叶片上，且浓度不可太高。

2. 除草、松土

杂草与甜叶菊争光争肥，影响产量；而且在收获时，杂草混入甜菊叶，影响质量。一般在移栽半月后，杂草会大量生长，因此需要彻底清除。只要清除得干净，到封行以后，杂草就不易生长了。到收获前，一定要拔除杂草。每次松土、追肥时应结合除草一次，松土不要离植株太近、太深，会伤害根系，影响生长发育。中耕除草每年进行 2～3 次。如采用化学除草，在禾本科的杂草 3～5 叶前，可喷施 10.8％高效盖草能乳油，每公顷用量 400～500mm；15％精稳杀得乳油，每公顷用量 500～750mm。防治阔叶性杂草的除草剂，对甜叶菊都有药害，应禁用。

3. 灌溉

甜叶菊根系耐湿不耐旱，早期缺水时生长受抑制，分枝减少，造成减产。到生长中后期，茎叶生长茂盛，耗水量大，且根系浅，加上气温高，如灌水不及时，茎叶极易凋萎，应及时在傍晚或早晨灌溉，以利生长。

4. 打顶摘心

打顶摘心的作用：可以促进主秆粗壮，分枝节位低，抗风防倒，增加分枝数和叶片数，提高产量。

打顶摘心时间：一般当幼苗长到 7～9 对真叶，株高 15～30cm 以内时，选晴天上午进行，便于伤口愈合。采用人工打顶摘心，打顶时只要把甜叶菊顶端生长点部分摘取即可。大田摘心是在定植成活后，长势不良不能摘心。

5. 防止倒伏

施用氮肥不能过量，以免造成地上部分徒长；中耕不要过深，离苗不要过近，以免伤根；灌溉水时不能过大，以免冲去表土；及时打顶降低植株高度；苗高 15cm 时结合中耕除草进行浅培土。要注意的是，培土不能过厚，否则茎部易发生白绢病和立枯病；暴雨及浇水后如根系外露，应及时培土保苗；采用搭架、拉绳和插杆绑扎等措施防倒伏。

四、主要病虫害及其防治方法

甜叶菊为野生植物，人工栽培历史短，抗病虫能力较强，与其他经济作物相比，病虫害发生程度较轻，已发现的病害有立枯病、茎腐病、叶斑病、黑斑病、白绢病、急性炭疽病及花叶病毒病等。虫害有地老虎、蚜虫、斜纹夜蛾等，且病害重于虫害。甜叶菊的病虫害防治必须贯彻"预防为主，综合防治"的植保方针，采用农业防治为主，化学防治为辅，提倡不同类型的低毒、低残留、高效生物农药交替使用，严格执行农药使用准则和防治指标，确保生产出绿色甜叶菊产品。

1. 主要病害及其防治方法

栽培甜叶菊应尽量避免重茬，减少田间土壤藏生病菌。在多雨季节做好清沟排水工作，降低田间湿度。同时，多施农家肥以改善土壤结构，增施钾肥，促进植株生长健壮，增强抗病能力。

（1）立枯病。

多在苗期发生，病菌从茎基部浸入，开始出现淡黄色病斑，以后逐渐扩大，受害部位呈褐色水渍状腐烂而死亡。发现病株应立即拔除烧毁。

防治方法：病株周围撒石灰或阴阳灰（3：1 的草木灰和石灰）进行消毒，或用 70% 甲基托布津 800 倍液、50% 多菌灵可湿性粉剂 800 倍液、50% 灭菌威可湿性粉 1000～1500 倍液喷雾。

（2）黑斑病。

一般发病于生长盛期的高温、高湿季节，先是中下部叶片呈现黑褐色的角斑，并迅速向全叶扩展，发病后期落叶，产量损失可达 50% 以上。

防治方法：病害初发生时，可用 65% 代森锌 500～600 倍液或 5% 井冈霉素水剂 500 倍液防治。如在收获时期发病，应抢晴或在多云天气时，采取间割，人工采摘叶片晒干，最大限度地降低病害损失。

（3）茎腐病。

始发于 5 月中下旬，6 月上中旬重发，田间零星分布。发病初期，在茎基部

（离地面 3cm 左右）处或根颈处出现褐色一边缢缩病斑，后扩展成环绕全茎的明显缢缩病斑，植株逐渐萎蔫。茎组织木质化后一般不倒伏，但韧皮部被破坏，根部呈黑色腐烂，致叶片黄化，植株枯死。

防治方法：拔除病株离田消毁，病穴用石灰消毒；喷施 96％绿亨一号 2500 倍液或 20％甲基立枯磷 800～1000 倍液。

（4）急性炭疽病。

始发于 5 月下旬，至 6 月上中旬流行发生，田间呈不规则或块状分布。主要发生在嫩叶、嫩枝或顶枝，初期在叶尖或叶缘处出现水渍状污点，后扩大成深褐色不规则病斑，常多个病斑联合成大斑，病斑上密生黑色小点，周围出现黄色晕圈，或在嫩枝茎部出现淡棕色卵圆形或近圆形小斑点，后扩大成深棕褐色梭形或长椭圆形凹陷斑，并迅速蔓延中上部茎，致使叶片枯死，植株矮缩，顶端停止生长。

防治方法：用 10％世高（苯醚甲环唑）1000～2000 倍液、25％炭特灵 500 倍液、80％炭疽福美 600 倍液、75％百菌清 500 倍液连续防治 2～3 次。

2. 主要虫害及其防治方法

甜叶菊虫害防治应严格掌握防治指标，单位面积未达到防治指标可不防治，达到防治指标的严格控制用药量和用药次数，收获前 15d 内严禁用药。

（1）蚜虫。

蚜虫为害植株新芽、嫩叶，造成叶片卷曲、皱缩、畸形，植株矮小，诱发花叶病毒病，严重影响甜菊产量，尤其干旱无雨天气危害更严重。

防治方法：可用 10％吡虫啉可湿性粉剂 1000 倍液或 5％锐劲特悬浮剂 800 倍液防治。

（2）地老虎。

地老虎幼虫截食甜菊幼苗根茎部，造成田间缺苗、断垄，要花费较多的人力、物力补苗，对多年的旱作地更应注重防治。

防治方法：可用 50％辛硫磷乳油 1000 倍液或用 20％速灭杀丁乳油 40ml 兑水 50kg 地面喷雾。

（3）夜蛾类害虫。

该虫食性广，食量大，以幼虫咬食植物叶片，1～2 龄幼虫啃食下表皮及叶肉，仅留上表皮及叶脉，4 龄以后咬食叶片，仅留主脉，大发生时幼虫密度大，可能全田吃成光杆，以致绝收。

防治方法：可选用 2.5％敌杀死 1000～1500 倍液、20％速灭杀丁 1500 倍液、5％抑大保 1000～2000 倍液、1.8％阿维菌素乳油 1000～1500 倍液，宜在早、晚选用两种药剂混合连续喷杀两次，防治适期应选择在 3 龄前。

第三节　甜叶菊的采收与加工

一、采收

1. 收割时间

现蕾期（5%～10%）为甜叶菊工艺成熟期，即收获适期。我市甜叶菊收割的日期是在 9 月 15 日左右开始，一般甜叶菊在－3～－4℃是冻不坏的，经轻霜打两次后，带枝叶收割，否则叶片易变黑或霉烂变质。

2. 收获方法

目前生产上采用割取法，即在适宜收获期，收割离地面 20cm 以上的茎枝。保留基部 1～2 带叶片的小分枝，以维持光合作用和保证叶腋抽出新枝，转入下季栽培。

二、加工

1. 干燥与脱叶

晴天收后，随收随摘叶，然后摊成薄薄一层晾晒。田间收后摆在地上晒至半干，收放于塑料大棚、玻璃温室或者烤烟房干燥后脱叶。收后田间晒至叶干，茎不干。抖掉叶后用热风干燥机干燥，再筛选除杂。收枝条后，用脱谷机脱叶马上用谷类或牧草干燥机进行热风干燥（60～80℃）。

2. 贮藏

甜叶菊叶子易吸湿软化，当天晒干的叶子，除掉杂质，就要及时装入塑料袋中密封好，放置干燥处，以免吸潮霉变。若遇长期阴雨天气应检查干叶是否吸潮，如吸潮则应及时翻晒。一般 10kg 鲜叶可晒成 1kg 干叶。

干叶质量标准：大部分呈绿色，无泥沙、杂草、枝梗、花蕾等异物，无霉变和农药污染，水分不超过 11%。

第四节　甜叶菊的采种

一、采种时间

应在晴天无露水时进行，最好在每天 10～16h 之间采收，此时种子含水量少。种子成熟的初期和末期，每隔 5～7d 采收一次；种子成熟盛期，每隔 1～3d

采收一次。

二、采收方法

将采种用的袋子置于株旁，将有成熟种子的稍微压弯于袋口处，轻轻振摇，使成熟种子落入袋中。采收到的种子应及时晾晒，使种子干燥，以免霉坏变质影响发芽力。干燥密封贮藏。

第五节　甜叶菊的生药材鉴定

一、形状特征

本品多破碎或皱缩，草绿色，完整的叶片展平后呈倒卵形至宽披针形，4.5～9.5cm，宽1.5～3.5cm；光端钝，基部楔形；中上部边缘有粗锯齿，下部全缘；具短叶柄，叶片常下延至叶柄基部；薄革质，质脆易碎。气微，味极甜。

二、显微鉴别

叶横切面表皮细胞由一列类方形细胞组成，外壁稍厚，基外方被有蜡质。上下表皮的气孔为不定式，以下表皮为多，并布有多细胞组成的腺毛和5～11个细胞组成的非腺毛，下表皮尚有腺鳞分布。栅栏组织细胞2～3列，以2裂者多见，不通过中脉。海绵组织，排列疏松。主脉维管束外韧型，韧皮部窄，外侧有纤维束带，木质部导管径向排列，内侧为木薄壁细胞群。

第六节　甜叶菊的主要化学成分及药用价值

一、主要化学成分

1. 甜菊糖苷类

甜菊干叶中的重要成分是甜菊糖苷，其含量占10％左右。甜菊糖苷是从干燥后的甜菊叶中抽提出的一类具甜味的萜烯类配糖体，为白色粉末。甜菊糖苷易溶于水，不溶于丙二醇或乙二醇，在空气中吸湿性强，干燥失重为1.5％～4.0％。与蔗糖混合使用有显著的相乘效果。同时，甜菊糖苷具良好的耐热性，不易见光分解，在95℃下加热处理2h甜度不变。即使加热8h甜度降低也很少。pH在3～9内稳定，100℃下热处理1h也无变化。耐盐性良好，无美拉德褐变现象。不被微生物同化和发酵。因而可延长甜菊糖甙制品保质期，便于保存。发热量极低，其卡值基本接近零。

目前为止，已从甜叶菊中分离得到 8 种不同甜度的糖甙：甜菊糖甙（stevioside）、二糖甙（steriolbioside）、莱包迪甙 A（rebaudioside A）、莱包迪甙 B（rebaudioside B）、莱包迪甙 C（rebaudioside C）、莱包迪甙 D（rebaudioside D）、莱包迪甙 E（rebaudioside E）、杜尔可甙 A（dulcoside A），

2. 萜类及甾醇类

甜叶菊还含有豆甾醇（stigmasterol）、β-谷甾醇（β-sitosterol）、菜油甾醇（campesterol）、豆甾醇-β-D-葡萄糖甙（stigmasterol-β-D-gluco-side）、β-谷甾醇-β-D-葡萄糖甙（β-sitosterol-β-D-glucoside）。

3. 黄酮类及其甙类成分

芹菜素-7-O-β-D-葡萄糖甙（apigenin-7-O-β-D-glucoside）、芹菜素-4-O-葡萄糖甙（apigenin-4-O-gluco-side）、木犀草素-7-O-葡萄糖甙（luteolin-7-O-gluco-side）、山奈酚-3-O-鼠李糖甙（daempferol-3-O-rhamnoside）、槲皮甙（quercetrin）、槲皮素-3-O-葡萄糖甙（quercetin-3-O-glucoside）、槲皮素-3-O-阿拉伯糖甙（quercetin-3-O-arabinoside）、5，7，3-三羟基-3，6，4-三甲氧基黄酮（5，7，3-trihydroxy-3，6，4-trimethoxy flavone）。单糖类：葡萄糖。脂肪糖苷：6-羟基-11（β-吡喃葡萄糖基）-2-十二酮、α-L-吡喃甘露糖-6-α-D-吡喃甘露糖（1－2）。甾烯类：3β-甲氧基-3β-甲基-19-去甲基-9-甾烯。其中，酮糖苷为新的化合物。

二、药用价值

1. 对糖代谢的影响

甜叶菊成分蛇菊酸等在大鼠肾皮质小管抑制糖的合成和氧的吸收。但甜度成分蛇菊甙等无此效应。志愿者 16 人服用甜叶菊叶水提物 3d 后，对葡萄糖的耐受性提高，血糖水平明显下降。

2. 对血管扩张作用

蛇菊酸对正常或肾性高血压大鼠引起血压降低，利尿及尿钠排泄增多，肾血流量及肾小球滤过率增加，这部分是由于小动脉扩张引起的。$CaCl_2$ 可明显减弱这种血管扩张作用，提示蛇菊甙可能是一种钙的黏抗剂。

3. 对大鼠肝线粒体酶的影响

甜叶菊水提取物抑制下列酶的活性，如氧化磷酸化酶、ATP 酶、还原型辅酶 I（NADH）氧化酶、琥用酸氧化酶、琥珀酰脱氨酶、L-谷氨酸脱氨酶等。

科学家们发现甜叶菊的发掘和利用给人类带来了福音。试验表明，甜叶菊糖不但对人体没有任何不良影响，相反，它还有降血压、强壮身体、治糠尿病等药

用价值，它不但夺得了"甜味世界"的冠军，还被称作"时髦的甜味品"。

第七节　甜叶菊的发展前景

　　甜菊糖不仅是一种高甜度、低热值、易溶、味美、耐热、稳定、非发酵性、安全无毒的理想天然甜味剂，而且对人体具有很多保健的功能，所以作为一种新的食品添加剂广泛用于食品、饮料、酿酒、医药、日用化工等行业，并取得了一定成绩。但与此同时，还存在着诸多问题，比如原料的转化率不高、产品的纯度不够等。但随着我国科技的发展，以及人们保健意识的不断增强，将会逐渐开发出高纯度低成本，满足人们健康需要，且性能优良甜菊糖产品，最终为提高人们的健康水平做出贡献。随着甜菊糖的研究的不断深入，甜菊糖的应用前景也会越来越广阔。

第二十三章 木香栽培技术

木香是菊科植物云木香和川木香的通称，云木香（*Saussurea costus*）又名广木香或青木香，属菊科风毛菊属。川木香（*Dolomiaea souliei*）是菊科川木香属的植物。这两种木香均是中国的特有植物，分布在中国大陆的四川、云南、西藏、甘肃等地，多生长在高山草地和灌丛中，为野生植物，这两种植物的根茎都是重要的中草药，有行气止痛，温中和胃等功效，治胸腹胀痛、呕吐、腹泻、痢疾、里急后重等症。

第一节 木香的主要特征特性

一、植物学特征

木香是多年生草本。茎高 0.6～2m。主根粗壮，圆柱形，直径 4～8cm，长 30～60cm，有支根。外皮深褐色，常纵裂，具特异香气。茎直立，粗壮，疏被短柔毛。基生叶具长柄，叶大，呈三角形或心形，先端极尖，叶基近或截形，通常基部下延直达叶柄基部，成不规则分裂的翅状；叶缘微波状或凹波缘，并具有硬缘毛；叶片两面均有毛，网状脉。茎生叶互生，与基生叶相似。头状花序顶生或腋生，单一或数个生于花茎顶端。总花梗短的几乎无梗。总苞钟状，苞片革质，先端长锐尖如刺；花托上着生多数管状两性花；花冠管状，先端 5 列，裂片浅褐色；雄蕊 5 枚，与裂片互生；雌蕊 1 枚，子房下位；椭圆形，顶端截平状，周围着生分离的白色冠毛。瘦果楔形，长约 1cm，具棱，先端平截，冠毛羽状，褐黄色，果熟时果顶有花柱基部残留，基部有菱形的着生面。花期6～7月，果期7～8月。

二、生物学特性

木香喜凉爽湿润气候，耐寒冷，在北方山东地区可以安全越冬。木香是深根植物，以土层深厚、肥沃、排水良好的砂质壤土为优。盐碱地、黏土、涝洼地不宜栽培。不可重茬，前茬以禾本科作物为宜。高温多雨季节生长缓慢，当夏天日平均温度25℃以上，最高温度达30℃以上时，生长不良，甚至死亡；苗期怕强光，需适当遮荫。

云木香性喜凉爽、湿润气候，耐寒，怕高温强光。由于是深根植物，故宜选土层深厚、疏松肥沃、排水良好的土壤种植，土壤酸碱度以pH6.5～7的微酸性到中性较好。

在主产区云南丽江多栽培在高寒山区，如丽江鲁甸在海拔2700～3000m，年平均气温9℃，绝对最高气温23℃，绝对最低气温－14℃。年降雨量1400～1800cm，无霜期150d左右的环境在种植，生长正常。具耐寒、喜肥习性，春、秋季节生长快。

三、生境分布

栽培于海拔2500～4000m的高山地区，在凉爽的平原和丘陵地区也可生长。分布于我国陕西、甘肃、湖北、湖南、广东、广西、四川、云南、西藏等地有引种栽培，以云南西北部种植较多，产量较大。原产印度。

第二节　如何培育木香

一、选地、整地

选择位置较高、土层深厚、土质疏松、排水良好、含腐质的土壤，方能生长良好，获得较高产量。凡地势低洼、地下水位高的地方及黏性土，都不易栽培，生荒地、熟地均可种植。可连作1～2次。

云木香根大而长，应在种植前深耕土地。春播的如有条件，应在头一年秋、冬深翻，深达30cm以上，使土壤越冬风化，改善其理化性质，第二年播前再翻耕。秋播与冬播也应提早深翻。木香根入土很深，喜肥，结合整地每亩施充分腐熟的有机肥1.5～2万kg，捣细撒于地内，深翻30～45cm，耙细整平，做90cm宽的平畦或60cm宽15cm高的小高畦，挖好排水沟，以备雨季排水。如地干旱，则先灌水浇透，待水渗下后，地稍干松时再播种。

二、繁殖方法

1. 种子处理

播种前将种子浸入 30℃ 温水中，搅拌后稍停，除去秕粒和杂质，将饱满的种子捞出稍晾，即可播种。

2. 播种

春播在"清明"前后，秋播在"立秋"到"处暑"之间。

3. 播种

当年新种子成熟后采下，稍晾，去净杂质秕粒即可播种，不需水浸。用当年新种子秋播，比将种子贮存起来于翌年春播为好。播时在整好的畦田内，按行距 30cm，开 3cm 左右深的沟，将种子均匀地撒于沟内；覆土耧平，稍加镇压。春播的墒情适宜，约 10d 左右出苗，秋播的 5～7d 出苗。每亩用种量 1～1.5kg。

三、田间管理

1. 间苗、定苗

当苗高 3～5cm 时，按株距 4～6cn 间苗；苗高 6～9cm 时，按株距 15cm 定苗。早春在墒背或垄间按适当距离套种玉米，不但对云木香幼苗起遮荫作用，同时可增收粮食。采用穴播的，每穴留 2 株健壮苗。缺苗及时带土补栽。一般每亩留苗 12000 株左右。

2. 中耕除草

第 1 年一般 3～4 次。幼苗期生长较缓慢，应及时除草，浅松土；当苗长出 6～7 片真叶时，进行第 2 次锄草；第 3、4 次分别在 7、8 月进行。第 2 年新叶长出后，进行第 1 次松土锄草；7 月进行第 2 次。第 3 年植株生长快，苗出土后，要进行深耕，以后视杂草情况进行除草。

3. 浇水与松土

幼苗出土前，根据气候情况，旱时适当浇水，经常保持土壤湿润。幼苗出土后，旱则浇水。幼苗期不宜中耕，以免压苗或伤根。如表土板结，可用三齿钩轻轻进行划锄。补苗后及时浇水，以利成活。雨后或浇水后，中耕除草，保持土壤疏松，地内无杂草。"入伏"后，在早晨或傍晚浇井水降温，中午不可浇水。雨季注意排涝，地内不可积水，防止烂根。

4. 追肥

生长前期施氮肥，以促使植株茂盛；生长后期要多施磷钾肥，促使根长粗大。第 1a 以氮肥为主，配施一些磷肥；定苗后 5～6d 及每年春出苗后，结合中耕，每亩追施腐熟饼肥 50～100kg，农家肥 1000～1500kg，开沟施后培土。若不遇雨时，追后应及时灌水。木香生长期中追施农家肥料、化肥或两者配台施用均能提高产量。农家肥料以人畜粪尿效果较好，化肥以尿素、过磷酸钙的效果较好。

5. 培土生长

2 年后的植株，于秋末割去枯枝叶，结合施肥培土盖苗，以增加产量。

6. 摘花苔

木香播种第一年一般不开花，一般 2a 后开花结籽，为促使根生长，不留种的花苔全部摘掉。于花期每株选一个早期较大的花蕾留种，其余花苔全部摘掉，以保证种子饱满，发芽率高，也利于根的生长。对 2、3 年生的植株于 7～8 月，配合中耕除草，每株打去 4～5 片老叶。

四、主要病虫害及其防治方法

1. 主要病害及其防治方法

（1）根腐病。

根腐病是由一种真菌引起的病害，病菌传染后，发病植株根部先产生褐色病斑，逐渐发黑、腐烂；地上部分逐渐萎蔫，随病情发展，最后枯死。一般于 5 月初始发，在高温多雨，排水不良的地块发病严重，全年均有发生。

防治方法：选择地下水位低及排水良好的土地栽种；田间管理时尽量避免造成根部机械损伤；严格检疫，不用带菌种子；发现病株及时拔除，并用生石灰进行土壤消毒，以防蔓延；发病时，可用 50％托布津 1000～1500 倍液或 50％多菌灵 1000～1500 倍液喷洒根部。

（2）叶斑病。

5 月下旬发生，叶片边缘出现黑点，逐渐蔓延，使整个叶片变黑而枯死。

防治方法：发病初期喷洒等量式波尔多液或 50％退菌特 1000 倍液，每隔 7～10d 喷 1 次，连喷数次，如遇雨，则雨后再喷。

2. 主要虫害及其防治方法

（1）蚜虫。

成、若虫吸食茎叶液汁。严重时茎叶发黄。3～4 月份幼芽萌发和 8～9 月份花果期，蚜虫比较严重。

防治方法：冬季清除枯枝落叶，集中深埋或烧毁；有条件的地方，采取灌水，增加湿度，减轻危害；发生期及时喷洒 50％杀螟松 1000～2000 倍液，或 40％乐果乳剂 1500～2000 倍液，或 40％绿莱宝乳油 1000～1500 倍液，或 40％硫酸烟碱乳油 800～1000 倍液防治，每 7 天 1 次，每隔 7～10d 喷一次，喷药次数视虫情而定。

（2）银纹夜蛾。

4～5月以幼虫咬食叶片呈孔洞和缺刻，严重时嫩叶被食光，影响木香生长。

防治方法：冬季清除枯枝落叶烧毁，清除越冬虫源；4月上中旬初孵幼虫发生期喷药防治，用90％敌百虫800倍液，或50％磷胺乳剂1500倍液喷洒，或5％鱼藤酮乳油1000～1500倍液，或40％硫酸烟碱乳油800～1000倍液喷雾，每7d喷一次。连续几次。

（3）短额负蝗。

习称"蚱蜢"，成、若虫咬食叶片，造成叶片有孔洞和缺刻，严重时吃光大部分叶肉，仅剩叶脉。

防治方法：冬季结合烧灰土积肥，铲除杂草，减少虫卵越冬场所；若虫发生盛期，可人工捕杀，以减轻危害；用7.5％鱼藤精800倍液，每隔5～7d喷一次。连续2～3次。

第三节　木香的采收与加工及留种技术

一、采收与加工

药用植物的采收是一项科学性要求较为严格的工作，因为药用植物只有生长发育到一定时期，根据不同药用部位，在一定时间范围内进行采收，才能使收获的中药材质量有所保证。中药材质量有许多因素构成，除了生长年限、采收期之外，还与生态环境、田间管理措施、采收、加工方法、农药残留及金属有关。

木香春播的一般生长二年，秋播的生长一年半即可收获。在"霜降"至"立冬"间收获为宜。采收过早水分多，出干率不高；收获过晚，易遭霜冻，体轻，香气差，降低质量。收获时，在株旁深刨，刨出全根，切去残茎，去掉泥土及须根（不可用水洗），将主根切成6～12cm长的段，头部较粗者纵切成2～4块，晒干或用50℃左右的温度烘干。阴雨天可用微火烘干，不能用大火烘烤，否则，油分挥发成为不易晒干的"老油条"。但要注意勤翻，以防泛油或烘枯，影响质量。干后搓去粗皮，即可供药用。每3～4kg左右鲜根，可加工1kg干货。

以质坚实、香气浓、粗大无须根者为佳。

二、炮制

1. 木香片

将原生药放清水内洗净，捞出，闷润12～24小时使软，切片，晒干。

2. 煨木香

将木香片放在铁丝匾中，用一层草纸，一层木香间隔，平铺数层，置炉火旁或烘干室内，烘至木香中所含的挥发油渗透至纸上，取出放凉。有些地区将木香片 0.5 公斤、麸皮 4 两，放锅内拌炒至黄色不焦为度，筛去麸皮，放凉。行气滞宜生用，止泻痢宜煨用。芳香不宜久煎。

三、留种技术

二年生的木香，在开花时，选择健壮植株，留中间 1～2 个大的花头，将多余的花头摘去，使养分集中，结的种子饱满，7～8 月种子成熟时摘下，掰开头状花序总苞外皮，露出种子晒干，防止雨淋。秋播的随收随播种。留作春播的，收种后将种子放干燥处，妥善保存，防止潮湿霉变。

第四节 木香的鉴别特征

一、性状鉴别

木香呈圆柱形或半圆柱形，形如枯骨。长 5～15cm，直径 0.5～5.5cm。表面黄棕色、灰褐色或棕褐色，栓皮大多已除去，有显著纵沟及侧根痕，有时可见不规则网状纹理。质坚硬，体重，难折断，断面稍平坦，灰黄色、灰褐色或棕褐色，形成层环棕色，并可见散在的褐色油点，有放射状纹理，老根中央多枯朽。气芳香浓烈而特异，味先甜后苦，稍刺舌。

二、显微鉴别

根横切面：木栓层为 2～6 列木栓细胞，有时可见残存的落皮层。

韧横切面：木栓层为 2～6 列木本细胞，有时可见残存的落皮层。韧皮部宽厚，筛管群明显；韧皮纤维成束，稀疏散在或排成 1～3 环列。形成层成环。木质部由导管、木纤维及木薄壁细胞组成。木质部导管单列径向排列，木纤维存在于近形成层处及中心导管旁，初生木质部四原型。根的中心为四原型初生木质部。薄壁组织中有大型油室散在，油室常含有黄色分泌物。薄壁细胞中含菊糖。

三、粉末特征

黄色或黄棕色。菊糖碎块极多，用冷水合氯醛装置，呈房形、不规则团块状，有的表面现放射状线纹。木纤维多成束，黄色，长梭形，末端倾斜或细尖，直径 $16\sim24\mu m$，壁厚 $4\sim5\mu m$，非木化或微木化，纹孔横裂缝隙状或人字形、十字形。网纹、具缘纹孔及梯纹导管，直径 $32\sim90\mu m$，导管分子一般甚短，有的长仅 $64\mu m$。油室碎片淡黄色，细胞中含挥发油滴。薄壁细胞淡黄棕色，有的含小形草酸钙方晶。此外，有木栓细胞、韧皮纤维及不规则棕色块状。

第五节　木香的主要化学成分及药用价值

一、主要化学成分

1. 挥发油

木香类药材挥发油中相对含量较高的成分为萜内酯类，萜内酯类是木香的主要药效成分，木香和川木香中含量最高的萜内酯均为去氢木香内酯、木香烃内酯，土木香中不含去氢木香内酯、木香烃内酯，其含量最高的萜内酯为土木香内酯和异土木香内酯。

2. 烯类及其他

除萜内酯类，木香中含有的烯类种类最多，并含有少量的酮、醛、酚等化合物。木香中还含天冬氨酸、谷氨酸等 20 种氨基酸，还有胆胺，木香萜胺 A、B、C、D、E，左旋马尾松树脂醇-4-O-β-D-吡喃葡萄糖苷，毛连菜苷 B，醒香苷，豆甾醇，木香碱，树脂等。

二、药性、功能与主治

本品味辛、苦、性温，归脾、胃、肺经。有行气止通，调中导滞，温中和胃之功效。主治胸胁涨满，脘腹涨痛，呕吐、泄泻、痢疾、里急后重等病。

三、药用价值

药典收载的三种木香类药材中，木香是正品，川木香为习用品，而土木香少用，川木香与木香药理作用相似，文献报道较多。木香为行气止痛之要药，且能健脾和胃，临床应用非常广泛，主要用于脾胃气滞所致的食欲不振、食积不化、脘腹胀痛等证。研究表明，木香对人体和动物的作用较为广泛，表现为对消化系统、心血管系统、呼吸系统等的药理作用，具有抗菌、抗炎、抗肿瘤、调节胃肠运动、抗消化道溃疡、扩张血管、抑制血小板聚集等作用。

1. 消化系统

木香超临界提取物对盐酸-乙醇型急性胃溃疡具有显著的抑制作用，对小鼠利血平型胃溃疡和大鼠醋酸损伤型慢性胃溃疡也有明显的抑制作用。木香超临界提取液及水煎物对健康人胃基本电节律、胃酸度及血清胃泌素浓度无明显影响，但能促进生长抑素的分泌，表示其抗溃疡作用可能不是通过抑制胃酸、胃泌素分泌。

2. 心血管系统

临床常用含木香的复方制剂治疗心血管疾病，如心可舒胶囊合以硝酸甘油治疗冠心病心绞痛疗效较好，冠心苏合丸治疗冠心病心绞痛取得明显疗效，木香丹参饮治疗冠心病心绞痛气滞血瘀型，疗效满意。低浓度的木香挥发油对离体兔心有抵制作用，从挥发油中分离出的多内酯部分均能不同程度地抑制豚鼠、兔和蛙的离体心脏活动。

3. 呼吸系统

豚鼠离体气管与肺灌流实验证明，水提液、醇提液、挥发油、总生物碱以及含总内酯挥发油、去内酯挥发油，对组胺、乙酰胆碱与氯仿钡引起的支气管收缩具有对抗作用。木香水提液、醇提液、挥发油、去内酯挥发油与总生物碱静脉注射对麻醉犬呼吸有一定的抑制作用，其中挥发油抑制作用较强。

4. 抗肿瘤作用

临床上常用含木香复方治疗肿瘤，对普济方数据库中的肿瘤用药规律分析得出，在与肿瘤相类似的病名与症状名中，木香应用频次位列第二，其中用于治疗"积聚"的木香应用频次最高，实验研究也证实木香单体对多种肿瘤细胞具有较强的杀伤作用。

5. 其他作用

临床有用含木香复方治疗糖尿病，但实验研究表明木香水煎剂灌胃，对有链尿佐菌素腹腔注射所致的糖尿病大鼠无明显的降糖作用，也不能抑制其体重减轻。复方中配伍木香治疗糖尿病可能是复方配合的增效作用。

第二十四章　茵陈栽培技术

茵陈为菊科多年生植物茵陈蒿（*Artemisia capillaris* Thunb.）的干燥地上部分，又名茵蔯蒿、茵陈、因陈蒿、绵茵陈、绒蒿、细叶青蒿、臭蒿、安吕草、婆婆蒿、野兰蒿。

第一节　茵陈的主要特征特性

一、植物学特征

茵陈为多年生草本或半灌木。茎直立，高 0.5～1m，基部木质化，表面有纵条纹，多分枝。幼苗密被白色柔毛，成长后近无毛。叶二回羽状分裂，下部叶裂片较宽短，常被短绢毛；中部以上叶长达 2～3cm，裂片线形，近无毛，上部叶羽状分裂，三裂或不裂。头状花序小而多，卵形，长 1.2～1.5cm，直径 1～1.2cm，有短梗；在枝端密集成复总状，有短梗及线形苞片，总苞片多 3～4 层，外层雌花常为 6～10 个，内层两性花常为 2～9 个；花黄绿色，外层雌性，6～10 个，能育，内层较少，不育。瘦果长圆形，黄棕色。气芳香，味微苦。以质嫩、绵软、色灰白、香气浓者为佳。每年的 2 月开始发芽，3 月是采集茵陈的最好时期，4 月开始抽薹开花。

二、生物学特性

茵陈喜温暖湿润气候，适应性较强。以向阳、土层深厚、疏松肥沃、排水良好的砂质壤土栽培为宜。对土壤要求不严格，一般土壤都可以栽培，但碱土、沙土不宜栽培。翻地前施入农家肥，由于香薷种子很小，地一定要整平耙细。

茵陈耐寒性较强，土层化冻达 10cm，生长点即开始萌动。地表下 10cm 日平均温度达 4℃，气温日平均达 10℃，就能迅速生长。冬季地上部分枯死。它的生活力极强，既抗旱，又耐涝，去掉生长点后，留在地下部分的根又重新形成新的多个生长点。对土壤要求不严格，但以土质疏松，向阳肥沃的壤土或沙壤土最宜。人工栽植能获得较高产量，整个生长周期不发生病虫害，不需要喷药。

茵陈分布于中国、日本、朝鲜、蒙古等国家的低海拔地区的河岸、低山坡地区。生于路旁、山坡、林下及草地，海拔 500～3600m。生于低海拔地区河岸、海岸附近的湿润沙地、路旁及低山坡地区。我国大部分地区均有分布，主产安徽、浙江、江苏、陕西、山西等省。

三、经济价值

1. 营养保健作用

茵陈蒿营养丰富，茵陈的嫩苗是可口的野生蔬菜。据测定，每 100g 嫩茎叶含蛋白质 5.6g、脂肪 0.4g、碳水化合物 8g、钙 257mg、磷 97mg、铁 21mg、胡萝卜素 5.02mg、维生素 B 10.05mg、维生素 B 20.35mg、尼克酸 0.2mg、维生素 C 2mg，还含有蒿属香豆精、精油等。

我国一些地区有用茵陈嫩苗以及米粉制作茵陈糕、团的习俗。采鲜嫩茵陈幼苗洗净，趁湿上面粉或米粉、精盐、五香面拌匀，置笼上蒸 15min 即可食用。还可以将鲜嫩苗洗净，置开水锅里煮片刻，捞入凉开水中漂洗后，用手挤干水分，凉拌或炒食。初食的人可能不太习惯，味微苦，但愈吃愈香，后味极佳，久食可以清火败毒。还有一种茵陈蒿配黑大豆，制成"茵陈药豆"，被称为是肝炎患者恢复期的食疗佳品。

2. 药用价值

中医学认为，茵陈蒿味苦，性微寒，有清热利湿、消炎解毒、平肝利胆等功效。特别是治疗黄疸方面效果更好。除此之外，茵陈蒿还可预防流感、肠炎、痢疾、结核等疾病，还有降低血压、增加冠状动脉血流量、改善微循环、降低血脂、延年益寿的功效。

第二节　如何培育茵陈

一、露地栽培

1. 选地整地

选择阳光充足、土壤含盐量低于 0.5%、排水良好、肥力较高的沙质壤土，将土壤耕翻、耙平、去杂草、开沟作畦，畦高 20cm、宽 1m，畦面东西向，种植行南北向，以利于充分吸收阳光，每亩施入腐熟的有机肥 4000kg 作基肥。

2. 播种

一般 4 月初进行，每亩用种量 50~100g，将种子与细沙拌匀，然后播种。

播种方法主要有穴播、条播、撒播、分株等。

穴播：选择优良种子，于春季 3 月播种，将种子与细沙混合后，按行株距 25cm×25cm 开穴播种，薄薄覆土，保持湿润，幼苗出齐，除草浇水。

条播：按行距 25cm 开条沟，将种子均匀播入，覆土，保持湿润，幼苗出齐，除草浇水。

撒播：撒播时一定要耙平土地，开沟作畦，先浇足水湿润土壤，等半干时，均匀撒上种子，上覆细土一层，以不见种子为度，苗高 6~8cm 时，要及时拔去杂草，苗高 10~12cm 时进行移栽，按行株距 25cm×25cm 定植。

分株繁殖：3~4 月挖掘老株，分株移栽。种子繁殖亩用种量 1kg 左右，播种不要太密，以免间苗时费时费力，浪费种子。

3. 田间管理

（1）间苗。

间苗在苗高 4~5cm 时进行，保持株距 5cm，使其均匀生长，等苗高 6~8cm 左右时，再间苗一次，保持株距 25cm 左右。

（2）松土除草。

播后 1 个月需进行首次松土除草和施肥，以后视情况而定．

（3）水肥管理。

茵陈蒿适应性强，栽培管理简便，对水肥要求不严，浇水不宜过多，以保持土壤稍微湿润最好，对光照要求不严，生长期间需追施 1~2 次复合肥，以便促进开花和延长花期。施肥主要以人粪尿和速效肥为主。一般当年春季不采收，使其根系粗壮，以免形成草荒，便于冬季移植栽培。

（4）病虫害防治。

连绵阴雨容易感染灰霉病，必须及时喷杀菌剂进行防治，并清除病株，加强排涝和通风。苗期在植物表面喷施新高脂膜，增强肥效，防止病菌浸染，提高抗自然灾害能力，提高光合作用效能，保护禾苗茁壮成长。

二、保护地栽培

1. 整地与施肥

茵陈是多年生深根性植物，母根定植前，在温室或塑料棚进行土壤深翻和施肥。每亩施腐熟有机肥 4000~5000kg，通过深翻混于土中，然后整细耙平，使土壤疏松。

2. 采挖母根

10月地上部分植株开始凋零，选择根粗壮的野生茵陈，挖出并去掉泥土，定植前埋入湿土或湿沙中，以防脱水影响生活力。

3. 定植

采挖的母根应立即定植，每隔15cm开10cm宽沟，沟内浇足定植水，株距为15cm。

4. 保护地管理

定植后，新叶生长前一般不需经常浇水，如果土壤干旱，可用喷壶浇水。待长出新叶时，进行松土打垅。定植后出现缺苗时应及时补栽。在施足基肥的基础上，整个生长过程一般不施用化肥，以保证茵陈的食用品质。温室栽培应抓住冬季市场，入冬后维持在10℃以上，茵陈就能正常生长。越冬后应尽早扣棚，促进茵陈早萌发，以增加经济效益。茵陈收割后根部经过4～7d伤流期，愈伤组织形成期20d左右，便开始新芽分化，形成多枝的株丛。伤流期至新芽分化不宜浇水，以防烂根。

第三节　茵陈的采收

一、幼苗采收

种植第一年不要采收，任其生长，主要是促进其根系生长，等第二年春天萌芽后3～4周开始采收，可以食用，也可以入药，可以连续采集3～4年。于春季幼苗高6～10cm时采收，除去老茎、根及杂质，阴干或晒干。"三月茵陈四月蒿，五月茵陈当柴烧。"春天，阳气上升，万物复苏，芳草吐绿，正是采收茵陈的好时节。

二、种子采收

在9～10月，种子基本成熟，要及时采种，为防止种子散失，一般在蒴果略微变黄时采收。

第四节　茵陈的鉴别特征

一、性状鉴别

陶隐居说：茵陈，"今处处有之，似蓬蒿而叶紧细。秋后茎枯，经冬不死，至春又生"。但陈藏器撰《本草拾遗》才真正点了题："此虽蒿类，经冬不死，更因旧苗而生，故名茵陈。后加蒿字耳！"春季采收的习称"绵茵陈"，秋季采割的称"茵陈蒿"。

1. 绵茵陈

绵茵陈又叫白蒿，学名茵陈蒿，别称茵陈。多卷曲成团状，灰白色或灰绿色，全体密被白色茸毛，绵软如绒。茎细小，长 1.5～2.5cm，直径 0.1～0.2cm，除去表面白色茸毛后可见明显纵纹；质脆，易折断。叶具柄；展平后叶片呈一至三回羽状分裂，叶片长 1～3cm，宽约 1cm；小裂片卵形或稍呈倒披针形、条形，先端尖锐。气清香，味微苦。

2. 茵陈蒿

茎呈圆柱形，多分枝，长 30～100cm，直径 2～8mm；表面淡紫色或紫色，有纵条纹，被短柔毛；体轻，质脆，断面类白色。叶密集，或多脱落；下部叶二至三回羽状深裂，裂片条形或细条形，两面密被白色柔毛；茎生叶一至二回羽状全裂，基部抱茎，裂片细丝状；头状花序卵形，多数集成圆锥状，长 1.2～1.5mm，直径 1～1.2mm，有短梗；总苞片 3～4 层，卵形，苞片 3 裂；外层雌花 6～10 个，可多达 15 个，内层两性花 2～10 个。瘦果长圆形，黄棕色。气芳香，味微苦。

二、显微鉴别

叶片表面观：表皮细胞垂周壁波状弯曲，表皮细胞长径 25～112μm。丁字毛柄细胞壁厚 2.5～7.5μm。不定式气孔微突出于表面。表面密布丁字毛，具柄部及单细胞臂部；臂细胞直线延伸或在基部折成 V 字形，两臂不等长，臂全长 614～1638μm，细胞壁极厚，胞腔常呈细缝状；柄细胞 1～2 个，壁厚 1.3～5μm。偶见腺毛，腺头呈椭圆形，由 2 个半圆形的分泌细胞组成，常充满淡黄色油状物质。上下表面无明显差异。

裂片的主脉作横切面：一层长圆形表皮细胞紧密排列，其上可见气孔、丁字毛柄部及多细胞腺毛，腺毛常凹陷于表皮中，多见 2～4 个细胞排成单列。

叶肉组织等面型，下表面叶肉细胞排列较疏松，不甚整齐。主脉于下表面明显凸出，上表面基本不凸出；上面栅栏组织延伸至主脉，下面稍有中断；维管束位于基本组织的中心，其上侧有 1～2 个分泌腔，类圆形，周围有 5～10 个分泌细胞。

第五节　茵陈的主要化学成分及药用价值

一、主要化学成分

茵陈含挥发油，油中成分有月桂烯、苎烯、桉油精、α-蒎烯、莰烯、α-姜黄烯、达瓦酮、茵陈炔酮、丁香酚、异丁香酚、萘、苯甲醛、龙脑。

二、药用价值

1. 利胆作用

茵陈煎剂、茵陈栀子煎剂、茵陈蒿汤（茵陈、栀子、大黄以 3∶1.5∶1）及其醇提取物均有促进大白鼠胆汁分泌的作用，但不够明显，茵陈煎剂对正常人的胆囊收缩（X 线检查）只表现轻度缩小，容积改变不显著。

茵陈的水浸液及精制浓缩浸液（去除及未去除挥发油的两种）对急性胆囊插管及慢性胆囊瘘管犬均有明显利胆作用，推测其有效成分可能是水及醇溶性物质，而挥发油的作用则可疑或较弱；但也有报道，从南京茵陈中分离出的挥发油对豚鼠有利胆作用。

2. 对实验性肝炎的影响

茵陈蒿汤、茵陈蒿及栀子大黄煎剂均能降低小白鼠四氯化碳中毒性肝炎的死亡率，茵陈的水浸液及精制浓缩浸液对四氯化碳中毒性肝炎的犬的利胆作用较对正常犬显著，茵陈煎剂及茵陈挥发油对四氯化碳中毒性肝炎家兔的血清转氨酶无影响，但后者能使肝炎家兔食量增加，对病毒性肝炎之小白鼠无改善其死亡率及肝细胞病变的作用。茵陈蒿汤煎剂对家兔有促进肝细胞再生作用。

3. 解热及抗微生物作用

茵陈蒿汤、蒿陈浸剂对家兔人工发热有解热作用。茵陈及其同属植物 Artemisia tridentata 及 A. nova 的挥发油，在试管内对金黄色葡萄球菌有明显的抑制作用，对痢疾杆菌、溶血性链球菌、肺炎双球菌、白喉杆菌、牛型及人型结核杆菌等也有一定的抑制作用。茵陈挥发油在试管内能抑制皮肤病原性真菌的生长，其抗真菌有效成分为茵陈炔酮。

4. 降压作用

茵陈的水浸剂及精制浸液均有降压作用，6，7-二甲氧基香豆精静脉注射及十二指肠给药对大鼠、猫、兔、犬均表现有降压作用，其降压作用可能系通过中枢以及内脏血管扩张而致。

5. 利尿作用

茵陈的水浸液、精制浓缩浸液以及 6，7-二甲氧基香豆精对犬均表现利尿作用；茵陈挥发油对中毒性肝炎之家兔能使尿量增加，尿色由黄变清。

6. 其他作用

茵陈水煎剂 3g/kg 对实验性动脉粥样硬化的家兔，给药 2～3 周后可使血清胆甾醇及 β-脂蛋白下降，β/γ 比率较对照组低，但 C/P 值却比对照组高，对主动脉弓的病变及内脏脂肪沉着均表现保护作用。茵陈水煎剂在试管内有抗艾氏腹水癌的作用,对接种艾氏腹水癌的小白鼠,仅初期有效。茵陈同属植物 *Artemisia caerulescens* L. 油的乳剂,可使小白鼠出现癫痫样发作,其作用部位在大脑皮层。

第二十五章 白芷栽培技术

白芷（*Radix Angelicae* Dahuricae）又名香白芷、杭白芷、川白芷、香芷，伞形科植物白芷或杭白芷的干燥根。为常用辛温解表类中药，在我国南北地区广泛栽培。白芷喜温和湿润、光照充足的气候环境，主根粗长，入土较深，宜栽种在土层深厚、疏松肥沃湿润而又排水良好的砂壤土。

第一节 白芷的主要特征特性

一、植物学特征

高 1～2.5m，茎根圆柱形，径 3～5cm，外表皮黄褐色至褐色，有浓烈气味。茎基部径 2～5cm，有时可达 7～8cm，通常带紫色，中空。基部叶一回羽状分裂，茎上部叶二至三回羽状分裂，叶片轮廓为卵形至三角形，叶柄下部为囊状膨大的膜质叶鞘，无毛或稀有毛，常带紫色。复伞形花序顶生或侧生，直径 10～30cm，花序梗长 5～20cn，花白色，花瓣倒卵形，花柱比短圆锥状的花柱基长 2 倍。果实长圆形至卵圆形，黄棕色，有时带紫色。花期 7～8 月，果期 8～9 月。

二、生物学特性

1. 对环境条件的要求

（1）对光的要求。

实验研究发现，光能促进白芷种子发芽；光照充足使地上部生长旺盛，继之地下部主根粗长。荫蔽地方生长的白芷植株较矮，叶面系数小，主根长不粗。

（2）对温度的要求。

白芷在生长发育期间对温度的适应范围较大。种子发芽喜变温条件，恒温下发芽率明显降低。种子发芽的变温范围以10～25℃为佳；冬季在土壤湿润的条件下，幼苗能耐受－6～－8℃的低温。在河西地区，冬季地上部分枯萎，以宿根越冬。

（3）对水分的要求。

以土壤湿润为度，既怕干旱又怕积水。播种后缺水会影响出苗，幼苗期干旱易造成缺苗，遇冬季低温易发生冻害，营养生长期需水较多，生长中后期水分过多易发生烂根，但缺水根部容易发生木质化，影响药材品质。

（4）对土壤的要求。

以土层深厚、土质疏松的砂壤土为好，较黏或板结的土壤种植易导致主根短且分叉多，影响产量和质量。

2. 生长发育特点

白芷一般为秋季播种，在温、湿度适宜条件下，约15～20d出苗，幼苗初期生长缓慢，以小苗越冬；第二年为营养生长期，4～5月植株生长最旺，4月下旬至6月根部生长最快，7月中旬以后，植株渐变黄枯死，地上部分的养分已全部转移至地下根部，进入短暂的休眠状，此时，白芷的根已长成，为收获药材的最佳期。

留种植株：8月下旬天气转凉时又重生新叶，继续进入第三年的生殖生长期，4月下旬开始抽薹，5月中旬至6月上旬陆续开花，6月下旬至7月中旬种籽依次成熟。因开花结籽消耗大量的养分，所以留种植株的根部常木质化变空甚至腐烂，不能作药用。成熟种子当年秋季发芽率为70%～80%，隔年种子发芽率很低，甚至不发芽。种植白芷为2年收根，3年收籽，不可兼收。

三、产地

1. 白芷

主产于河南禹县、长葛者，习称"禹白芷"；产于河北安国者，习称"祁白芷"。

2. 杭白芷

主产于四川遂宁、温江、崇庆等地者，习称"川白芷"；产于浙江杭州、笕桥等地者，习称"杭白芷"；产于台州地区的黄岩、温岭者，习称"台白芷"。

习惯以四川产的白芷为道地药材，尤以遂宁产者质量最佳。

第二节　如何培育白芷

一、选地、整地、施肥

1. 选地

白芷对前作要求不严，甚至前作白芷生长好的连作地也可选用，最好选择地势平坦、阳光充足、耕作层深厚、疏松肥沃、排水良好的砂质壤土。白芷忌连作，不宜与伞形科的作物连作。

2. 整地、施肥

播种前精细整平地块，结合整地每亩施入腐熟堆肥或厩肥 1500～2000kg、复合肥 20～25kg、磷肥 30～40kg 作为基肥，施完后进行翻耕，深度达 1 尺以上为好，翻后晒土使之充分风化，晒后再翻耕一次。因白芷根部生长较深，所以整地时，要深耕细耙，并使上下土层肥力均匀，防止因表土过肥而须根多，影响产量和质量。然后整平耙细后作畦，畦高 15～20cm，畦宽 1～2m，畦面平整，以利于灌水排水，表土要平整细碎以利幼苗出土，四周开好排水沟，沟深 25～30cm，以便于排水防涝。

二、种子繁殖

用种子繁殖，一般采用直播，不宜移栽，移栽植株根部多分叉，主根生长不良，影响产量和质量。

1. 种子处理

播种前可以用多菌灵浸种 4h，滤干水，按照种子：沙为 1：5 的比例混合催芽 7～8d，然后播种。或者用 2％的磷酸二氢钾拌匀后闷 8h。

2. 播种期

生产上对播种期要求严格，适时播种是获得高产的重要环节之一。过早播种，冬前幼苗生长过旺，第二年部分植株会提前抽薹开花，根部木质化或腐烂，不能作药用，从而影响产量。过迟则气温下降，影响发芽出苗，幼苗易受冻害，幼苗生长差，产量低。由于隔年种子发芽率低，新鲜种子发芽率高，所以生产上须选用当年收获的新鲜种子播种，一般以秋播为主，春播产量低，质量差。适宜的播种期因气候和土壤肥力而异。气温高迟播，反之则早播，土壤肥沃可适当迟播，相反则宜稍早。

秋播适宜播种期因地而宜，河西地区于白露至秋分之间天进行。春播于 3～4 月间进行。

3. 播种方法

条播、穴播、撒播均可，但以条播较好。

（1）条播法。

行距 25～30cm，开浅沟（深约 4～5cm），将种子均匀播入沟内，覆盖薄薄一层细土，并用脚轻轻踩一遍，使种子与土壤紧密接触。一般每亩用种量 1～1.5kg。河西地区多用此方法。

（2）穴播法。

按行距 30～35cm，穴距 15～18cm 开穴，穴底要平，穴深 6～9cm，每穴播种 7～10 粒，每亩用种量 0.5～0.8kg。

（3）撒播法。

将种子均匀撒在已耙平的畦面上，然后盖上一层薄土及稻草。但此法目前少用。也可采用地膜覆盖，可使出苗期比对照组提前 10d 左右，且出苗整齐一致，出苗率比对照组高 4%，但如果在适宜的播种期进行播种，又无明显的反常恶劣天气，则一般无须覆盖地膜。播后一般覆盖薄薄一层细土，略加镇压，使种子与土壤紧密接触，再均匀摊施腐熟栏肥 1000kg 左右；也有的播后不覆土，随即每亩施稀人畜粪水约 1000kg，再用人畜粪水拌和的草木灰覆盖其上，不露种子，然后用木板镇压或轻踩，以利发芽。播后 15～20d 幼苗即可出土。

三、田间管理

1. 间苗和定苗

白芷幼苗生长缓慢，播种当年一般不疏苗，第二年早春返青后，苗高约 5～7cm 时进行第一次间苗，间去过密的瘦弱苗子。条播每隔约 5cm 留一株，穴播每穴留 5～8 株；第二次间苗每隔约 10cm 留一株或每穴留 3～5 株。苗高约 15cm 时定苗，株距 13～15 厘米或每穴留 3 株，呈三角形错开，以利通风透光。定苗时应将生长过旺，叶柄呈青白色的大苗拔除，以防止提早抽薹开花。间苗次数可依具体情况，采取 1～3 次均可。

2. 中耕除草

应结合间苗和定苗同时进行。定苗前除草可用手拔或浅锄，定苗时可边除草，边松土，边定苗，以后逐渐加深，次数依土壤干湿程度和杂草生长情况而定，松土时一定注意勿伤主根，否则容易感病，影响白芷生长。第 2 次用锄进行中耕除草，可稍深。第 3 次定苗时，松土除草要彻底除尽杂草，以后植株长大，郁闭封行，就不便再进行中耕除草。

3. 追肥

科学追肥是提高白芷产量和质量的关键。施肥过多，生长过旺，易造成抽薹开花，降低产量；施肥不足，生长不良、产量亦低。白芷生长期长，需肥量大。施肥管理是白芷优质高产的关键。科学追肥既要根据白芷生长发育特性，又要结合白芷土壤供肥特点。

白芷耐肥，但一般春前少施或不施，以防苗期长势过旺，提前抽薹开花。白芷整个生长期一般追肥 4 次。第 1、2 次在间苗、中耕除草后进行，每次亩施人畜粪水 1500～2000kg；第三次定苗后，每亩施人畜粪水 1500～3000kg；第 4 次在封垄前，每次施人畜粪水 2000～3000kg，可配施磷钾肥，如过磷酸钙 20～25kg，氯化钾 5kg，以满足根部发育的需要，施后随即培土，可防止倒伏，促进生长。

施肥宜选择晴天进行，见雨初晴或中耕除草后当天不宜施肥。肥料种类可选用人粪尿、腐熟饼肥、圈肥、尿素等。第一次施肥，肥料宜薄宜少。追肥次数和每次的施肥量也可依据植株的长势而定，如快要封垄时植株的叶片颜色浅绿不太旺盛，可再追肥一次，或此时叶色浓绿，生长旺盛，可不再追肥了。

4. 灌溉排水

白芷喜水，但怕积水。白芷播种后如土壤干燥应立即浇水，保持幼苗出土前畦面湿润，这样才利于出苗；苗期也应保持土壤湿润，以防出现黄叶，产生较多侧根。以后天气干旱和施肥后，也应及时浇水。翌年春季以后可配合追肥适时浇灌，尤其是伏天更应保持水分充足。如遇雨季，田间积水，应及时开沟排水，以防积水烂根及病害发生。

5. 拔除抽薹苗

播后第二年 5 月会有部分植株抽薹开花，其根部不可作药用，其结出的种子亦不能作种，因其下一代会提前抽薹。故为了减少田间养料的消耗，发现抽薹的植株，应及时拔除。以免影响正常植株发育。为防止白芷提早抽薹、开花，在追肥时，应注意当年宜少、宜淡，次年较多，并逐步加浓，补充磷钾肥。

生产上常有部分白芷植株于第二年提前抽薹开花，一般为 10％～20％，多者可达 30％以上，严重影响产品的产量和质量。据产地传统栽培经验和一些科学试验研究认为，合理修枝、选育良种是防止白芷早期抽薹的根本所在。同一植株不同部位结的种子其特性不同。主茎顶端花苔所结的种子较肥大，抽薹率最高；二、三级枝上所结的种子瘦小，质量较差，抽薹率不高，但播后出苗率和成苗率都较低；一级枝所结种子，质量最好，其出苗率和成苗率最高，抽薹率也低；过于老熟的种子也易提前抽薹开花。所以，在留种株花期，采取以下修剪方法：剪去主茎和二、三级枝上的花序，保留一级枝花序。从而保证一级枝花序的营养供给，使种胚发育成熟一致，缩小种子的个体差异，这样，播种后，出芽整齐，便于管理，植株也具有优良的性状，可使抽薹率降低到 3～5％，平均每亩增收 50kg 左右。

四、主要病虫害及其防治方法

1. 主要病害及其防治方法

（1）白芷斑枯病。

主要为害叶片，初生褪绿小点，后扩大受叶脉限制呈多角形或不规则形斑点病斑，颜色变为暗褐色，最后转为枯白色，其上散生黑色小点（即病原菌的分生孢子器）。病斑发生多时，相互愈合成大枯斑引起叶枯。

发生特点：从当年 11 月到次年 2 月初，由于处于冬季，温度低，病害发展比较缓慢；3 月到 4 月，随着温度的缓慢回升，病情发展逐渐加快，病情指数不断升高，4 月到 7 月，温度不断升高，病情发展迅速。

防治方法：减少病菌浸染来源，在收获后，将田间病残体清除；结合田间管理摘除植株和留种株下部病叶，集中烧毁。搞好健身栽培，避免偏施氮肥，增施磷、钾肥，提高抗性，合理密植。用 1∶1∶100 的波尔多液喷雾或用 65％的代森锌可湿性粉剂 400～500 倍液喷雾，入冬前对秋苗进行一次防治，减少秋苗发病和越冬菌源；开春后病害开始发展，应及时施药防治，以后间隔 10～15d 施药 2～3 次。

（2）白芷黑斑病。

主要为害叶片，亦可危害叶柄和分枝。叶片上初生褐色斑点，扩大为圆形大斑，外围有黄色晕圈，病斑外缘颜色较深，呈黑褐色，略具轮纹，中部色稍浅。叶斑正面散生有不明显的黑色小点（分生孢子器）。叶上病斑发生较多时可相互愈合成不规则枯斑，引起叶片枯黄（死）。叶脉、叶柄和分

枝上生黑褐色条形斑，中央稍凹陷。叶柄受害常易折断。

发生特点：3～4 月开始发生，随着气温升高，发生越来越重，发生高峰期在 6 月。

防治方法：黑斑病的发生与危害特点与斑枯病相同，二病在田间又往往混合发生，防治要点相同，可起到兼治作用（防治方法见白芷斑枯病）。

（3）白芷根结线虫病。

白芷被害后首先表现为植株地上部生长受阻，地下的根部也发育不良，主根和枝根上形成大小不等的瘤状突起，根部呈肿瘤状畸形，剖解瘤结可见白色的粒状物在组织内（为雌虫）。

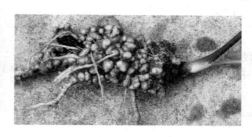

发生特点：根结线虫以幼虫和雌成虫及其卵囊中的卵块在土壤和受病植株的根及其病残体中越冬，作为初浸染来源。它的传播主要靠种苗、土壤肥料、农具黏带病土和水流。线虫好气，主要分布在耕作层，土表下5～30cm范围，以3～10cm处最多。连作有利于虫源积累发病重。

防治方法：选用无病地种植，有病地采用轮作，减少田间虫源积累。由于南方根结线虫寄主范围很广，轮作应采用非寄主植物如水稻、玉米等；零星发生时可拔除病株以及收获后清除病残体。

（4）白芷根腐病。

收获后堆贮加工的根受害，呈水渍状变软腐烂，表面生出白色絮状物，稍后生出褐色半埋的颗粒（分生孢子器），纵剖根部，内部组织变黑褐色，有许多小形菌核。病根失水后变为干腐。

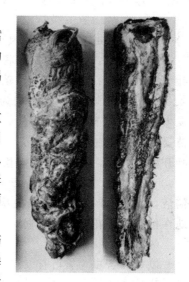

发生特点：根腐病是白芷收获后加工期的重要病害。收获后干燥处理不及时，极易发病，引起根腐烂，失去商品价值。病菌以病根中的菌核、分生孢子器和菌丝体在土中越冬，作为初浸染来源。病菌易从伤口侵入，收获时造成伤口以及雨水多、堆积厚，不能及时干燥，极易发病。

防治方法：收获和贮运时，尽量减少根的伤口造成；收获后，根不要堆放过厚，并及时干燥处理；受病腐烂的根应收集销毁，以减少病菌浸染来源；采用硫磺对收获的根进行熏蒸24h，可有效防治此病。但是存在二氧化硫残留，因此不建议应用。

（5）白芷菌核病。

为害植株茎下部，被害部呈水渍状变色腐烂，病斑环茎发展，引起植株枯死。潮湿时病部可见白色絮状菌丝和黑色鼠粪状物（菌核）。

发生特点：菌核在土壤、病株残体中越冬，次年4～5月菌核萌发形成子囊盘释放子囊孢子，气流传播浸染植株。由于核盘菌寄主范围很广，邻近地产生的子囊孢子随气流传至白芷，引起浸染。4～5月雨水多，田间湿度大发病重。

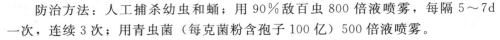

防治方法：菌核病在白芷上发生极零星和轻微，不必单独进行防治，对零星枯死病株可拔除销毁；多菌灵、甲基托布津、戊唑醇、速克灵在初花至盛花期；施药次数以2次为佳。

2. 主要虫害及其防治方法

（1）黄凤蝶。

以幼虫食害叶片。

防治方法：人工捕杀幼虫和蛹；用90%敌百虫800倍液喷雾，每隔5～7d一次，连续3次；用青虫菌（每克菌粉含孢子100亿）500倍液喷雾。

（2）白芷胡萝卜微管蚜。

以成、若虫为害嫩叶及顶部。

防治方法：冬季清园，将枯枝落叶深埋或烧毁；秋播白芷幼苗出土后入冬前，有翅蚜迁飞至白芷为害，在发生卷叶时应及时用药防治，减少幼苗受害和越冬虫源；开春后，应在心叶开始卷叶时，喷50%杀螟松1000～2000倍液或40%乐果乳油1500～2000倍液，每隔7d一次，连续数次；留种地在抽薹和开花期，用药防治。

（3）红蜘蛛。

以成、若虫为害叶部。

防治方法：冬季清园拾净枯枝，烧毁落叶，清园后喷1～2波美度石硫合剂；4月起喷0.2～0.3波美度石硫合剂或用20%的三氯杀螨矾可湿性粉1500～2000倍液喷雾，每周一次，连续数次。

（4）白芷朱砂叶螨。

防治方法：主要采用药剂防治，在春季为害明显上升时，施用联苯菊酯、甲氰菊酯、哒螨灵等药剂，同时可兼治蚜虫。

第三节　白芷的采收与加工

一、采收

春播白芷当年即可收获，秋播白芷第二年才能采收。春播在当年 10 月下旬，秋播在第二年 8 月下旬叶片呈现枯萎状态时刨收。收获时选晴天，割去地上部分作为堆肥或饲料，然后小心挖起全株，抖落根部泥沙，忌水洗，及时运回加工干燥。若数量小，可置太阳下曝晒，晒至敲打时有清脆的响声为止。采挖时尽量注意避免挖断根茎，不能损伤白芷根，特别是周皮，被创伤后在加工过程中易患根腐病，造成不必要的损失。

将所采挖鲜白芷与须根、柄叶分别收集，运回连地附近的加工室内进行初加工。

白芷收获以叶片发黄时收获为主。收获过早，根尚未长大，干燥后常发生裂缝，产量品质低。收获过迟，消耗养分，根部呈木质化、质坚、粉性差、品质不佳，因天气不好，太阳小，不易晒干，从而影响产量和品质。

二、加工

1. 晒干

晒干时摘除侧根，剪除残留叶柄，晾晒 1～2d 后，用刀横切成片状，再翻晒 2d，直至其皮呈灰白色、断面白色、有香气发出时。或者采挖后按大、中、小分级曝晒 1～2d 后烘烤（温度保持在 60℃左右），烘烤至皮灰白、断面白色为佳。

2. 熏硫方法

白芷肉质根含大量淀粉，在收获干燥时常会遇到连续阴雨，不能及时干燥，易引起大量霉烂变质，为防止霉烂，可采用熏硫方法。

熏硫时将鲜白芷分大、中、小三级分别干燥，若数量小，可置太阳下曝晒。若遇雨天，则应用木炭或无烟煤烘炕，炕时将大根放于烘架中央，小根放于周围，头部向下，不宜横放，装时不宜踩压，以利通烟。烘时火力不宜过大，也不宜过小，以免炕焦或霉烂。熏硫时不要熄火断烟，并要少跑烟，炕至半干时，翻动一次，将较湿的放在炕中央，较干的放在炕边，继续炕至全干。若数量较大，宜用烘房烘干。熏硫烤时头朝上，根放底层，中等放中层，小根放上层，支根放顶层，每层厚约 2 寸左右，不宜过厚。烘烤熏硫温度宜保持在 60℃左右，每天翻动一次，烘烤熏硫 6～7d，即全干。

不论日晒或烘烤熏硫，在干燥过程中，均不宜中断或重压，以免腐烂或黑心。每 1000kg 鲜白芷约需硫黄 7～8kg，熏时要不断加入硫黄，不能熄灭，直至连续熏透为止。熏 24h 取样检查：用小刀切开，在切口涂以碘液，若蓝色很快消失，则表示硫已熏透，可灭火停熏，若蓝色反映不消失，则需继续熏硫，直至熏透，熏后抓紧晒干，以提供商品。

第四节　白芷的留种技术

在大田商品白芷生产中，常因种子、肥水等原因，5～6 月份就有少量植株抽薹开花，导致根部变空腐烂，失去药用价值，其结出的种子下一代也会提前抽薹，故应及时拔掉。

留作种母不同部位所结的种子其特性也不同。主茎顶端花薹所结的种子较肥大，发芽率高，但抽薹率也高，影响商品白芷的产量；二、三级枝上所结的种子瘦小，质量较差，抽薹率不高，播后出苗率较低；一级枝所结种子质量最好，其出苗率和成苗率最高，抽薹率也低。

白芷留种方法有原地留种和选苗留种两种。

1. 原地留种

在收获商品时，留部分植株不挖，待翌年即可抽薹开始结籽，待种子成熟时采收作种。

2. 选苗留种

即在收获药材时，选主根无分叉而如大拇指粗细无病虫害植株作种苗，另行种植。种苗选定后，放到地窖里用砂藏起来，待翌年早春再栽到地里，并及时进行中耕除草、施肥，才能使种子饱满。不挖起重栽的留种植株，在结冻前及第二年 3 月初解冻后，分别追施人粪尿、饼肥或化肥；6 月上旬抽薹开花，8 月种子陆续成熟，及时分批采收。

第五节　白芷的性状鉴别及规格等级

一、性状鉴别

1. 杭白芷

圆锥形有方楞，头粗大尾细，长 10～15cm，中部直径 2～5cm，顶端方圆形，有凹陷的茎痕，具同心性环状纹理；皮孔横长多排列成四行（俗称疙瘩丁、癞蛤蟆皮），质坚实，断面白色或灰白色，粉性，皮层有棕黄色细点（分泌腔），形成层呈棕色环，略方形；气芳香、味辛、微苦，质较佳。以根粗、头部方形、粉性足、香气浓者为佳。

2. 川白芷

圆锥形，头端略呈方楞，体顺长略似葫萝卜形，无分枝，长 10～20cm，直径 2～5cm，茎痕略下凹，外皮灰褐色或棕褐色，有纵向的细皱纹，有横长皮孔，但较杭白芷少，凸起较少；质坚实，断面白色或微黄色，粉性，皮层有棕色油点，形成层呈棕色环，呈不规则的圆方形；气芳香，味辛、微苦。以根肥大、均匀、粉质足、香气浓厚为佳。

川白芷

3. 禹白芷、祁白芷

圆锥形，似胡萝卜，少数有分岐，长 10～20cm，直径 2～4cm，茎基圆形略下凹，外皮土黄色，突起的皮孔甚小，散生。质略轻泡，断面白色粉性，形成层显棕灰色；气芳香，味辛，微苦。以根条肥壮均匀、皮细坚硬、光滑、粉质足、香气浓、不抽皱者为佳。

禹白芷

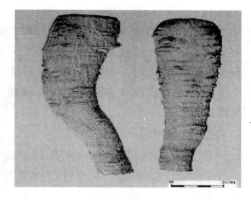

祁白芷

二、规格等级

一等：每 1000g 36 支以内。无空心、黑心、芦头、油条、杂质、虫蛀、霉变。

二等：每 1000g 60 支以内。

三等：每 1000g 60 支以外，顶端直径不得小于 0.7cm，间有白芷尾、黑心、异状、油条，但总数不得超过 20%。

第六节　白芷的主要化学成分及药用价值

一、主要化学成分

白芷与杭白芷的化学成分相似，包括挥发性成分、香豆素类、东莨菪素、水溶性与脂溶性成分、醚溶性成分。白芷根含呋喃香豆素，另外还含有氧化前胡素、欧前胡素、异欧前胡素等。

贾晓东等从杭白芷中分得异欧前胡素、氯化前胡素等 8 个香豆素类成分，对白芷的醇提物进行了系统研究，共分离并鉴定了 11 个化合物，分别为 B-谷甾醇、cnidilin、异欧前胡素、欧前胡素、水合氧化前胡内酯、栓翅芹烯醇、白当归脑、花椒素、neobyakangelicol、比克白芷素、水合氧化前胡素，其中化合物花椒素为首次从白芷中发现。此外，蔡敏等应用 HPLC－MS/MS 联用技术，快速鉴别出禹白芷中有当归素、氧化前胡素、白当归脑、欧前胡素、蛇床夫内酯和异欧前胡素 6 个主要的呋喃香豆素成分。

二、药用价值

1. 抗菌作用

体外初步试验，川白芷水煎剂对大肠杆菌、宋氏痢疾杆菌、伤寒杆菌、副伤寒杆菌、绿脓杆菌及变形杆菌、霍乱弧菌等有一定抑制作用，且对人型结核杆菌有显著的抑制作用。白芷在试管内对絮状表皮癣菌、石膏样小芽胞癣菌及羊毛状小芽胞癣菌等真菌有抑制作用，水浸剂（1∶3）对奥杜益小芽胞癣菌也有一定抑制作用。

2. 镇痛作用

通过小鼠实验表明，白芷总挥发油（Essential oil of Radix Angelicae dahur‗icae，EOAD）对物理、化学性刺激具有明显的镇痛作用，且无身体依赖性，对其自主活动有显著的抑制效应。因此，白芷的镇痛效果确切，显著的镇静效应可能是其发挥镇痛作用的重要机理之一。进一步研究发现，EOAD 调整体内单胺类神经递质含量是其镇痛的机理之一。

3. 抗肿瘤作用

异欧前胡素及白当归素对人体癌 HeLa 细胞有细胞毒活性，其 LD_{50} 均为 100g/mL。白芷中的东莨菪素体外对鼻咽癌 9KB 细胞的 ED_{50} 为 100g/mL。白芷能强烈抑制 12-O-14 烷酰佛波醇-13-醋酸酯（TPA 肿瘤促进剂）促进 32Pi 掺入培养细胞磷脂中的作用，有效成分为欧前胡素及异欧前胡素。经研究发现，白芷中含有的欧前胡素、异欧前胡素均能抑制小鼠腹腔巨噬细胞释放肿瘤坏死因子（TNF）。日本学者也发现欧前胡素有抑制癌细胞株增殖的作用。

4. 对脂肪细胞的作用

白芷呋喃香豆精单独应用不具促进脂肪作用，但与肾上腺素、ACTH 共存则对这些激素有活化作用，对胰岛素从糖合成脂肪起抑制作用，因此可知白芷香豆精能够活化交感系激素，是拮抗副交感系激素的药物。

5. 美白作用

异欧前胡素是白芷干燥根的提取物，也是其主要的活性成分之一，为香豆素类化合物。现代研究证明，异欧前胡素是白芷中最重要的活性成分之一，白芷历代被视为美容佳品，古代帝王、嫔妃的驻颜美容方有七白散、八白散，其中就有白芷，其对美白祛斑有显著的作用，并可改善人体微循环，促进皮肤新陈代谢，延缓皮肤衰老，还能消除色素在组织中过度堆积，去除面部色斑，治疗皮肤疱痍疥癣等。

此外，白芷和杭白芷的醚溶性成分对体外家兔耳血管有显著扩张作用，而白芷的水溶性成分有血管收缩作用。

第七节　白芷的综合开发利用及发展前景

一、综合开发利用

1. 白芷药用产品开发

（1）止痛。

白芷具有良好的止痛作用，医家在止痛中使用白芷的频率极高。九味羌活汤、柴葛解肌汤等名方中的白芷所发挥的效用之一就是止头痛。现有的制剂如源于古方的都梁丸（由白芷、川芎配伍而成）广泛应用于风寒头痛、鼻渊头痛、偏头痛、神经性头痛、肋间神经痛等，为临床上常用的镇痛药。白芷与马钱子等制成的筋骨活络丸是治疗风湿痛、关节炎的中国专利产品。

（2）治疗鼻炎。

白芷有化湿通鼻窍之功效。《本草纲目》记载其可治鼻渊、鼻衄。其常与苍耳子、辛夷等药同用治疗鼻炎。如加味苍耳子散（苍耳子、白芷、辛夷、薄荷等）具有疏风散寒、行气活血、通鼻窍的功效，临床上用于治疗变应性鼻炎。有报道取白芷、薄荷、苍耳子等药熏蒸，以鼻吸收热蒸气可治疗慢性鼻窦炎。2005

版《中国药典》收载含白芷治疗鼻炎的成方制剂有通窍鼻炎片、鼻炎片、鼻渊舒口服液、鼻窦炎口服液、千柏鼻炎片等。

（3）治疗咽炎。

白芷对慢性咽炎也有治疗效果，有人曾试验在夏日三伏天用白芷、细辛、白芥子、桂枝研细末贴敷背部某些穴位用以治疗老慢支、肺气肿，获得了满意的疗效。

（4）治疗白癜风、银屑病。

应用光敏性中药治疗银屑病和白癜风是现今研究的一个热点。经研究，白芷中含有的光敏性活性物质主要为线性香豆素类化合物，如香柑内酯、花椒毒素、异欧前胡素等。现已生产的治疗白癜风的药品如复方白芷酊，具有活血化淤，增加光敏的作用。

（5）治疗烧伤。

白芷糊外用软膏对烧伤、烫伤的患者使用效果很好；白芷烧伤酊适用于烧烫伤的早期治疗，可作为野外紧急抢救和家庭常备用药。复方白芷油纱布用于烧、烫伤换药、外伤后创面换药、手术后换药的效果明显。

（6）治疗灰指甲。

现有企业开发出由白鲜皮、白芷等 13 味中药萃取制成的柒日康甲贴，其可用于治疗灰指甲、多种手足甲癣。

2. 白芷在美容行业产品开发

白芷在美容领域中的使用率虽然较高，但多是采用水煎或打粉的形式，是较低层次的使用，开发出来的美容产品并不多。由于白芷能减少黑色素的形成，又可以润泽肌肤，同时还有消毒的作用等，现在已有不少国家开始重视白芷在美容产品中的应用。因此，充分利用白芷为我国传统中药和发挥白芷主产区的优势，将中医药理论结合现代技术与人们需求，对白芷的美容成分进行研究，提取白芷的有效美容成分，开发针对美白、祛斑、沽牙、乌须等方面的功能性化妆品或护肤品是我们综合开发白芷产品的一个重要方向。

3. 白芷地上部分开发利用

我国每年白芷用量极大，但主要应用其根部，大部分地上部分未得到充分利用。利用白芷含挥发油成分，香气浓郁，可用作香料、工业原料，提取芳香油、调味品等。白芷作为一种常用香料常与砂仁、豆蔻等芳香药物在食品加工业中广泛使用。如四川四大腌菜之一的川冬菜在制作中所用的香料就包括白芷；现已开发成产品的著名调味品"十三香"，原为一个古方，由 13 味中药组成，其中即包括了白芷。白芷在中药药膳中也是经常应用的材料，很多膳食调料厂都大量引进白芷。

二、发展前景

从目前白芷的开发现状来看，我国对白芷的使用形式多为饮片，加工方式较为原始，主要在中医处方中应用。以白芷为原材料开发的药品虽多，但以复方为主，单味药人药的成药很少，这是值得继续研究的。另外，目前白芷提取物尚未市场化。白芷基本都是原生药材销往国内外，产品技术含量低，附加值小，很难产生品牌效应。在植物提取物行业飞速发展的今天，利用白芷的区域资源优势，采用现代提取物制备技术，以《药用植物及制剂外经贸绿色行业标准》为基础，通过药用植物提取物组合全新的中药复方药物，在国内外市场上打造、培育出白芷提取物品牌，有利于提高中药生产和经营的规范化和集约化水平，推动中药产业科技水平的升级，提高中药产业的整体素质和竞争力。同时，白芷在美容行业产品开发和白芷地上部分开发利用等方面也有很大的发展空间。

综上所述，为了有效地利用白芷植物资源，应该大力加强白芷产业化的研究。除结合现代理论与技术研制开发白芷新制剂、增加白芷在医药行业中的应用外，根据白芷的药物性质将其运用于不同的领域，开发生产功能性化妆品、功能性保健食品、日用品等。白芷的地上部分资源极为丰富，如能得到有效利用，则可以变废为宝，具有广阔前景。

第二十六章　连翘栽培技术

连翘（*Forsythia suspensa*）又叫空壳、黄链条花、黄花瓣、黄花条、落翘、青翘、老翘、连壳等，是木犀科连翘属植物连翘，为落叶灌木。秋季果实初熟尚带绿色时采收，除去杂质，蒸熟，晒干，习称"青翘"；果实熟透时采收，晒干，除去杂质，习称"老翘"。连翘不仅是我国传统常用中药材，也是现代中成药和植物药的重要原料，还是预防和治疗非典、禽流感、甲型 H1N1 流感等流行性疾病的主要成分，也是水土保持和生态造林的优良树种。连翘主产于河北、山西、河南、陕西、甘肃、宁夏、山东、四川、云南等省。多为漫山散种或野生自由生长，管理粗放或干脆不管，不同产地连翘在外观形态、成分含量等方面均存在差异。近来，随着野生资源的严重减少以及市场需求量的日益增加，各主产区对连翘实施了人工抚育管理措施。

第一节　连翘的主要特征特性

一、植物学特征

连翘生长于山野荒坡灌木丛中或树林下，落叶灌木。植株高 2～3m。枝条细长，枝条开展、下垂或伸长，稍带蔓性，常着地生根，小枝稍呈四棱形，节间中空，仅在节部具有实髓。单叶对生，或成为 3 小叶；叶柄长 8～20m；叶片卵形、长卵形、广卵形以至圆形，长 3～7cm，宽 2～4cm，先端渐尖、急尖或钝，基部阔楔形或圆形，边缘有不整齐的锯齿；半革质。花先叶开放，腋生，长约 2.5cm；花萼 4 深裂，椭圆形；花冠基部管状，上部 4 裂，裂片卵圆形，金黄色，通常具橘红色条

纹；雄蕊 2，着生于花冠基部；雌蕊 1，子房卵圆形，花柱细长，柱头 2 裂。蒴果狭卵形略扁，表面有纵皱纹及凸起的小斑点，两侧有纵沟，长约 1.5cm，先端有短喙，成熟时 2 瓣裂。种子多数，棕色，狭椭圆形，扁平，一侧有薄翅。花期 3～5 月，果期 7～8 月，9～10 月果实成熟。

"青翘"多不开裂，表面绿褐色，凸起的灰白色小斑点较少；质硬；种子多数，一侧有翅。"老翘"常自顶端开裂或裂成两瓣，表面黄棕色或红棕色；内表面浅棕黄色，平滑，具一纵隔，质脆；种子多已脱落。

二、生物学特性

连翘喜欢温暖、干燥和光照充足的环境，性耐寒、耐旱，忌水涝。连翘萌发力强，对土壤要求不严，在肥沃、脊薄的土地及悬崖、陡壁、石缝处均能正常生长。但在排水良好、富含腐殖质的砂壤土上生长良好。

1. 土壤条件

连翘常生长在海拔 600～2000m 的半阴坡或向阳坡的疏灌木丛中，喜光，有一定程度的耐荫性；喜温暖，湿润气候，也很耐寒；耐干旱瘠薄，怕涝，地势低洼易积水之地不宜种植；不择土壤，在中性、微酸或碱性土壤均能正常生长。

2. 气候条件

对温度的要求：连翘对温度的要求并不高，最适生长温度为 18～20℃，在平均气温 12.1～17.3℃、绝对最高温 36～39.4℃、绝对最低温−4.8～14.5℃的地区都能生存，但以在阳光充足、深厚肥沃而湿润的立地条件下生长较好。

对水分和湿度的要求：连翘适宜于亚热带和温暖带的气候，在自然分布区内，要求年降水量 800～1000mm，相对湿度 60％～75％为宜，降水过多，湿度过大易出现倒伏和荚果霉变。

三、混淆品种

1. 正品连翘

按采收时间不同分青翘和老翘。果实呈长卵形至卵形，长 1.5～2.5cm，直径 0.5～1.3cm，表面有不规则的纵皱纹及多数凸起的小斑点，两面各有一条明显的纵沟，顶端锐尖，基部有小果柄或已脱落。青翘多不开裂，表面绿褐色，凸起的灰白色小斑点较少、质硬。种子多数黄绿色细长，一侧有翅；老翘自顶端开裂或裂成两瓣，表面黄棕色或红棕色，内表面多为浅黄棕色，平滑，具一纵隔，质脆，种子棕色，多已脱落，气微香，味苦。

2. 秦连翘

秦连翘呈长椭圆形，长 0.5～1.8cm，直径 0.3～1.0cm，顶端锐尖，太多开裂，基部多连接，表面淡棕色，较光滑，突起的小斑点不明显，一瓣稍弯向内侧，另一瓣稍弯向外侧，形似鸡喙。内有两粒种子，浅棕色，呈偏长椭圆形，周围翘状，一面有 3～5 条较明显的纵棱，种子大多脱落，气微香，味苦。

秦连翘

3. 金钟花（狭叶连翘）

全株有毒，梗在节间通常有片状髓，叶稍宽而不分裂，果实稍短呈卵形，长 1.0～2.0cm，果皮稍薄，基部有皱折疣状突起，分布于中部至顶部纵沟两侧，质脆，种子金黄色，具三棱，种皮皱缩，有不规则纹理，捻碎后有丝相连。

金钟花

4. 卵形连翘

呈卵圆形，长 0.8～1.1cm，果皮具小突起和不规则细密纵皱纹，质硬，种子淡黄色，具三棱，捻碎后种皮易脱落，无丝相连。

四、连翘与迎春

迎春和连翘不是同一种植物，它们虽然都是木樨科，但迎春是茉莉属，学名 *Jasminum mudiflorum*；连翘则是连翘属，学名是 *Forsythia suspensa*（Thunb.）Vahl。

迎春与连翘的主要区别：

（1）迎春是木樨科茉莉属，植株外形呈灌木丛状，较矮小，枝条呈拱形、易下垂。连翘是木樨科连翘属，外形呈灌木或类乔木状，较高大，枝条不易下垂。

（2）迎春的小枝为绿色，连翘的小枝颜色较深，一般为浅褐色。

（3）迎春的枝条是充实的，连翘枝条中空无髓。

（4）迎春是三小复叶，连翘是单叶或三叶对生。

（5）迎春叶全呈十字形对称生长，叶片较小，卵状椭圆形，全缘，先端狭而突尖。连翘叶卵形、宽卵形或椭圆状卵形，叶片较大，边缘除基部以外有整齐的粗锯齿。

（6）迎春花有六个花瓣，连翘则只有四个花瓣。

（7）迎春花很少结实，连翘花结实。

第二节　如何培育连翘

一、选地、整地

1. 选地

育苗地最好选择土层深厚、疏松肥沃、排水良好的夹沙土地；扦插育苗地最好采用砂土地（通透性能良好，容易发根），而且要靠近有水源的地方，以便于灌溉。要选择土层较厚、肥沃疏松、排水良好、背风向阳的山地或者缓坡地成片栽培，以有利于异株异花授粉，提高连翘结实率，一般只挖穴种植。亦可利用荒地、路旁、田边、地角、房前屋后、庭院空隙地零星种植。

2. 整地

地选好后于播前或定植前，深翻土地，施足基肥，每亩施基肥 3000kg，以厩肥为主，均匀地撒到地面上。深翻 30cm 左右，整平耙细作畦，畦宽 1.2m，高 15cm，畦沟宽 30cm，畦面呈瓦背形。若为丘陵地成片造林，可沿等高线作梯田栽植；山地采用梯田、鱼鳞坑等方式栽培。栽植穴要提前挖好，施足基肥后栽植。

二、繁殖方法

其分为种子繁殖、扦插繁殖、压条繁殖和分株繁殖四种方法。一般大面积生产主要采用播种育苗，其次是扦插育苗，零星栽培也有用压条或分株育苗繁殖者。

1. 种子繁殖育苗

（1）良种选择。

选择生长健壮、枝条节间短而粗壮、花果着生密而饱满、无病虫害的优良单株作采种母株。秋季 8～9 月采集连翘种子，挑选成熟果实，薄摊于通风阴凉处后熟几天，阴干后，敲打去掉杂质得到纯净种子，沙藏备作种用。切记种子不能暴晒，以免影响出芽率。储藏温度－5～10℃，第二年3月上中旬开始催芽。

（2）种子处理。

将种子在1∶2000的赤霉素溶液中浸泡3～4h，打破休眠；再将种子与湿河沙充分混合，在10～20℃温度条件下，30d左右可发芽；或在播种前将种子放入30℃温水中浸泡4h，捞出后稍晾待播。

（3）播种。

播种时间：最佳播种时间为3～4月，也可在9～10月进行播种，

播种量：连翘的播种量按种子千粒重、发芽率、混杂度而定，在河西地区大田用种量一般为1.5～2.0kg/亩。

播种方法：在畦面上按行距30cm开浅沟，沟深3cm，并浇施清淡人畜粪水润土，选择经处理饱满无病害的种子均匀撒于沟内，覆土后稍压，覆土不能过厚，一般为1cm左右，使种子与土壤紧密结合，然后再盖草保持湿润。播后适当浇水，保持土壤湿润，约半月左右出苗。种子出土后，随即揭草。苗高10cm时，按株距10cm间苗定苗，并追施硫酸铵和稀薄人粪尿，促使旺盛生长，第二年4月上旬苗高30cm左右时可进行大田移栽。

2. 扦插繁殖育苗

于春季5月中下旬至6月上旬在优良母株上，剪取1～2年以上生嫩枝，剪成30cm长的插条，每段有3个节以上，插入土中，行距30cm，株距15cm。

扦插时要将下端近节处削成马耳形斜面，每30～50根一捆，用500ppm生根粉（ABT）或500～1000ppm的吲哚丁酸（IBA）溶液，将插条基部（1～2cm处）浸渍10s，取出晾干药液后扦插。

扦插时，在整好的畦面上按行株距10cm×2cm划线打点，随后用小木棒打引孔，将插条半截以上插入孔内，随即压实土壤，浇1次透水。

春季气温低时，可搭设弓形塑膜棚增温保湿，1个月左右即可生根发芽，随后可将塑膜揭去，进行除草和追肥，促进幼苗生长健壮。当年冬季，当幼苗长至50cm左右时即可出圃定植，或者培育2年后进行定植。

3. 压条繁殖

用连翘母株下垂的枝条，在春季将其弯曲并刻伤后压入土中，地上部分可用竹杆或木杈固定，覆上细肥土，踏实，使其在刻伤处生根而成为新株。当年冬季至第二年春季，将幼苗与母株截断，连根挖取，移栽定植。

4. 间苗

出苗至移植期间，需间苗2次。第1次当苗高7～10cm时，按株距5cm，拔除细、弱、密苗；第2次当苗高15cm左右，按去弱留强原则和株距7～10cm

留苗。

三、移栽定植

1. 移栽时间

于春季 3～4 月或初冬 10～11 月进行。

2. 移栽方法

苗床深耕 20～30cm，耙细整平，作宽 1.2m 的畦，于冬季落叶后到早春萌发前均可进行。先在选好的定植地块上，按行株距 2m×1.5m 挖穴（一般一亩地栽植 222 株），穴径和深度各 70cm，先将表土填入坑内达半穴时，再施入适量厩肥或堆肥，与底土混拌均匀。然后，在事先准备好的定植穴内，每穴施入腐熟土杂肥或厩肥 5kg，与底土拌匀，上盖细土，每穴栽壮苗 1 株，分层填土踩实（覆土一半时，将苗轻轻上拔，使根系舒展，苗稳正，再覆土压实），栽后浇水，水渗后，盖土高出地面 10cm 左右呈土堆形即可，以利于保墒。

连翘属于同株自花不孕植物，自花授粉结实率极低，只有 4％，如果单独栽植长花柱或者短花柱连翘，均不结实。因此，定植时要将长、短花柱的植株相间种植，才能开花结果，这是增产的关键措施。

四、田间管理

1. 间苗、定苗和补苗

育苗地做成平畦，移栽地按行距 1.5m，株距 1.2m，穴宽和深各 60cm，出苗后，幼苗 2～3 片真叶时进行第一次间苗，疏去弱苗和过密的苗，留壮苗，若发生缺苗、断条严重，要及早移栽补苗，去弱留壮，缺苗补齐。

2. 中耕除草

连翘第 1 年生长缓慢，须中耕除草 5 次。苗期要经常松土除草，第 1 次结合匀苗进行，第 2、3、4、5 次分别在 5、7、9、11 月进行。以后每年都可中耕除草 4 次，分别在 3、5、7、10 月进行。定植后于每年冬季在连翘树旁要中耕除草 1 次，植株周围的杂草可铲除或用手拔除。

3. 施肥

苗期勤施薄肥，也可在行间开沟。每亩施硫酸铵 10～15kg，以促进茎、叶的生长。定植后，每年冬季结合松土除草施入腐熟厩肥、饼肥或土杂肥，用量为幼树每株 2kg，结果树每株 10kg，采用在连翘株旁挖穴或开沟施入，施后覆土，壅根培土，以促进幼树生长健壮，多开花结果。有条件的地方，春季开花前可增加施肥 1 次。

在连翘树修剪后，每株施入火土灰 2kg、过磷酸钙 200g、饼肥 250g、尿素

100g。于树冠下开环状沟施入，施后盖土、培土保墒。早期连翘株行距间可间作矮杆作物。要控制氮肥施用量，增施磷、钾肥。合理密植，以防倒伏。在连翘的生长过程中，忌用任何农药。

4. 排灌

注意保持土壤湿润，旱期及时沟灌或浇水，雨季要开沟排水，以免积水烂根。

5. 整形修剪

定植后，在连翘幼树高达 1m 左右时，于冬季落叶后，在主干离地面 70～80cm 处剪去顶梢。再于夏季通过摘心，多发分枝。从中在不同的方向上，选择 3～4 个发育充实的侧枝，培育成为主枝。以后在主枝上再选留 3～4 个壮枝，培育成为副主枝，在副主枝上，放出侧枝。通过几年的整形修剪，使其形成低干矮冠，内空外圆，通风透光，小枝疏朗，提早结果的自然开心形树型。同时于每年冬季，将枯枝、包叉枝、重叠枝、交叉枝、纤弱枝以及徒长枝和病虫枝剪除。生长期还要适当进行疏删短截。

每次修剪之后，每株施入火土灰 2kg、过磷酸钙 200g、饼肥 250g、尿素 100g。于树冠下开环状沟施入，施后盖土，培土保墒。

对已经开花结果多年、开始衰老的结果枝群，也要进行短截或重剪（即剪去枝条的 2/3），可促使剪口以下抽生壮枝，恢复树势，提高结果率。

五、主要病虫害及其防治方法

1. 主要病害及其防治方法

连翘基本处于野生状态，对环境条件适应能力较强，加上人工繁殖栽培时间较短，目前较少发生病害，主要为叶斑病。

连翘的叶斑病是由系半知菌类真菌浸染所致。病菌首先浸染叶缘，随着病情的发展逐步向叶中部发展，发病后期整个植株都会死亡。此病 5 月中下旬开始发病，7、8 两月为发病高峰期，高温高湿天气及密不通风利于病害传播。

防治方法：防治叶斑病一定要注意经常修剪枝条，疏除冗杂枝和过密枝，使植株保持通风透光。在养殖连翘的时候还要加强水肥管理，注意营养平衡，不可以偏施氮肥。如果发现连翘患有叶斑病，可以喷施 75％百菌清可湿性颗粒 1200 倍液或 50％多菌灵可湿性颗粒 800 倍液进行防治，每 10d 一次，连续喷 3～4 次可有效控制住病情。

2. 主要虫害及其防治方法

危害连翘的害虫主要有钻心虫、蜗牛、蝼蛄等。

（1）钻心虫。

以幼虫钻入茎秆木质部髓心为害，严重时被害枝不能开花结果，甚至整枝枯死。

防治方法：用80％敌敌畏原液药棉堵塞蛀孔毒杀，亦可将受害枝剪除。

（2）蜗牛。

主要为害花及幼果。4月下旬至5月中旬转入药材田，为害幼芽、叶及嫩茎，叶片被吃成缺口或孔洞，直到7月底。若9月以后潮湿多雨，仍可大量活动为害，10月转入越冬状态。上年虫口基数大、当年苗期多雨、土壤湿润，蜗牛可能大发生。

防治方法：可在清晨撒石灰粉防治，或人工捕杀。人工捕杀要在清晨、阴天或雨后进行，或者在排水沟内堆放青草诱杀。密度每平方米达3～5头时，用90％敌百虫晶体800～1000倍液喷雾。

（3）蝼蛄。

蝼蛄为播种育苗的主要害虫，无论是在出苗期还是幼苗期，如果不彻底防治，将会降低育苗成活率。以成虫、幼虫咬食刚播下或者正在萌芽的种子或者嫩茎、根茎等，咬食根茎呈麻丝状，造成受害株发育不良或者枯萎死亡。有时也在土表钻成隧道，造成幼苗吊死，严重的也出现缺苗断垄。

防治方法：可采用常规的毒谷或毒饵法。另外可用40％甲基异柳磷乳油50ml或者50％辛硫磷乳油100ml，兑水2～3kg，拌麦种50kg，拌后堆闷2～3h进行诱杀。

第三节　连翘的采收与加工及商品规格

一、采收与加工

1. 采收

连翘定植3～4a开花结果。一般于霜降后，果实由青变为土黄色时，果实即将开裂时采收。8月下旬至9月上旬采摘尚未完全成熟的青色果实，用沸水煮片刻，晒干后加工成"青翘"；10月上旬采收熟透但尚未开裂的黄色果实，晒干，加工成"黄翘"或者"老翘"；选择生长健壮、果实饱满、无病虫害的优良母株上成熟的黄色果实，加工后选留作种。

2. 加工

将采回的果实晒干，除去杂质，筛去种子，再晒至全干即成商品。中药将连翘分为青翘、黄翘、连翘芯3种。

青翘：于8～9月上旬前采收未成熟的青色果实，然后用沸水煮片刻或用蒸笼蒸半小时后，取出晒干或烘干即成。

黄翘：于 10 月上旬采摘熟透的黄色果实，晒干或烘干即成。青翘以身干、不开裂、色较绿者为佳；黄翘以身干、瓣大、壳厚、色较黄者为佳。

连翘芯：将果壳内种子筛出，晒干即为连翘芯。

3. 贮藏

连翘用麻袋包装，每件 25kg 左右。贮于仓库干燥处，温度 30℃ 以下，相对湿度在 70%～75% 之间。安全水分为 8%～11%。

二、商品规格

青连翘：统货或干货。呈狭卵形至卵形，两端狭长，多不开裂，表面青绿色、绿褐色，有两条纵沟和凸起小斑点，内有纵隔，质坚硬。气芳香，味苦。间有残留果柄，无枝叶及枯翘、杂质、霉变。

黄连翘：统货或干货。呈长卵形或卵形，两端狭长，多分裂为两瓣。表面有一条明显的纵沟和不规则纵皱纹及凸起小斑点。偶有残留果柄，表面棕黄色，内面浅黄棕色，平滑，内有纵隔。质坚脆，种子多已脱落。气微香，味苦。无枝梗、种子、杂质、霉变。

出口规格要求：净壳身干，色黄，枝柄剔净，无沙泥、杂质、霉变。

第四节　连翘的鉴别特征

一、生药性状

果实长卵形至卵形，稍扁，长 1.5～2.5cm，直径 0.5～1.2cm；顶端锐尖，基部钝圆。表面有不规则凸起的纵皱纹及多数淡黄色瘤点，基部瘤点较少近无。两瓣果皮的外表面中央各有一条纵凹沟，内表面中央各有一纵隔。青翘多不开裂，表面绿褐色，瘤点较少，有的顶端略裂，稍向外反曲；基部多具果柄，略弯曲，长 0.6～2cm；质硬；种子多数，着生于纵隔顶部两侧。老翘多自顶端开裂，向外反曲或裂成两瓣，外表面棕褐色；瘤点较多；内表面黄色，平滑，略带光泽；果柄多脱落，有柄痕；质脆；种子常脱落，披针形，微弯曲，长约 0.7cm，宽约 0.2cm，表面棕色，一侧有翼，气微香，捻碎后有丝相连，香气较浓。

二、显微鉴定

1. 果皮横切面

（1）青翘。

外果皮为 1 列薄壁细胞，切向延长，外被厚角质层。瘤点处可见薄壁组织隆起，外果皮在此处断裂消失。中果皮为 10～20 列薄壁细胞，类圆形或长圆形，排列不规则，具细胞间隙，细胞含颗粒状或团块状内含物，其中散有众多外韧型维管束，韧皮部细胞明显，木质部导管径向排列，其内侧偶见石细胞或纤维。内果皮为 5～14 列石细胞和纤维，约占果皮厚度的 1/5，条形、长圆形或类圆形，切向镶嵌排列，孔沟明显，有的可见纹孔，胞腔两头较大，中间较小。两端与中隔处为纤维群，圆形或多角形，孔沟、层纹明显，壁厚，胞腔小；内表皮为 1 列扁平薄壁细胞，切向延长。

（2）老翘。

外果皮为 1 列薄壁细胞，切向延长，排列整齐，外被角质层。瘤点处可见薄壁组织隆起，外果皮在此处断裂消失。中果皮由 10～20 列薄壁细胞组成，切向延长呈长圆形，细胞内多含团块状内含物，其中散有众多外韧型维管束，韧皮部被挤扁，木质部导管径向排列，内侧常有石细胞和纤维。内果皮为 5～14 列石细胞与纤维，约占果皮厚度的 1/3，其特征同青翘；内表皮为 1 列薄壁细胞，扁平，切向延长。

2. 果柄横切面

表皮细胞 1 列，扁平，外被角质层，多破碎。木栓层 3～8 列细胞，类长方形，排列整齐、致密。木栓最内层为 1 列石细胞，椭圆形或类长方形，断续环绕。皮层细胞 5～8 列，长圆形或类圆形，壁略增厚，稍弯曲，排列不整齐。中柱鞘纤维散在或 2～3 个集聚。韧皮部为 2～5 列薄壁细胞，较小，排列不规则。木质部径向排列成放射状，整齐、致密。髓部细胞类圆形，排列不整齐，壁增厚、木化，位于中央的直径较大，有时可见孔沟和纹孔。

三、粉末特征

淡黄棕色，气微香，味淡。石细胞极多，单个散在或数个成群，有的周围残存薄壁细胞碎片；类圆形、长圆形、三角形或类多角形，长 28～91μm，直径 17～46μm，壁厚 3～15μm，纹孔疏密不一，可见孔沟，层纹不明显。纤维较多，散在碎片或成束，有时上下纵横交错；梭形、长梭形或短棒形，长 98～647μm，直径 8～35μm，壁厚 2～18μm，边缘不平整，两端钝圆，或一端钝圆而另一端稍尖，胞腔细或两头扩展成哑铃形，孔沟细，纹孔不常见，木化或微木化。短纤维与石细胞不易区分。外果皮细胞无色或淡黄色，表面观呈方形或类多角形，垂周壁增厚，外平周壁微显角质纹理或裂隙，细胞内充满棕黄色颗粒状物。断面观方形，外被厚角质层，厚 9～8μm 中果皮细胞黄色，圆形，壁略呈念珠状增厚，可见纹孔。导管为螺纹导管，直径约 10μm。

第五节 连翘的主要化学成分及药用价值

一、主要化学成分

连翘中有多种化学成分，包括苯乙醇苷类、木质素类、萜类、黄酮类及挥发油。

1. 苯乙醇苷类

苯乙醇苷类为连翘属植物的主要标志之一。连翘属中已分离的苯乙醇苷类成分就有 14 种之多。有连翘酯苷 A、B、C、D、E、F，以及连翘酚、异连翘酯苷、毛柳苷等。

2. 木质素及其苷类

木质素及其苷类成分是连翘属中较早被认识的一类活性成分，目前为止已分离得到 23 种。包括连翘苷、连翘酯素、牛蒡酚、牛蒡子苷等。干燥品中含连翘苷不少于 0.15％。

3. 挥发油和萜类

挥发油主要存在于连翘种子中，含量平均可达 3.8％，主要为单萜、单萜醇、倍半萜类化合物。

4. 黄酮类

包括槲皮素、异槲皮素、芦丁、紫云英苷和汉黄芩素-7-O-β-D 葡萄糖醛酸。

5. 生物碱、有机酸和甾醇类

主要为异喹啉类生物碱，以及硬脂酸、棕榈酸、丁二酸等有机酸和 β-谷甾醇、胡萝卜苷等甾醇类化合物。

二、药用价值

1. 抗菌、抗病毒作用

连翘具有广谱抗菌作用，对革兰阳性菌和革兰阴性菌均有抑制作用。主要成分连翘酯苷具有极强的抗菌抗病毒的作用，对金黄色葡萄球菌有很强的抑制作用，是迄今为止在连翘属中发现的抗菌活性最强的成分之一，是连翘的主要特征性成分。连翘浓缩煎剂在体外有抗菌作用，可抑制伤寒杆菌、副伤寒杆菌、大肠杆菌、痢疾杆菌、白喉杆菌及霍乱弧菌、葡萄球菌、链球菌等。固在医药抗菌领域被广泛使用。

2. 抗炎作用

连翘的甲醇提取物有明显的抗炎性，其中的牛蒡苷元是主要的活性中介物质。连翘醇提取物的水溶液腹腔注射有非常明显的抗渗出作用及降低炎性部位血管壁脆性作用，而对炎性屏障的形成无抑制作用。

3. 保肝作用

连翘酯苷、齐墩果酸、熊果酸为连翘抗肝损伤的主要活性成分。

4. 清热利尿的功效

连翘具有清热的功效，主要用于热结尿闭或小便淋痛等症状，平时食用连翘能起到很好的保健作用。连翘能显著抑制炎症早期毛细血管通透性亢进所致的渗出和水肿。连翘煎剂或复方连翘注射液对人工发热动物及正常动物的体温有降温作用。

5. 治疗紫癜病

连翘中含有多量芸香甙，具有保持毛细血管正常抵抗力，减少毛细血管的脆性和通透性；此外连翘似乎尚有脱敏作用，所以连翘对皮肤紫癜消退起着重要作用。

6. 调节血压的作用

连翘能扩张血管，保持血管张力，增加心输出量，改善微循环和血流灌注，因而有稳定血压的功效。所以针对高血压患者，可以常服用连翘。

7. 清热解毒的作用

连翘具有清热解毒的功效，主要用于风热感冒，常与金银花等清热解毒药同用。

8. 食品保鲜作用

连翘除供药用外，其提取物可作为天然防腐剂用于食品保鲜，尤其适用于含水分较多的鲜鱼制品的保鲜。

9. 消除异味作用

连翘叶的醇提取物能有效地消除环境中氨、三甲氨、乙硫氨、甲硫醇等化学物质引起的异味。

第二十七章　黄柏栽培技术

　　黄柏别名黄蘖、黄柏皮、黄树皮、小黄连树、灰皮树等，为芸香科植物黄皮树（*Phellodendron chinense* Schneid）和黄蘖（*P. amurense* Rupr.）的干燥树皮。前者习称川黄柏，后者习称关黄柏。始载于《神农本草经》，列为中品。《名医别录》释名黄蘖。《本草纲目》载于木部乔木类。《属本草》曰：黄蘖树高数丈，叶似吴茱萸，亦如紫椿，经冬不凋，皮外黑，里深黄色。所述形性，系芸香科黄柏属植物。《本草经集注》称"出山东者，厚而色浅"可能是指同属的黄蘖，其药材称关黄柏。味苦、寒，具清热解毒、泻火燥湿等功能，主治急性细菌性痢疾、急性肠炎、急性黄疸型肝炎、风湿性关节炎、泌尿系感染、遗精、白带；外治烧烫伤、黄水疮等症。川黄柏主产于四川、陕西、甘肃、湖北、广西、贵州、云南等省。关黄柏主产于辽宁、吉林、河北等省，山东已引种成功。各地可以结合绿化造林栽种黄柏树。

第一节　黄柏的主要特征特性

一、植物学特征

1. 黄皮树（川黄柏）

　　落叶乔木，高 10～12m，树皮暗灰棕色，幼枝皮暗棕褐色或紫棕色，皮开裂，有白色皮孔，树皮无加厚的木栓层。叶对生，奇数羽状复叶，小叶通常 7～15 片，长圆形至长卵形，先端渐尖，基部平截或圆形，上面暗绿色，仅中脉被毛，下面浅绿色，有长柔毛。花单性，淡黄色，顶生圆锥花序。花瓣 5～8，雄花有雄蕊 5～6 枚，雌花有退化雄蕊 5～6 枚，雌蕊 1，子房上位，柱头 5 裂。浆果状核果肉质，圆球形，黑色，密集成团，种子 4～6，卵状长圆形或半椭圆形，褐色或黑褐色，花期 5～6 月，果期 6～10 月。

2. 黄蘖（关黄柏）

　　落叶乔木。树冠广圆形，树皮浅灰色或灰褐色，有不规则的沟裂，木栓层发达，柔软；内层黄色，板状，光滑。小枝灰褐色，有明显皮孔。奇数羽状复叶，对生，小叶片 3~13 片，革质。小叶片卵形，长椭圆形或卵状披针形，边缘波状或具细锯齿，常具缘毛，叶下面中脉基部有长柔毛。圆锥花序，花序梗及花梗幼时被毛。花单性，雌雄异株。雄花的花梗长约 1mm，花萼卵形；花瓣 5，绿色，长椭圆形。雄蕊 5 枚，花丝长约 4mm，白色，伸出花瓣外，雄蕊里有绿色花盘，具退化的雌蕊 5 枚。雌花的花萼、花瓣与雄花相同。雌花中退化雄蕊呈鳞片状。雌蕊 1 枚，子房上位，绿色，圆球形，5 室，每室一个胚珠。浆果状核果，绿色，直径约 1cm，具明显油点，成熟时紫黑色。种子长肾形，黑色，长约 0.5cm，宽约 0.3cm。花期 5 月，果期 5~10 月。

二、生物学特性

黄柏对气候适应性强，性喜凉爽湿润。苗期稍能耐荫，忌高温、干旱。成年树喜阳光，耐严寒。野生多见于避风山间谷地，混生在阔叶林中。在土层深厚、肥沃、富含腐殖质、中性至微酸性的砂壤土生长最好。黄柏种子具休眠特性，低温层积 2~3 个月能打破其休眠。

黄柏属为东亚特有，主要分布于我国西南地区（西北部及海南岛不产），个别种（黄檗）分布到东北东部（大兴安岭）山地针阔叶混交林，是第三纪残遗植物，在第三纪的上渐新世至渐新世期间曾普遍存在于亚洲、欧洲及美洲。

1. 黄檗

其干燥树皮习称"关黄柏"，主要分布于东北小兴安岭南坡、长白山和华北燕山山地北部，最北端可至大兴安岭。在此区域的北部，垂直分布可达海拔 700m，南部可达 1500m。黄檗在 600~700m 处的天然混交林中长势较好，比例占 3.75%；在海拔 900~1000m 处的混交林所占比例小于 0.05%。黄檗为阳性树种，在东北林区常散落分布于河谷两侧，山体下部湿润肥沃的森林棕色土壤上生长良好，长生于阔叶林或针阔叶混交林中。

2. 黄皮树

其干燥树皮习称"川黄柏"，主要分布于四川、贵州、甘肃、云南、湖北以及湖南西北部。

第二节　如何培育黄柏

一、选地、整地

黄柏种植地应选在山坡土层深厚、向阳处，房前屋后、溪边沟坎、荒山荒坡、自留山、自留地均可种植，尤以房前屋后、溪边、山坡下部生长良好。

黄柏为阳性树种，山区、平原均可种植，但以土层深厚、便于排灌、腐殖质含量较高的地方为佳，零星种植可在沟边路旁、房前屋后、土壤比较肥沃、潮湿的地方种植。按穴距 3～4m 开穴，穴深 30～60cm，并每穴施入农家肥 5～10kg 作底肥。育苗地则宜选地势比较平坦、排灌方便、肥沃湿润的地方，每亩施农家肥 3000kg 作基肥，深翻 20～25cm，充分粉碎整平后，作成 1.2～1.5m 宽的畦。

据调查，黄柏在坡度超过 40 度的地方仍能生长良好，其生长主要受土层厚度的影响。因此，黄柏可以在坡度 25 度以上地方栽植，但土层不能太薄（土层厚度不小于 30cm）。如果土层较薄，栽植穴必须实行爆破。另外，低洼积水处不能栽植。

二、繁殖方法

主要用种子繁殖，也可用分根繁殖。

1. 种子繁殖

黄柏大面积生产常采用种子育苗移栽法。

（1）采种。

10～11 月采集成熟的果实，堆放屋角盖上草，经 10～15d 后取出，搓去果皮，放在水里淘洗，取出种子，阴干或晒干，置通风干燥处贮存。

（2）播种时间。

春播或秋播。春播宜早不宜晚，一般在 4 月上中旬进行。秋播在 10 月中下旬进行。

（3）种子处理。

播前用 40℃温水浸种 1d，以湿砂和种子 3∶1 的比例拌匀，然后进行低温或冷冻层积处理 50～60d，待种子裂口后播种。

（4）播种。

春播按行距 30cm 开沟条播，条距 25～30cm，沟深约 3cm。播后覆土，搂平稍加镇压、浇水。每亩用种子 2～3kg。用稻草覆盖，保持土壤湿润，在种子发芽未出土前除去覆盖物，40～50d 出苗。

秋播前 20d 湿润种子至种皮变软后播种。每亩用种 2～3kg。一般 4～5 月出苗，培育 1～2 年后，当苗高 40～70cm 时，即可移栽。时间在冬季落叶后至翌年新芽萌动前，将幼苗带土挖出，剪去根部下端过长部分，每穴栽 1 株，填土一半时，将树苗轻轻往上提，使根部舒展后再填土至平并踏实、浇水。

2. 分根繁殖

在休眠期间，选择直径 1cm 左右的嫩根，窖藏至翌年春解冻后扒出，截成 15～20cm 长的小段，斜插于土中，上端不能露出地面，插后浇水，也可随刨随插。1 年后即可成苗移栽。

三、移栽

生长一年，苗高 50～90cm 时移栽。如长得过小，可再长一年移栽。冬季落叶后至翌年新芽萌发前，将幼苗刨出，剪去根部下端过长部分，也可带土刨出。如若造林，可按行株距 3m×2m 挖穴，每穴 1 株，填土至一半时，轻轻向上提苗，使根部舒展后再把土填平，踏实、浇水。也可定植在沟边、路旁、屋后。栽植方法同上。

四、田间管理

1. 间苗、定苗

出苗期经常保持土壤湿润，苗齐后应拔除弱苗和过密苗。出苗后在苗高 7～10cm 时，按株距 3～4cm 间苗，留苗 1 株，在苗高 17～20cm 时，按株距 7～10cm 定苗。原则是去弱留强。

2. 中耕除草

一般在播种后至出苗前，松土除草 1 次，出苗后至郁闭前，中耕除草 2 次，使土壤疏松，地内无杂草。定值当年和移栽后 2 年内，每年夏秋两季，应中耕除草 2～3 次，3～4 年后，树已长大，只须每隔 2～3 年，在夏季中耕除草 1 次，疏松土层，并将杂草翻入土内。

3. 追肥

育苗期，结合间苗中耕除草应追肥 2～3 次，每次每亩施人畜粪水 2000～3000kg，夏季在封行前也可追施 1 次。定植后，于每年入冬前施 1 次农家肥，每株沟施 10～15kg。每次间苗或中耕除草后，亩追施磷酸二铵 20kg。

4. 浇水

播种后出苗期间及定植半月以内，应经常浇水，以保持土壤湿润，夏季高温也应及时浇水降温，以利幼苗生长。郁闭后，可适当少浇或不浇。多雨积水时应及时排除，以防烂根。

5. 定植后的管理

定植的半月内应保持土壤湿润，以提高成活率。1～2 年内，夏秋两季进行中耕除草。入冬前，在树周围挖沟施厩肥，每株 10～15kg。4 年后，每隔 2～3 年追肥 1 次。剥皮后，应及时施肥、浇水、剪花，加强树势复壮。

五、主要病虫害及其防治方法

1. 锈病

病原为真菌中的一种半知菌。为害叶部。发病初期，叶片上出现黄绿色近圆形斑，边缘有不明显小点，后期叶背面成橙黄色突起小斑。一般在 5 月中旬发生，6～7 月危害严重。

防治方法：发病期喷 0.2～0.3 波美度石硫合剂，亦可用 25% 的粉锈宁 700 倍液或敌锈钠 400 倍液，每隔 7～10d 喷一次，连喷 2～3 次。

2. 花椒凤蝶

幼虫为害叶片，5～8 月发生。

防治方法：人工捕捉幼虫和利用寄生蜂抑制凤蝶的发生。幼虫期，喷 90% 的敌百虫 800 倍液，每 5～7d 一次，连续 2～3 次。

第三节　黄柏的采收与加工及留种技术

一、采收与加工

黄柏以皮厚，除净栓皮，色深黄，苦味厚重者佳。

黄柏定植 15～20 年后即可采收，时间在 5 月上旬至 6 月下旬，树叶充足，形成层易剥离时，将树伐倒立即用半环剥或环剥、砍树剥皮等方法剥皮。截成 60cm 长的段加工药用，较粗的枝皮也可入药。伐树取皮对资源破坏较大，近年采用环剥新皮再生技术的方法。在夏季生长旺盛季节，对于树龄 10 年以上、胸径 30～50cm 的树，用嫁接刀在树干的上、下端分别环剥一圈，再顺树干纵割至上下两端环割处，进刀深度要掌握在割断树皮又不损伤形成层，然后用力撬起树皮，轻轻撕下。注意用力不要过猛，以免损伤被剥皮后裸露的树干表面。操作时手和工具勿触及创面，以免影响新皮的生长。剥皮长度可依树势、树干长度和树态而定。剥皮后迅速用塑料薄膜包扎，内衬长于剥皮长度的小枝条或竹竿，防止膜贴在创面上，以利新皮长出。3～5 年后，新皮与原皮厚度基本相同时可再次剥皮。剥下的树皮，趁鲜刮去外层粗皮，以显黄色为度。晒至半干，重叠成堆，压平，再晒干。即可入药。放置干燥通风处，防霉变色。

二、留种技术

选生长快、高产、优质的 15 年以上的成年树留种，于 10～11 月果实呈黑色时采收，采收后，堆放于屋角，盖上草，经 10～15d 后取出，把果皮捣烂，搓出种子，放水里淘洗，去掉果皮，果肉和空壳后，阴干或晒干，于干燥通风处贮藏。

第四节　黄柏的鉴别特征

一、性状鉴别

1. 关黄柏

关黄柏呈板片状或浅槽状，长宽不等，厚2～4mm。外表面黄绿色或淡棕黄色，较平坦，有不规则的纵裂纹，皮孔痕小而少见；内表面黄色或黄棕色，具细密的纵棱纹。体轻，质较硬。断面深黄色，裂片状分层，纤维性。气微，味苦，嚼之有黏性，可将唾液染成黄色。

关黄柏

2. 川黄柏

川黄柏呈板片状或浅槽状，长宽不等，厚3～7mm。外表面黄棕色或黄褐色，较平坦，皮孔横生，嫩皮较明显，有不规则的纵向浅裂纹，偶有残存的灰褐色粗皮；内表面暗黄色或棕黄色，具细密的纵棱纹。体轻，质较硬。断面深黄色，裂片状分层，纤维性。气微，味苦，嚼之有黏性，可将唾液染成黄色。

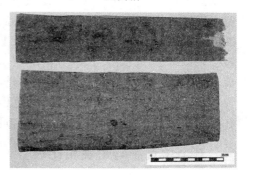

川黄柏

二、显微鉴别

栓内层细胞数列，长方形或近圆形。皮层比较狭窄，石细胞鲜黄色，不规则类多角形，分枝状，壁极厚，层纹明显。韧皮部占树皮的极大部分，外侧有少数石细胞，纤维束切向排列呈断续的层带（又称硬韧部），纤维束周围薄壁细胞中常含草酸钙方晶，呈晶纤维。射线宽2～4列细胞，常弯曲而细长。薄壁细胞中含有细小的淀粉粒和草酸钙方晶，黏液细胞随处可见。

三、粉末特征

绿黄色或黄色。纤维鲜黄色，常成束，周围的细胞含草酸钙方晶，形成晶纤维。石细胞众多，鲜黄色，长圆形、纺锤形，有的呈分枝状，枝端钝尖，壁厚，层纹明显。草酸钙方晶极多。淀粉粒呈球形。黏液细胞可见，呈类球形。

四、理化鉴别

（1）取黄柏断面，置紫外光灯下观察，显亮黄色荧光。

（2）取粉末 1g，加乙醚 10ml，振摇后，滤过，滤液挥干后，残渣加冰醋酸 1ml 使溶解，再加浓硫酸 1 滴，放置，溶液呈紫棕色。（检查黄柏酮及植物甾醇）

（3）取粉 0.1g，加乙醇 10ml，振摇数分钟，滤过，滤液加硫酸 1ml，沿管壁滴加氯试液 1ml，在两液接界处显红色环。（检查小檗碱）

（4）取粉末 0.1g，加甲醇 5ml，

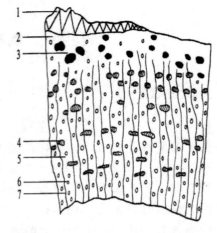

1. 木栓层　2. 皮层　3. 石细胞　4. 纤维束
5. 韧皮部　6. 黏液细胞　7. 射线

置水浴上回流 15min，滤过，滤液补至 5ml，作供试品溶液。另取黄柏对照药材，同法制成对照药材溶液。再取盐酸小檗碱对照品，加甲醇制成每 1ml 含 0.5mg 的溶液作为对照品溶液。吸取上述溶液各 1μl，分别点于同一硅胶 G 薄层板上，以苯-醋酸乙酯-甲醇-异丙醇-浓氨试液（6：3：1.5：1.5：0.5）为展开剂展开，置氨蒸气饱和的层析缸内展开，取出晾干，置紫外光灯（365nm）下检视。供试品色谱中，在与对照药材色谱相应的位置上，显相同颜色的荧光斑点。在与对照品色谱相应的位置上，显相同的一个黄色荧光斑点。

五、关黄柏与川黄柏比较

具体见下表。

表　关黄伯与川黄柏比较

	川黄柏	关黄柏
性状	呈板片状，厚 3～7mm；残留的栓皮薄，皮孔横生；断面深黄色	厚 2～4mm；残留的栓皮厚，有弹性，皮孔少；断面鲜黄或黄绿色
显微	射线弯曲，硬韧部发达	——
成分	含小檗碱 4%～8%	含小檗碱 0.6%～2.5%

六、关黄柏与川黄柏轻松鉴别口诀

川黄柏：

长短不一板片状，剥去外皮色棕黄。表面细密纵裂纹，内表淡棕或暗黄。

体轻质硬分层裂，断面深黄纤维状。气微味苦粘液性，嚼之唾液染成黄。

关黄柏：

较前一种皮层薄，外表棕黄纵裂纹。残留栓皮有弹性，栓皮较厚暗灰色。

内表黄绿或黄棕，皮层呈现片层多。断面鲜黄或黄绿，余者特征同上说。

第五节　黄柏的主要化学成分及药用价值

一、主要化学成分

黄柏主要化学成分有生物碱类和黄酮类，除此之外还有少量挥发油类物质。

（1）生物碱类主要为小檗碱，含量 0.6%～2.5%，其次为掌叶防己碱、木兰碱、黄柏碱、药根碱、康迪辛碱、蝙蝠葛林等。

（2）黄酮类成分（含量约10%）主要有黄柏苷、去氢黄柏苷、黄柏环合苷，黄柏双糖苷、异黄柏苷、去氢异黄柏苷等。不同部位生物碱含量也有所不同，根中生物碱含量最高，树皮次之。

（3）挥发油类成分主要为香叶烯。

二、药用价值

（1）降血糖作用：黄柏皮中含小檗碱，有明显的降血糖作用。

（2）对胃肠道作用：对家兔的肠管作离体后实验发现肠管张力及振幅均增强、松弛、收缩增强，这分别为黄柏的化学成分黄柏酮、柠檬苦素、小檗碱作用的结果。

（3）对血压的影响：黄柏胶用于静脉注射后，血压显著降低，且不产生快速耐受现象。

（4）抗菌、抗炎、解热作用：研究发现黄柏对金色葡萄球菌感染的破损皮肤，有明显的抗菌、抗炎作用，并且生品的抗炎作用最强。解热作用方面发现黄柏及其炮制品的清热作用较弱且缓慢。

（5）抗癌作用：研究发现黄柏对人胃癌细胞的确具有光敏抑制效应。

（6）抗溃疡作用：黄柏对胃溃疡有抑制作用。

（7）抗氧化作用：黄柏的酒炙炮制品醇提取物抗氧化作用较好。

（8）抗痛风作用：黄柏生品和盐制品均有抗痛风作用。

（9）其他作用：黄柏对前列腺有一定的渗透趋势和抗病毒作用。

参考文献

[1] 黄璐琦．当代药用植物典评介［J］．中国中药杂志，2009（3）.

[2] 秦帅．河西走廊北山植物区系地理特征及其与周边山地的联系［D］．呼和浩特：内蒙古大学，2016.

[3] 岳美娥，师彦平．西部特色高寒植物反顾马先蒿中苯丙素苷的毛细管电泳含量测定［A］．首届中国中西部地区色谱学术交流会暨仪器展览会论文集［C］．2006.

[4] 冯虎元，安黎哲，冯国宁．甘肃马先蒿属植物的种类与分布［J］．西北植物学报，2000（1）.

[5] 乔春贵，孙广芝．因子分析及其在作物性状相关研究中的应用［J］．吉林农业大学学报，1989（2）.

[6] 盛丽．甘肃省当归资源的 RAPD 分析［D］．兰州：甘肃农业大学，2005.

[7] 汤萃文．甘肃省森林植物物种多样性保护优先地区的判定［D］．兰州：甘肃农业大学，2002.

[8] 孟凡佳，孟宪文，吴春艳．浅析植物内生菌的发展［J］．科技资讯，2014（1）.

[9] 王培田，孔繁瑞，冯启焕等．植物遗传育种学［M］．北京：科学出版社，1976.

[10] 国家药典委员会．中华人民共和国药典：一部［S］．北京：化学工业出版社，2005.

[11] 张广学，李静华．当归［M］．北京：农业出版社，1988.

[12] 刘颖，魏希颖．内生菌对植物次生代谢产物的转化［J］．天然产物研究与开发，2014（2）.

[13] 杨志军．甘草内生菌代谢产物的药效学及相关物质研究［D］．兰州：甘肃中医药大学，2017.

[14] 张文豪．侧柏内生菌抑菌活性研究［D］．咸阳：西北农林科技大学，2015.

[15] 任跃英，孟祥颖，李向高．药用植物特点与中药材基地建设［J］．吉林农业大学学报，2000（2）.